复变函数与积分变换

主 编 李江涛

参 编 王晓宏 杨木洪 张 谋

重庆大学出版社

内容提要

本书是大学工科复变函数与积分变换基础课教材,全书共 8 章,内容包括:复数与复变函数,解析函数,复变函数的积分,解析函数的级数展开及其应用,留数及其应用,共形映射,傅里叶变换,拉普拉斯变换等.各章配有适量的习题,并附有答案.

本书可作为高等学校工科各专业本科生工程数学课教材,也可作为科技工作者和工程技术人员的参考书.

图书在版编目(CIP)数据

复变函数与积分变换/李江涛主编. --2 版. --重庆:重庆大学出版社,2020.4
本科公共课系列教材
ISBN 978-7-5689-2000-1

Ⅰ.①复… Ⅱ.①李… Ⅲ.①复变函数—高等学校—教材②积分变换—高等学校—教材 Ⅳ.①O174.5②O177.6

中国版本图书馆 CIP 数据核字(2020)第 035897 号

复变函数与积分变换
(第 2 版)

主　编　李江涛
参　编　王晓宏　杨木洪　张　谋
责任编辑:杨粮菊　　版式设计:杨粮菊
责任校对:王　倩　　责任印制:张　策

*

重庆大学出版社出版发行
出版人:饶帮华
社址:重庆市沙坪坝区大学城西路 21 号
邮编:401331
电话:(023) 88617190　88617185(中小学)
传真:(023) 88617186　88617166
网址:http://www.cqup.com.cn
邮箱:fxk@cqup.com.cn(营销中心)
全国新华书店经销
重庆市国丰印务有限责任公司印刷

*

开本:787mm×1092mm　1/16　印张:12.25　字数:308 千
2011 年 9 月第 1 版　2020 年 4 月第 2 版　2020 年 4 月第 12 次印刷
ISBN 978-7-5689-2000-1　定价:36.00 元

第二版前言

　　本版是根据教育部高等学校教学指导委员会修订的《复变函数与积分变换教学大纲》的要求,结合近年来的教学实践和读者的反馈意见,在第一版的基础上修改、补充而成.主要订正了第一版书中的一些错漏和不当之处,改写了第7章、第8章的部分内容,增加了一些解决物理及工程技术中实际问题的例子,同时充实和删减了若干习题.

　　本书初版自2011年出版以来,得到了广大读者的关心和支持,也对本书提出了许多宝贵的意见,在此向他们表示感谢.由于经验和学识的关系,本版一定还有不完善甚至错误的地方,恳请读者批评指正.

编者于重庆大学

2020年1月

第一版前言

　　复变函数与积分变换是高等理工科院校学生继微积分之后的又一门重要的数学基础课,其理论与方法在力学、自动控制、通信工程、机械设计与制造等自然科学和工程技术中有广泛的应用,它是高等理工科院校学生学习有关专业课程的理论基础和重要工具.本书曾作为校内讲义在重庆大学各专业试用多年,在广泛听取任课教师意见的基础上编写了这本教材,力图符合新时期大学数学课程体系和内容的改革要求,以达到培养学生数学素质的目的.该教材可供高等理工科院校各专业学生使用,也可作为工程技术人员的参考书.

　　本书由李江涛主编,参加编写的人员为王晓宏(第1章、第2章),李江涛(第3章、第4章),杨木洪(第5章、第6章),张谋(第7章、第8章),最后由李江涛统稿.本书编写过程中得到了重庆大学数学与统计学院顾永兴教授的鼓励、关心与指导,他仔细审阅了初稿,并提出了宝贵的修改意见;重庆大学段曦盛老师帮助校对书稿;长江师范学院李强老师帮助绘制了部分插图.

　　本书的出版还得到重庆大学教务处、数学与统计学院的领导和同仁的大力支持和帮助,在此深表感谢.

　　由于我们才疏识浅,不妥之处在所难免,恳请读者对此书提出宝贵意见和建议.

编　者

2011 年 4 月

本书符号系统

$\mathbb{R}$:表示全体实数；

$\mathbb{Z}$:表示全体整数；

$\mathbb{N}$:表示全体正整数；

$\mathbb{C}$:表示全体复数或有限复平面；

$\overline{\mathbb{C}}$:表示扩充复平面；

" $\forall z$ "表示"对每一个 z "；

" $\exists z$ "表示"存在 z "；

" $\exists! z$ "表示"存在唯一 z "；

" $- \Rightarrow -$ "表示"若 $-$,则 $-$ "；

" $- \Leftrightarrow -$ "表示" $-$ 当且仅当 $-$ "；

" $\Rightarrow$ "表示"必要性"；

" $\Leftarrow$ "表示"充分性".

目录

第 **1** 章
复变函数

在一些理论和实际问题中,有许多几何量与物理量,如果用实数量去刻画,则在研究过程中比较方便. 在 18 世纪,数学家 J. D'Alembert 与 L. Euler 等人阐明了复数的几何意义和物理意义,并应用复数和复变函数研究了流体力学等方面的一些问题. 直到这时,人们才接受了复数,复变函数理论得以顺利建立和发展.

在本章中,首先介绍复数的有关知识,然后再引入复平面点集、复变函数以及复变函数的极限与连续等概念.

1.1 复 数

1.1.1 复数域

形如
$$z = x + iy \tag{1.1}$$
的数称为**复数**,其中 x 和 y 是任意的实数,分别称为复数 z 的**实部**与**虚部**,记作 $x = \operatorname{Re} z, y = \operatorname{Im} z$;而 i(也可记为 $\sqrt{-1}$)称为**纯虚数单位**.

当 $\operatorname{Im} z = 0$ 时,$z = \operatorname{Re} z$ 可视为实数;而当 $\operatorname{Re} z = 0, \operatorname{Im} z \neq 0$ 时,z 称为**纯虚数**;特别地,当 $\operatorname{Re} z = \operatorname{Im} z = 0$ 时,记 $z = 0 + i0 = 0$.

两个复数 z_1, z_2 满足 $\operatorname{Re} z_1 = \operatorname{Re} z_2, \operatorname{Im} z_1 = \operatorname{Im} z_2$ 时,称这两个复数相等,记为 $z_1 = z_2$.

对任意两个复数 $z_1 = x_1 + iy_1, z_2 = x_2 + iy_2$,其四则运算定义如下:

① $z_1 \pm z_2 = (x_1 \pm x_2) + i(y_1 \pm y_2)$;

② $z_1 z_2 = (x_1 + iy_1)(x_2 + iy_2) = (x_1 x_2 - y_1 y_2) + i(x_1 y_2 + x_2 y_1)$;

③ $\dfrac{z_1}{z_2} = \dfrac{x_1 x_2 + y_1 y_2}{x_2^2 + y_2^2} + i\dfrac{x_2 y_1 - x_1 y_2}{x_2^2 + y_2^2}, x_2 + iy_2 \neq 0$.

容易验证加法与乘法满足

①交换律:$z_1 + z_2 = z_2 + z_1, z_1 z_2 = z_2 z_1$;

②结合律:$(z_1 + z_2) + z_3 = z_1 + (z_2 + z_3), (z_1 z_2) z_3 = z_1 (z_2 z_3)$;

③分配律：$(z_1 \pm z_2)z_3 = z_1 z_3 \pm z_2 z_3$.

全体复数构成的集合在引进上述加法和乘法运算后称为**复数域**，用符号 $\mathbb{C}$ 表示. 与实数域不同的是，复数域里的数没有大小之分，但可以证明在实数域内成立的一切代数恒等式在复数域内仍成立，例如：

$$z_1^2 - z_2^2 = (z_1 + z_2)(z_1 - z_2),\ (z_1 \pm z_2)^2 = z_1^2 \pm 2z_1 z_2 + z_2^2$$

等.

1.1.2 复平面、复数的模与辐角

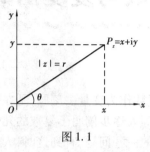

图 1.1

由于一个复数 $z = x + \mathrm{i}y$ 可以由有序实数对 (x,y) 唯一确定，而有序实数对 (x,y) 与平面直角坐标系 xOy 中的点一一对应，因此可以用坐标为 (x,y) 的点 P 来表示复数 $z = x + \mathrm{i}y$（图 1.1），此时 x 轴上的点与实数对应，称 x 轴为**实轴**，y 轴上的点（除原点外）与纯虚数对应，称 y 轴为**虚轴**. 像这样表示复数的平面称为**复平面**，或按照表示复数的字母是 $z, w, \cdots$，而称为 z **平面**、w **平面**，等等.

如图 1.1 所示，复数 $z = x + \mathrm{i}y$ 还可以用向量 $\overrightarrow{OP}$ 来表示，x 与 y 分别是向量 $\overrightarrow{OP}$ 在 x 轴与 y 轴上的投影. 这样，复数 z 就与平面上的向量 $\overrightarrow{OP}$ 建立了一一对应的关系.

引进了复平面后，为方便起见，"复数 z"、"点 z"及"向量 $\overrightarrow{OP}$"三者不再区分.

向量 $\overrightarrow{OP}$ 的长度称为复数 $z = x + \mathrm{i}y$ 的**模**或**绝对值**，记作 $|z|$，于是

$$|z| = \sqrt{x^2 + y^2}$$

显然 $|z| = 0$ 的充要条件是 $z = 0$.

当点 P 不是原点，即复数 $z \neq 0$ 时，向量 $\overrightarrow{OP}$ 与 x 轴正向的夹角称为复数 z 的**辐角**，记作 $\mathrm{Arg}\, z$. 辐角的符号规定为：由正实轴依反时针方向转到 $\overrightarrow{OP}$ 为正，依顺时针方向转到 $\overrightarrow{OP}$ 为负. 显然一个非零复数 z 的辐角有无穷多个值，它们相差 2π 的整数倍，但 $\mathrm{Arg}\, z$ 中只有一个值 θ_0 满足条件 $-\pi < \theta_0 \leqslant \pi$，称 θ_0 为复数 z 的**主辐角**，记为 $\theta_0 = \arg z$（以后也把 $\mathrm{Arg}\, z$ 中任一确定的值记为 $\arg z$），于是

$$\mathrm{Arg}\, z = \arg z + 2n\pi\ (n \in \mathbb{Z})$$

当 $z = 0$ 时，z 的辐角没有意义.

由图 1.1 易知：复数 $z = x + \mathrm{i}y(\neq 0)$ 的主辐角 $\arg z$ 与反正切的主值 $\arctan \dfrac{y}{x}$ 有以下关系：

$$\arg z = \begin{cases} \arctan \dfrac{y}{x}, & \text{当 } x > 0; \\[2mm] \dfrac{\pi}{2}, & \text{当 } x = 0, \text{且 } y > 0; \\[2mm] -\dfrac{\pi}{2}, & \text{当 } x = 0, \text{且 } y < 0; \\[2mm] \arctan \dfrac{y}{x} + \pi, & \text{当 } x < 0, \text{且 } y \geqslant 0; \\[2mm] \arctan \dfrac{y}{x} - \pi, & \text{当 } x < 0, \text{且 } y < 0; \end{cases}$$

由直角坐标与极坐标的关系可知(图 1.1),非零有穷复数 z 可以用其模 $r=|z|$ 与辐角 θ 来表示,即

$$z = r(\cos\theta + \mathrm{i}\sin\theta) \tag{1.2}$$

利用欧拉公式

$$\mathrm{e}^{\mathrm{i}\theta} = \cos\theta + \mathrm{i}\sin\theta \tag{1.3}$$

得

$$z = r\mathrm{e}^{\mathrm{i}\theta} \tag{1.4}$$

由式(1.3)及复数的运算容易证明

$$\left.\begin{aligned} \mathrm{e}^{\mathrm{i}\theta_1} \cdot \mathrm{e}^{\mathrm{i}\theta_2} &= \mathrm{e}^{\mathrm{i}(\theta_1+\theta_2)} \\ \frac{\mathrm{e}^{\mathrm{i}\theta_1}}{\mathrm{e}^{\mathrm{i}\theta_2}} &= \mathrm{e}^{\mathrm{i}(\theta_1-\theta_2)} \end{aligned}\right\} \tag{1.5}$$

分别称式(1.2)和式(1.4)为非零复数 z 的**三角表示式**和**指数表示式**,相应地称式(1.1)为复数 z 的**代数表示式**. 复数 z 的这三种表示式可以互相转化,以方便讨论不同问题时的需要.

例 1.1　将 $z = -1 + \mathrm{i}\sqrt{3}$ 化为三角表示式和指数表示式.

解　$|z| = \sqrt{(-1)^2 + (\sqrt{3})^2} = 2$,因为 z 在第 Ⅱ 象限,所以

$$\arg z = \arctan(-\sqrt{3}) + \pi = \frac{2\pi}{3}$$

故 z 的三角表示式为 $z = 2\left(\cos\dfrac{2\pi}{3} + \mathrm{i}\sin\dfrac{2\pi}{3}\right)$;$z$ 的指数表示式为 $z = 2\mathrm{e}^{\frac{2\pi}{3}\mathrm{i}}$.

例 1.2　试将 $z = 1 + \cos\theta + \mathrm{i}\sin\theta, (-\pi < \theta \leqslant \pi)$ 化为三角表示式.

解　由已知可得

$$|z| = \sqrt{(1+\cos\theta)^2 + \sin^2\theta} = \sqrt{2(1+\cos\theta)}$$
$$= 2\sqrt{\cos^2\frac{\theta}{2}} = 2\cos\frac{\theta}{2}\left(-\frac{\pi}{2} < \frac{\theta}{2} \leqslant \frac{\pi}{2}\right)$$
$$\arg z = \arctan\frac{\sin\theta}{1+\cos\theta} = \arctan\left(\tan\frac{\theta}{2}\right) = \frac{\theta}{2}$$

故 z 的三角表示式为

$$z = 2\cos\frac{\theta}{2}\left(\cos\frac{\theta}{2} + \mathrm{i}\sin\frac{\theta}{2}\right).$$

利用复数 z 的代数表示式容易理解复数加法与减法运算的几何意义,设复数 z_1, z_2 对应的向量分别为 $\overrightarrow{OP_1}, \overrightarrow{OP_2}$,由复数的运算法则知复数的加减法与向量的加减法一致,于是在平面上以 $\overrightarrow{OP_1}, \overrightarrow{OP_2}$ 为邻边的平行四边形的对角线 $\overrightarrow{OP}$ 就表示复数 $z_1 + z_2$(图 1.2),对角线 $\overrightarrow{P_2P_1}$ 就表示复数 $z_1 - z_2$.

由上述几何解释可知下面两个不等式成立:

$$|z_1 + z_2| \leqslant |z_1| + |z_2|, \quad |z_1 - z_2| \geqslant ||z_1| - |z_2||,$$

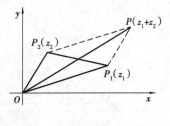

图 1.2

其中 $|z_1 - z_2| = \sqrt{(x_1-x_2)^2 + (y_1-y_2)^2}$ 表示向量 $\overrightarrow{P_2P_1}$ 的长度,也就是复平面上点 z_1, z_2 之间的距离.

利用复数 z 的指数表示式作复数乘法与除法运算很方便.

假设 $z_1 = r_1 e^{i\theta_1}, z_2 = r_2 e^{i\theta_2}$,则由式(1.5)可得

$$z_1 z_2 = r_1 e^{i\theta_1} \cdot r_2 e^{i\theta_2} = r_1 r_2 e^{i(\theta_1 + \theta_2)}, \frac{z_1}{z_2} = \frac{r_1 e^{i\theta_1}}{r_2 e^{i\theta_2}} = \frac{r_1}{r_2} e^{i(\theta_1 - \theta_2)} \qquad (r_2 \neq 0)$$

于是

$$|z_1 z_2| = r_1 r_2 = |z_1||z_2|, \operatorname{Arg}(z_1 z_2) = \operatorname{Arg} z_1 + \operatorname{Arg} z_2 \qquad (1.6)$$

$$\left|\frac{z_1}{z_2}\right| = \frac{|z_1|}{|z_2|}, \operatorname{Arg}\left(\frac{z_1}{z_2}\right) = \operatorname{Arg} z_1 - \operatorname{Arg} z_2 \qquad (1.7)$$

由此可知:

①两个复数乘积的模等于它们各自模的乘积,两个复数乘积的辐角等于它们各自辐角的和;

②两个复数商的模等于它们各自模的商,两个复数商的辐角等于分子辐角与分母辐角的差.

值得注意的是,由于 $\operatorname{Arg}(z_1 z_2), \operatorname{Arg} z_1$ 与 $\operatorname{Arg} z_2$ 都是多值的,因此,式(1.6)和式(1.7)中关于辐角的等式两边都为无穷多个数(角度)组成的数集,它们相等意味着,对于等式左边集合的任意一个数值,等式右边集合中必有一个值与之相等,反之亦然. 例如取 $z_1 = i, z_2 = \dfrac{i}{2}$,则

$$\operatorname{Arg}(z_1 z_2) = \pi + 2k\pi(k \in \mathbb{Z}), \operatorname{Arg} z_1 = \frac{\pi}{2} + 2m\pi(m \in \mathbb{Z}), \operatorname{Arg} z_2 = \frac{\pi}{2} + 2n\pi(n \in \mathbb{Z})$$

此时 $\operatorname{Arg}(z_1 z_2) = \operatorname{Arg} z_1 + \operatorname{Arg} z_2$ 成立的充分必要条件为 $k = m + n$,即对每一个 k 都可分别选取一个 m 和 n 使得 $k = m + n$,反之亦然.

由式(1.6)即得复数乘法的几何意义,乘积 $z_1 z_2$ 对应的向量是把 z_1 对应的向量旋转一个角度 $\theta_2 = \arg z_2$ 后再将其模伸缩 $|z_2|$ 倍而得到的(图1.3). 特别地,当 $|z_2| = 1$ 时,只需把 z_1 对应的向量旋转一个角度 $\theta_2 = \arg z_2$ 即得到 $z_1 z_2$. 例如 $z \cdot e^{i\frac{\pi}{3}}$,就可由表示 z 的向量逆时针旋转 $\dfrac{\pi}{3}$ 而得到.

例 1.3 已知正三角形的两个顶点为 $z_1 = 1 + 2i, z_2 = \dfrac{3}{2} + \left(2 + \dfrac{\sqrt{3}}{2}\right)i$,求其第三个顶点.

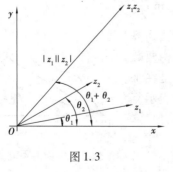

图1.3

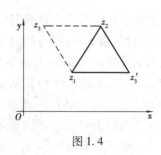

图1.4

解 如图1.4将向量 $z_2 - z_1$ 绕 z_1 旋转 $\dfrac{\pi}{3}\left(\text{或} -\dfrac{\pi}{3}\right)$ 得另一个向量,其终点就是所求的第三个顶点 z_3(或 z_3'),根据复数乘法的几何意义可得

$$z_3 - z_1 = e^{\frac{\pi}{3}i}(z_2 - z_1)$$
$$= \left(\frac{1}{2} + \frac{\sqrt{3}}{2}i\right) \cdot \left(\frac{1}{2} + \frac{\sqrt{3}}{2}i\right) = -\frac{1}{2} + \frac{\sqrt{3}}{2}i$$

所以

$$z_3 = \left(-\frac{1}{2} + \frac{\sqrt{3}}{2}i\right) + z_1 = \frac{1}{2} + \left(\frac{\sqrt{3}}{2} + 2\right)i$$

类似可得 $z_3' = e^{-\frac{\pi}{3}i}(z_2 - z_1) + z_1 = 2 + 2i$

1.1.3　复数的乘幂与方根

n 个相同非零有穷复数 z 的乘积称为复数 z 的 n **次幂**,记作

$$z^n = \overbrace{z \cdot z \cdot \cdots \cdot z}^{n\uparrow}$$

若 $z = re^{i\theta}$,则

$$z^n = r^n e^{in\theta} = r^n(\cos n\theta + i\sin n\theta)\,(n \in \mathbb{N}).$$

特别地,当 $r = 1$ 时,即 $z = \cos\theta + i\sin\theta$,则得 De Moivre 公式

$$(\cos\theta + i\sin\theta)^n = \cos n\theta + i\sin n\theta$$

如果复数 w 和 z 满足

$$w^n = z\,(n\,为大于\,1\,的正整数) \tag{1.8}$$

则称复数 w 为 z 的 n **次方根**,记作 $\sqrt[n]{z}$,即 $w = \sqrt[n]{z}$.

下面求 $w = \sqrt[n]{z}$ 的表达式.

令 $z = re^{i\theta}, w = \rho e^{i\varphi}$,则由式(1.8),得

$$\rho^n e^{in\varphi} = re^{i\theta},$$

于是有

$$\rho^n = r, n\varphi = \theta + 2k\pi,$$

从而

$$\rho = \sqrt[n]{r}, \varphi = \frac{\theta + 2k\pi}{n}\,(k \in \mathbb{Z}),$$

故 z 的 n 次方根为

$$w = \sqrt[n]{z} = \sqrt[n]{r}e^{i\frac{\theta + 2k\pi}{n}}\,(k = 0, 1, 2, \cdots, n-1) \tag{1.9}$$

从式(1.9)可以看出,只有当 k 取 $0, 1, 2, \cdots, n-1$ 时,所得 w 之值是不同的,而 k 取其他整数时所得 w 之值将与上述 n 个值之一重合.因此,一个非零有穷复数 z 的 n 次方根仅有 n 个不同的值,在几何上表现为以原点为中心、以 $\sqrt[n]{|z|}$ 为半径的圆的内接正 n 边形的 n 个顶点.

例 1.4　求 $z = 1$ 的 n 次方根.

解　因为

$$1 = \cos 0 + i\sin 0$$

所以

$$\sqrt[n]{1} = e^{\frac{2k\pi}{n}i} = \left(\cos\frac{2k\pi}{n} + i\sin\frac{2k\pi}{n}\right)(k = 0, 1, 2, \cdots, n-1)$$

特别地,1 的立方根为

$$w_0 = \cos 0 + i\sin 0 = 1$$

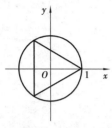

图 1.5

$$w_1 = \left(\cos\frac{2\pi}{3} + i\sin\frac{2\pi}{3}\right) = -\frac{1}{2} + i\frac{\sqrt{3}}{2}$$

$$w_2 = \left(\cos\frac{4\pi}{3} + i\sin\frac{4\pi}{3}\right) = -\frac{1}{2} - i\frac{\sqrt{3}}{2}$$

它们均匀地分布在以原点为中心,以 1 为半径的圆周上(图 1.5).

例 1.5 设 n 为自然数,证明等式

$$\left(\frac{1+\sin\theta+i\cos\theta}{1+\sin\theta-i\cos\theta}\right)^n = \cos n\left(\frac{\pi}{2}-\theta\right) + i\sin n\left(\frac{\pi}{2}-\theta\right)$$

证明 令 $\theta = \frac{\pi}{2} - \varphi$,则

$$\frac{1+\sin\theta+i\cos\theta}{1+\sin\theta-i\cos\theta} = \frac{1+\cos\varphi+i\sin\varphi}{1+\cos\varphi-i\sin\varphi}$$

$$= \frac{2\cos^2\frac{\varphi}{2} + 2i\sin\frac{\varphi}{2}\cos\frac{\varphi}{2}}{2\cos^2\frac{\varphi}{2} - 2i\sin\frac{\varphi}{2}\cos\frac{\varphi}{2}} = \frac{\cos\frac{\varphi}{2} + i\sin\frac{\varphi}{2}}{\cos\frac{\varphi}{2} - i\sin\frac{\varphi}{2}}$$

$$= \left(\cos\frac{\varphi}{2} + i\sin\frac{\varphi}{2}\right)^2 = \cos\varphi + i\sin\varphi$$

故由 De Moivre 公式得

$$\left(\frac{1+\sin\theta+i\cos\theta}{1+\sin\theta-i\cos\theta}\right)^n = \cos n\varphi + i\sin n\varphi = \cos n\left(\frac{\pi}{2}-\theta\right) + i\sin n\left(\frac{\pi}{2}-\theta\right).$$

1.1.4 共轭复数

设复数 $z = x + iy$,称复数 $x - iy$ 为 z 的**共轭复数**,记为 $\bar{z}$. 显然 z 和 $\bar{z}$ 是关于实轴对称的(图 1.6).

由定义,容易验证下列关系成立:

① $|\bar{z}| = |z|$,$\arg z = -\arg \bar{z}$,$\bar{\bar{z}} = z$;

② $\overline{z_1 + z_2} = \overline{z_1} + \overline{z_2}$,$\overline{z_1 \cdot z_2} = \overline{z_1} \cdot \overline{z_2}$,$\overline{\left(\dfrac{z_1}{z_2}\right)} = \dfrac{\overline{z_1}}{\overline{z_2}}$;

③ $z \cdot \bar{z} = |z|^2$;

④ $z + \bar{z} = 2\operatorname{Re} z$,$z - \bar{z} = 2i\operatorname{Im} z$.

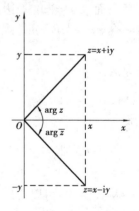

图 1.6

例 1.6 设 $z = -\dfrac{1}{i} - \dfrac{3i}{1-i}$,试求 $\operatorname{Re} z$,$\operatorname{Im} z$ 和 $z\bar{z}$.

解 因为

$$z = -\frac{1}{i} - \frac{3i}{1-i} = -\frac{i}{i^2} - \frac{3i(1+i)}{(1-i)(1+i)} = \frac{3}{2} - \frac{1}{2}i,$$

所以

$$\operatorname{Re} z = \frac{3}{2}, \operatorname{Im} z = -\frac{1}{2}, z\bar{z} = |z|^2 = \frac{5}{2}.$$

例 1.7 求证:若 $|a| = 1$,则 $\forall b \in \mathbb{C} \setminus \{a\}$,有 $\dfrac{a-b}{1-\bar{a}b} = a$.

证 由 $a\bar{a} = |a|^2 = 1$，得

$$\frac{a-b}{1-\bar{a}b} = \frac{a-b}{a\bar{a}-\bar{a}b} = \frac{1}{\bar{a}} = \frac{a}{a\bar{a}} = a$$

例 1.8 设复数 z_1, z_2, z_3 满足条件

① $z_1 + z_2 + z_3 = 0$；② $|z_1| = |z_2| = |z_3| = 1$.

求证 z_1, z_2, z_3 是内接于单位圆 $|z| = 1$ 的一个正三角形的顶点.

证 由条件②，可知 z_1, z_2, z_3 位于 $|z| = 1$ 上；又由条件①，可知 $z_1 = -z_2 - z_3$，则

$$z_1 \overline{z_1} = (-z_2 - z_3)\overline{(-z_2 - z_3)} = z_2\overline{z_2} + z_2\overline{z_3} + z_3\overline{z_2} + z_3\overline{z_3}$$

即

$$|z_1|^2 = |z_2|^2 + z_2\overline{z_3} + z_3\overline{z_2} + |z_3|^2$$

再结合条件②得

$$z_2\overline{z_3} + z_3\overline{z_2} = -1$$

故

$$|z_2 - z_3|^2 = (z_2 - z_3)\overline{(z_2 - z_3)} = z_2\overline{z_2} - z_2\overline{z_3} - z_3\overline{z_2} + z_3\overline{z_3} = 3$$

即 $|z_2 - z_3| = \sqrt{3}$，同理可得 $|z_1 - z_3| = \sqrt{3}$，$|z_1 - z_2| = \sqrt{3}$，因此，z_1, z_2, z_3 是内接于单位圆 $|z| = 1$ 的一个正三角形的 3 个顶点.

下面讨论两个问题：①如何用含复数的方程来表示平面曲线；②怎样从复数形式的方程来确定该方程所表示的平面曲线.

若平面曲线 Γ 的实方程为 $\begin{cases} x = x(t) \\ y = y(t) \end{cases} (\alpha \le t \le \beta)$，则 Γ 的复方程可表示为 $z = z(t) = x(t) + y(t)\mathrm{i}(\alpha \le t \le \beta)$.

例 1.9 （1）因连接 $z_1 = x_1 + \mathrm{i}y_1$ 与 $z_2 = x_2 + \mathrm{i}y_2$ 两点的线段的实方程为

$$\begin{cases} x = x_1 + t(x_2 - x_1) \\ y = y_1 + t(y_2 - y_1) \end{cases} (0 \le t \le 1)$$

故该线段的复数方程为

$$z = x_1 + t(x_2 - x_1) + \mathrm{i}[y_1 + t(y_2 - y_1)] = z_1 + (z_2 - z_1)t \quad (0 \le t \le 1);$$

同理过 z_1 与 z_2 两点的直线的复数方程为

$$z = z_1 + (z_2 - z_1)t \quad (-\infty < t < +\infty)$$

于是有

三点 $z_1, z_2, z_3 \in \mathbb{C}$ 共线的充分必要条件为 $\dfrac{z_3 - z_1}{z_2 - z_1} = t \in \mathbb{R} \setminus \{0\}$.

（2）因 z 平面上以点 $z_0 = x_0 + \mathrm{i}y_0$ 为心、r 为半径的圆周的实方程为

$$\begin{cases} x = x_0 + r\cos\theta \\ y = y_0 + r\sin\theta \end{cases} (0 \le \theta \le 2\pi)$$

故该圆的复数方程为

$$z = x_0 + r\cos\theta + \mathrm{i}(y_0 + r\sin\theta) = z_0 + re^{\mathrm{i}\theta} \quad (0 \le \theta \le 2\pi)$$

若平面曲线 Γ 的实方程为 $F(x,y) = 0$，则 Γ 的复方程可用 $f(z) = 0$ 表示.

例 1.10 （1）复平面上以点 z_0 为心、r 为半径的圆周的复方程为 $|z - z_0| = r$.

（2）平面直角坐标下直线 $ax + by = c (a, b, c \in \mathbb{R}$，且 $ab \ne 0)$ 方程的复数形式为

$$\bar{\alpha}z + \alpha\bar{z} = \beta，其中 \alpha \in \mathbb{C} \setminus \{0\}，\beta \in \mathbb{R}.$$

事实上，设 $z = x + \mathrm{i}y$，则由共轭复数的定义得

$$x = \frac{z + \bar{z}}{2}, y = \frac{z - \bar{z}}{2i}$$

将它们代入所给的直线方程 $ax + bx = c$,有

$$a \cdot \frac{z + \bar{z}}{2} + b \cdot \frac{z - \bar{z}}{2i} = c$$

化简得

$$(a - ib)z + (a + ib)\bar{z} = 2c$$

记 $\alpha = a + ib, \beta = 2c$,便得结论.

(3)方程 $|z - i| = |z + 2i|$ 表示到点 i 和 -2i 的距离相等的点 z 的轨迹,即连接复数 i 和 -2i 的线段的垂直平分线.

(4)方程 $\left| \dfrac{z - 1}{z + 1} \right| = 2$ 表示一个圆周.(请读者自己讨论)

1.1.5　无穷远点与扩充复平面

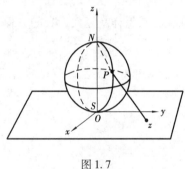

图 1.7

复数还有一种表示方法,这种方法是将球面上的点与复平面上的点一一对应起来,从中可直观地引入无穷远点的概念.

取一个与 $\mathbb{C}$ 相切于坐标原点 O 的球面 S. 过 O 作与复平面相垂直的直线,该直线与球面 S 交于另一点 N,O 和 N 分别称为球面的**南极**和**北极**(图 1.7).

在复平面上任取一点 z,则连接 z 和 N 的直线必交于球面上唯一的异于 N 的点 P;反之,若 P 为球面上任意一个异于 N 的点,则连接 NP 的直线必交复平面上唯一的一点 z. 这样就建立起球面上除去北极 N 外的点 P 与复平面上点 z 之间的一一对应关系,我们称 P 为 z 在球面上的球极射影,如果 z 的模越大,则它的球极射影就越靠近北极 N,因此,北极 N 可以看作复平面上一个模为无穷大的理想点的对应点,这个理想点称为无穷远点,并记为 ∞,复平面上加上点 ∞ 后就称为**扩充复平面**,通常记为 $\overline{\mathbb{C}}$,即 $\overline{\mathbb{C}} = \mathbb{C} \cup \{\infty\}$. 与之对应的是整个球面,称为**复球面**,换言之,扩充复平面的一个几何模型就是复球面.

最后需要指出的是,扩充复平面 $\overline{\mathbb{C}}$ 上只有一个无穷远点 ∞,它是一个确定的复数,对 ∞ 来说,其实部、虚部与辐角均无意义,仅规定其模 $|\infty| = +\infty$. 关于 ∞ 我们规定其运算如下:

①若 a 为有限复数,则

$$a \pm \infty = \infty \pm a = \infty; a \cdot \infty = \infty \cdot a = \infty (a \neq 0); \frac{a}{\infty} = 0; \frac{a}{0} = \infty (a \neq 0).$$

②$\infty \pm \infty, 0 \cdot \infty, \dfrac{\infty}{\infty}, \dfrac{0}{0}$ 均无意义.

在本书中,今后若无特别声明,所涉及的复数都是指有穷复数.

1.2　复平面上的点集

本节起研究的变量都是复变量,为了刻画一个复变数的变化范围,需要研究有关复平面上点集的一些概念.

1.2.1　平面点集

定义 1.1　设 $z_0 \in \mathbb{C}$, δ 为正数,称集合 $\{z \mid |z - z_0| < \delta\}$ 为点 z_0 的 δ 邻域,记为 $N_\delta(z_0)$,称集合 $\{z \mid 0 < |z - z_0| < \delta\}$ 为点 z_0 的去心 δ 邻域,记为 $N_\delta(z_0) \backslash \{z_0\}$.

定义 1.2　设 $E \subset \mathbb{C}$ 为一点集,且 $z_0 \in E$,若 $\exists N_\delta(z_0)$,使得 $N_\delta(z_0) \subset E$,则称点 z_0 为 E 的**内点**.若 E 的点皆为内点,则称 E 为**开集**.

定义 1.3　设 $E \subset \mathbb{C}$ 为一点集,且 $z_0 \in E$,若 $\forall \delta > 0$,在 $N_\delta(z_0)$ 内既有属于 E 的点,也有不属于 E 的点,则称点 z_0 为 E 的**边界点**;E 的边界点的全体组成的集合称为 E 的**边界**,通常记为 ∂E.

定义 1.4　设 $E \subset \mathbb{C}$ 为一点集,$z_0 \in \mathbb{C}$.如果 $\forall N_\delta(z_0)$,点集 $N_\delta(z_0) \cap E$ 是无穷点集,则称 z_0 为 E 的**聚点或极限点**,E 的聚点全体通常记为 E';若 $z_0 \in E$,但 $z_0 \notin E'$,则称 z_0 为 E 的**孤立点**;若 $\exists N_\delta(z_0)$,使得 $N_\delta(z_0) \cap E = \phi$,则称 z_0 为 E 的**外点**.

定义 1.5　若点集 E 能完全包含在以原点为圆心,以某一个正数 R 为半径的圆域内部,则称 E 为**有界集**,否则称 E 为**无界集**.

对于无穷远点 ∞,有:

定义 1.6　在 $\overline{\mathbb{C}}$ 上以原点为心,以某一个正数 R 为半径的圆外部,称为无穷远点的一个邻域,记为 $N_R(\infty) = \{z \mid |z| > R\}$.

由此,在扩充复平面 $\overline{\mathbb{C}}$ 上,**聚点、内点及边界点**等概念均可推广到无穷远点.

1.2.2　区域

定义 1.7　复平面 $\mathbb{C}$ 上具备下列性质的非空点集 D 称为**区域**:

①D 是开集,即 D 完全由内点组成;

②D 是连通的,即 D 中任何两点都可以用一条整个属于 D 的折线连接起来.

由区域的定义,区域不包括边界点,因而一般称区域为**开区域**.区域 D 及边界 C 所构成的点集称为**闭区域**,记作 $\overline{D} = D + C$.

若区域 D 可以包含在某个以原点为中心、以某一正数 R 为半径的圆内. 则称 D 为**有界区域**,否则为**无界区域**.

实际中,常用含复数的不等式来表示复平面上的区域. 例如:

①z 平面上以原点为心,R 为半径的圆盘(即圆形区域)可表示为 $|z| < R$.

②z 平面上以实轴 $\mathrm{Im}\, z = 0$ 为边界的两个无界区域是上半平面与下半平面,分别表为 $\mathrm{Im}\, z > 0$ 与 $\mathrm{Im}\, z < 0$;z 平面上以虚轴 $\mathrm{Re}\, z = 0$ 为边界的两个无界区域是左半平面与右半平面,分别表为 $\mathrm{Re}\, z < 0$ 与 $\mathrm{Re}\, z > 0$.

③图 1.8 所示的同心圆环(即圆环区域)可表示为 $r < |z| < R$.

④图 1.9 所示的带形区域可表示为 $y_1 < \mathrm{Im}\, z < y_2$.

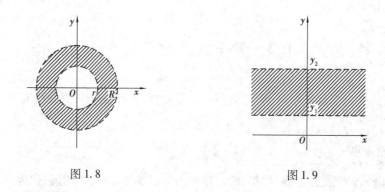

图 1.8   图 1.9

1.2.3 Jordan 曲线

定义 1.8 若 $x(t)$ 与 $y(t)$ 是两个定义在闭区间 $[\alpha,\beta]$ 上的连续实值函数,则称曲线

$$C:z = z(t) = x(t) + iy(t) \quad (\alpha \leqslant t \leqslant \beta)$$

为 $\mathbb{C}$ 上的一条**连续曲线**;$z(\alpha)$ 及 $z(\beta)$ 分别称为这条曲线的**起点**与**终点**;若对区间 $[\alpha,\beta]$ 上任意不同的两点 t_1 及 t_2,且不同为 $[\alpha,\beta]$ 的端点,有 $z(t_1) = z(t_2)$,则点 $z(t_1)$ 称为这条曲线的**重点**;凡无重点的连续曲线,称为**简单曲线**或 **Jordan(约当)曲线**;满足 $z(\alpha) = z(\beta)$ 的简单曲线称为**简单闭曲线**.

例如,线段、圆弧和抛物线弧段等都是简单曲线;圆周和椭圆周等都是简单闭曲线.

一条简单闭曲线 C 可把平面分为两个区域:一个是有界的,称为 C 的**内部**;另一个是无界的,称为 C 的**外部**,而这两个区域都以给定的简单闭曲线作为边界. 例如,圆周 $|z| = R$ 是一条简单闭曲线,它把平面 $\mathbb{C}$ 分成两个没有公有点的区域 $|z| < R$ 与 $|z| > R$,前者是有界的,后者是无界的,并且它们都以 $|z| = R$ 为边界.

定义 1.9 设 $C:z = z(t) = x(t) + iy(t)(\alpha \leqslant t \leqslant \beta)$ 是一条简单(闭)曲线. 若 $z = z(t)$ 在 $\alpha \leqslant t \leqslant \beta$ 上有连续导数,且

$$z'(t) = x'(t) + iy'(t) \neq 0$$

则称曲线 C 为**光滑(闭)曲线**.

由有限条光滑曲线依次相衔接而成的曲线称为**逐段光滑曲线**.

例如,直线、圆弧(周)等都是光滑(闭)曲线;简单折线是逐段光滑曲线.

1.2.4 单连通区域与多连通区域

定义 1.10 如果区域 D 内的任何简单闭曲线的内部中每一点属于 D,则称区域 D 为**单连通区域**;否则,就称为**多连通区域**.

一般来说,一条简单闭曲线的内部区域为单连通区域;从单连通区域中挖去几个彼此无公共点的闭区域后,得到一个多连通区域.

例 1.11 集 $\{z|-1 < \operatorname{Re} z < 1\}$ 为单连通无界区域,而圆环 $\{z|1 < |z - i| < 2\}$ 为多连通有界区域.

例 1.12 求满足关系式

$$\cos\theta < r < 2\cos\theta \quad \left(-\frac{\pi}{2} < \theta < \frac{\pi}{2}\right)$$

的点 $z = r(\cos\theta + i\sin\theta)$ 的集合,若该集合为一区域,则是单连通区域还是多连通区域?

解 设 $z = x + iy = r(\cos\theta + i\sin\theta)$,因为 $\cos\theta < r < 2\cos\theta$,所以 $r\cos\theta < r^2 < 2r\cos\theta$,即 $x < x^2 + y^2 < 2x$.

从而所求点集为(图1.10)中的阴影部分: $\begin{cases} (x-1)^2 + y^2 < 1 \\ \left(x - \dfrac{1}{2}\right)^2 + y^2 > \dfrac{1}{4} \end{cases}$,这是一个有界单连通区域.

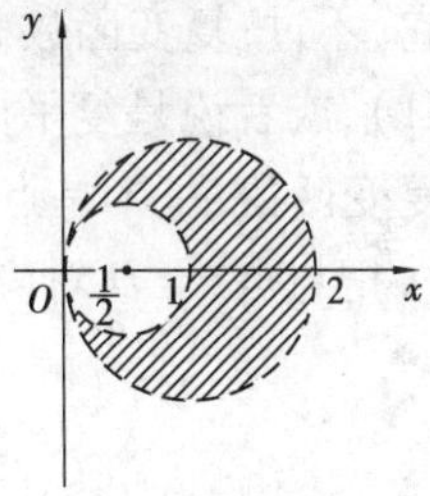

例1.13 试问满足条件 $z + |z| \neq 0$ 的点 z 组成的点集是否构成区域? 是否为单连通的? 是否为有界区域?

图1.10

解 首先找出满足条件 $z + |z| = 0$ 的点,然后从复平面内去掉这些点. 由 $z + |z| = 0$,有 $z = -|z|$,即 $x + iy = -\sqrt{x^2 + y^2}$,于是 $\begin{cases} x = -\sqrt{x^2 + y^2} \\ y = 0 \end{cases}$,因此,$\begin{cases} x \leq 0 \\ y = 0 \end{cases}$,这是复平面上包括原点和负实轴的全体点的集合.

所以,$z + |z| \neq 0$ 是复平面上去掉原点和负实轴的全体点的集合,它是一个无界的单连通域.

1.3 复变函数的极限与连续

1.3.1 复变函数的概念

复变函数就是定义域和值域均在复数集上的函数. 它在形式上与微积分中函数概念是相同的,但因为涉及的对象不同了,所以有许多新的特点值得研究.

定义1.11 设点集 $D \subset \mathbb{C}$,若对于 D 内每一点 z,按照某一法则,有确定的复数 w 与之对应,则称在 D 上确定了一个**复变函数** $w = f(z)(z \in D)$.

若 $\forall z \in D$,有唯一的 w 值与之对应,则称 $w = f(z)(z \in D)$ 为**单值函数**;若 $\forall z \in D$,有几个或无穷多个 w 值与之对应,则称 $w = f(z)(z \in D)$ 为**多值函数**. D 称为函数 $w = f(z)$ 的**定义域**,而相应 w 值的全体所成之集 G 称为函数 $w = f(z)$ 的**值域**.

例如:$w = z^3 + z, w = z + \dfrac{1}{z}, w = |z|$ 都是单值函数;$w = \sqrt[3]{z}, w = \text{Arg } z(z \neq 0)$ 都是多值函数.

注:在今后的讨论中,若无特别声明,所涉及的函数都是指单值函数.

若令 $z = x + iy, w = u + iv$ 则函数 $w = f(z)$ 可表示为
$$w = f(z) = f(x + iy) = u(x,y) + iv(x,y)$$
其中 $u = u(x,y), v = v(x,y)$ 都是二元实函数.

若令 $z = re^{i\theta}$,则函数 $w = f(z)$ 可表示为
$$w = P(r,\theta) + iQ(r,\theta).$$

例如,函数 $w = z^2$ 可表示为 $w = x^2 - y^2 + 2ixy$ 或 $w = r^2\cos 2\theta + ir^2\sin 2\theta$

实变量的一元函数与二元实函数分别可用平面曲线与空间曲面来表示,自然会问一个复变函数能用什么几何图形来表示呢? 注意到复变函数 $w = f(z)$,亦即 $u + iv = f(x + iy)$,涉及 x,

y,u,v 共四个实变量,这样就不可能用同一个平面,也不能用一个三维空间中的几何图形来表示它. 不过,复变函数 $w=f(z)$ 可看成平面上的点集 D 到平面上的点集 G 的一个**对应关系**(图 1.11),或者说是复平面上的两个点集之间的**映射**或**变换**,因此,我们取两张复平面来表示一个复变函数,一个是点集 D 所在的平面(称为 z 平面),一个是点集 G 所在的平面(称为 w 平面),把与点 $z\in D$ 对应的点 $w=f(z)$ 称为点 z 的**像点**,而点 z 称为点 $w=f(z)$ 的**原像**.

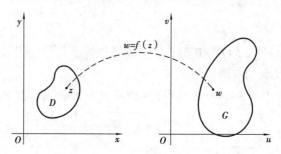

图 1.11

例 1.14 考察函数 $w=z^2$ 的映射性质.

解 若设 $z=re^{i\theta},w=\rho e^{i\varphi}$,则函数 $w=z^2$ 可表示为 $\begin{cases}\rho=r^2\\\varphi=2\theta\end{cases}$,于是可得函数 $w=z^2$ 的如下映射性质:

1) z 平面上从原点出发的射线 $\theta=\theta_0(-\pi<\theta_0\leqslant\pi)$,被映射成 w 平面上的射线 $\varphi=2\theta_0$ $(-\pi<\theta_0\leqslant\pi)$.

2) z 平面上的角形区域 $D=\{z|0\leqslant\arg z\leqslant\alpha\}$,被映射成 w 平面上的角形区域 $G=\{w|0\leqslant\arg w\leqslant2\alpha\}$(如图 1.12).

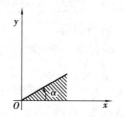 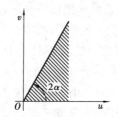

图 1.12

若设 $z=x+iy,w=u+iv$,则函数 $w=z^2$ 可表示为 $\begin{cases}u=x^2-y^2\\v=2xy\end{cases}$,因此,又可得函数 $w=z^2$ 的如下映射性质.

3) z 平面上的两簇分别以直线 $y=\pm x$ 和坐标轴为渐近线的等轴双曲线 $x^2-y^2=C_1,2xy=C_2$ 分别映射成 w 平面上的两簇平行直线 $u=C_1,v=C_2$(如图 1.13).

4) 下面再进一步研究 z 平面上的两直线簇 $x=C_1,y=C_2$ 在函数 $w=z^2$ 映射下的图像.

当 $x=C_1$ 时,在 z 平面上表示为平行于虚轴的直线,此直线在映射 $w=z^2$ 下变为

$$\begin{cases}u=C_1^2-y^2\\v=2C_1y\end{cases}, \quad -\infty<y<+\infty$$

消去 y 得

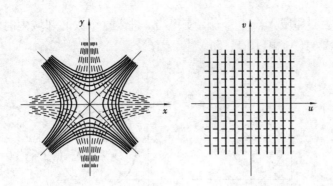

图 1.13

$$v^2 = 4C_1^2(C_1^2 - u)$$

这是 w 平面上的一簇抛物线,特别地,当 $C_1 = 0$ 时,直线方程为 $x = 0$,此直线在映射 $w = z^2$ 下变为

$$\begin{cases} u = -y^2 \\ v = 0 \end{cases}, 即 \begin{cases} u \leqslant 0 \\ v = 0 \end{cases}.$$

于是可知,映射 $w = z^2$ 将 z 平面上的虚轴 $x = 0$,映射成 w 平面的负实轴.

与 $x = C_1$ 的讨论一样,在 $w = z^2$ 的映射下,直线 $y = C_2$(图 1.14 中虚线)的像,是 w 平面上的一簇抛物线

$$v^2 = 4C_2^2(u + C_2^2)$$

(图 1.14 虚线);特别地,当 $C_2 = 0$ 时,直线方程为 $y = 0$,此时有

$$\begin{cases} u = x^2 \\ v = 0 \end{cases}, 即 \begin{cases} u \geqslant 0 \\ v = 0 \end{cases}.$$

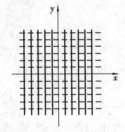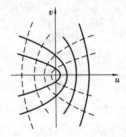

图 1.14

这是 w 平面上的原点和正实轴.

1.3.2　复变函数的极限

复变函数的极限概念是一元实变数函数极限概念的自然推广.

定义 1.12　设函数 $w = f(z)$ 在点 z_0 的某个去心邻域内有定义,若存在一复数 A,使得 $\forall \varepsilon > 0, \exists \delta > 0$,当 $0 < |z - z_0| < \delta$ 时,有 $|f(z) - A| < \varepsilon$,则称 A 为 $f(z)$ 当 z 趋向于 z_0 时的极限,记作

$$\lim_{z \to z_0} f(z) = A.$$

此极限定义的几何意义是:对于 w 平面上定点 A 的任意给定的邻域 $N_\varepsilon(A)$,在 z 平面上一

定能找到 z_0 的某个去心邻域 $N_\delta(z_0) \setminus \{z_0\}$,使得当 z 进入这个去心邻域内时,其像点 $w = f(z)$ 就落在 A 的给定邻域 $N_\varepsilon(A)$ 中(图 1.15).

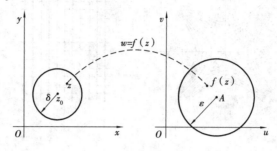

图 1.15

复变函数极限定义中 $z \to z_0$ 的方式是任意的,即自变量 z 不论从任何方向,沿何种曲线趋向于 z_0 时,$w = f(z)$ 都有相同的极限 A,这种趋向过程较实轴上变量 $x \to x_0$ 要复杂许多,两者虽然形式类似,本质却有较大差别.

例 1.15 试证 $\lim\limits_{z \to 0} \dfrac{\text{Re } z}{z}$ 不存在.

事实上,让 z 沿直线 $y = kx (k \in \mathbb{R})$ 趋于零,则

$$\lim_{\substack{z \to 0 \\ (y = kx)}} \frac{\text{Re } z}{z} = \lim_{\substack{z \to 0 \\ (y = kx)}} \frac{x}{x + iy} = \lim_{x \to 0} \frac{x}{x + i(kx)} = \frac{1}{1 + ik},$$

由于极限值随 k 而变化,因而 $\lim\limits_{z \to 0} \dfrac{\text{Re } z}{z}$ 不存在.

下面的定理揭示了复变函数极限与其实部和虚部的极限之间的关系.

定理 1.1 设 $w = f(z) = u(x, y) + iv(x, y)$,$A = a + ib$,$z_0 = x_0 + iy$,则 $\lim\limits_{z \to z_0} f(z) = A$ 的充要条件是 $\lim\limits_{\substack{x \to x_0 \\ y \to y_0}} u(x, y) = a$,$\lim\limits_{\substack{x \to x_0 \\ y \to y_0}} v(x, y) = b$

证 由于

$$|f(z) - A| \leqslant |u(x, y) - a| + |v(x, y) - b|$$

及

$$|u(x, y) - a| \leqslant |f(z) - A|, \quad |v(x, y) - b| \leqslant |f(z) - A|$$

根据定义 1.12,由前一个不等式可得定理的充分性,而由后两个不等式可得定理的必要性.

下面关于极限的性质和定理与微积分学中相应结论类似,在此仅列举而将证明留给读者.

性质 1 如果 $f(z)$ 在 z 趋向于 z_0 时的极限存在,则极限唯一.

性质 2 如果 $f(z)$ 在 z 趋向于 z_0 时的极限存在,则 $f(z)$ 在 z_0 的某个去心邻域 $N_\delta(z_0) \setminus \{z_0\}$ 内有界.

定理 1.2 若 $\lim\limits_{z \to z_0} f(z) = A$,$\lim\limits_{z \to z_0} g(z) = B$,则

①$\lim\limits_{z \to z_0} [f(z) \pm g(z)] = A \pm B$; ②$\lim\limits_{z \to z_0} f(z) g(z) = AB$;

③$\lim\limits_{z \to z_0} \dfrac{f(z)}{g(z)} = \dfrac{A}{B} (B \neq 0)$.

1.3.3 复变函数的连续性

定义 1.13 设函数 $w = f(z)$ 在点 z_0 的某邻域内有定义,且满足

$$\lim_{z \to z_0} f(z) = f(z_0)$$

则称 $f(z)$ 在点 z_0 是**连续**的.

如果函数 $w = f(z)$ 在集合 E 内每一点处都连续,则称函数 $w = f(z)$ 在 E 上连续.

由此并结合定理 1.1 及定理 1.2 可得:

定理 1.3 函数 $w = f(z) = u(x, y) + iv(x, y)$ 在点 $z_0 = x_0 + iy_0$ 处连续的充要条件是 $u = u(x, y)$ 和 $v = v(x, y)$ 均在点 (x_0, y_0) 处连续.

定理 1.4 连续函数的和、差、积、商(分母不为零)仍为连续函数,连续函数的复合函数仍为连续函数.

例 1.16 多项式 $P(z) = a_0 z^n + a_1 z^{n-1} + \cdots + a_{n-1} z + a_n (n \in \mathbb{N})$ 在 $\mathbb{C}$ 上处处连续;有理函数

$$w = \frac{P(z)}{Q(z)} = \frac{a_0 z^n + a_1 z^{n-1} + \cdots + a_{n-1} z + a_n}{b_0 z^m + b_1 z^{m-1} + \cdots + b_{m-1} z + b_m} (n、m \in \mathbb{N}, P(z), Q(z) \text{互质}) \text{在} \mathbb{C} \text{上除去分母为零}$$

的点外处处连续.

例 1.17 讨论函数 $f(z) = \begin{cases} i & z = 0 \\ \dfrac{\mathrm{Im}\, z}{1 + |z|} & z \neq 0 \end{cases}$,在 $z = 0$ 处的连续性.

解 由于 $\lim_{z \to 0} f(z) = \lim_{z \to 0} \dfrac{\mathrm{Im}\, z}{1 + |z|} = \lim_{z \to 0} \dfrac{y}{1 + \sqrt{x^2 + y^2}} = 0$,而 $f(0) = i$,故 $\lim_{z \to 0} f(z) \neq f(0)$,所以函数 $f(z)$ 在 $z = 0$ 处不连续.

关于实变连续函数的几个重要定理,可推广到复变函数的情形.

定理 1.5 设函数 $f(z)$ 在有界闭区域 E 上连续,则 $f(z)$ 在 E 上有界,即 $\exists M > 0$,使得 $\forall z \in E$,有 $|f(z)| \leqslant M$.

定理 1.6 设函数 $f(z)$ 在有界闭区域 E 上连续,则函数 $f(z)$ 在 E 上可取到最大模与最小模,即 $\exists z_1, z_2 \in E$,使得 $\forall z \in E$,有

$$|f(z)| \leqslant |f(z_1)|, \quad |f(z)| \geqslant |f(z_2)|.$$

以上结论都可由微积分中相应结果推得.

关于无穷大,有下列极限定义:

定义 1.14 设函数 $w = f(z)$ 在点 z_0 的某个去心邻域内有定义,若对任一正数 A,$\exists \delta > 0$,当 $0 < |z - z_0| < \delta$ 时,有 $|f(z)| > A$,则称当 z 趋向于 z_0 时,$f(z)$ 的极限为无穷大,记作

$$\lim_{z \to z_0} f(z) = \infty.$$

定义 1.15 设函数 $w = f(z)$ 在点 ∞ 的某个邻域内有定义,若存在一复数 A,使得 $\forall \varepsilon > 0$,$\exists \rho > 0$,当 $|z| > \rho$ 时,有 $|f(z) - A| < \varepsilon$,则称 A 为 $f(z)$ 当 z 趋向于 ∞ 时的极限,记作

$$\lim_{z \to \infty} f(z) = A.$$

例 1.18 (1) $\lim_{z \to z_0} \dfrac{1}{z - z_0} = \infty$;

(2) $\lim_{z \to \infty} \dfrac{1}{z^2} = 0.$

证明留给读者.

习题 1

1. 求下列复数的实部与虚部，共轭复数，模与辐角.

(1) $\dfrac{1}{3+2i}$ (2) $\dfrac{1}{i} - \dfrac{3i}{1-i}$ (3) $\dfrac{(3+4i)(2-5i)}{2i}$ (4) $i^8 - 4i^{21} + i$

2. 如果等式 $\dfrac{x+1+i(y-3)}{5+3i} = 1+i$ 成立，试求实数 x,y 为何值.

3. 试证虚数 i 单位满足：$-i = i^{-1}$.

4. 求 $\dfrac{(3+4i)^2}{(1-2i)(3-i)}$ 的模.

5. 试证：$|z_1+z_2|^2 + |z_1-z_2|^2 = 2(|z_1|^2 + |z_2|^2)$.

6. 将下列复数化成三角表示式和指数表示式.

(1) i (2) -1 (3) $1+\sqrt{3}i$

(4) $1-\cos\varphi + i\sin\varphi\,(0\le\varphi\le\pi)$ (5) $\dfrac{2i}{-1+i}$ (6) $\dfrac{(\cos 5\varphi + i\sin 5\varphi)^2}{(\cos 3\varphi - i\sin 3\varphi)^3}$

7. 当 $|z|\le 1$ 时，求 $|z^n + a|$ 的最大值，其中 n 为正整数，a 为复数.

8. 一个复数乘以 $-i$，它的模与辐角有何改变？

9. 判别下列命题的真假.

(1) 若 c 为实数，则 $c = \bar{c}$

(2) 若 z 为纯虚数，则 $z \ne \bar{z}$

(3) $2i < 3i$

(4) $\arg 0 = 0$

(5) 方程 $z = -\dfrac{1}{z}$ 仅有一个根

(6) $\sqrt[3]{-1} = -1$

(7) $\overline{iz} = \dfrac{1}{i}\bar{z}$

10. 如果 $z = e^{it}$，试证明

(1) $z^n + \dfrac{1}{z^n} = 2\cos nt$ (2) $z^n - \dfrac{1}{z^n} = 2i\sin nt$

11. 求方程 $z^3 + 8 = 0$ 的所有根.

12. 求下列各式的值.

(1) $(\sqrt{3} - i)^5$ (2) $(1+i)^6$ (3) $\sqrt[6]{-1}$ (4) $(1-i)^{\frac{1}{3}}$

13. 指出下列各题中点 z 的存在范围，并作图.

(1) $|z-i| = 6$ (2) $|z+2i| \ge 1$

(3) $\operatorname{Re} z^2 \le 1$ (4) $\operatorname{Re}(iz) = 3$

(5) $|z+i| = |z-i|$ (6) $|z+3| + |z+1| = 4$

$(7)\left|\dfrac{1}{z}\right|<3$ $(8)\left|\dfrac{z-3}{z-2}\right|\geqslant1$

$(9)|\arg z|\leqslant\dfrac{\pi}{3}$ $(10)\arg(z-\mathrm{i})=\dfrac{\pi}{4}$

14. 描出下列不等式所确定的区域,并指出是有界的还是无界的,闭的还是开的,单连通的还是多连通的.

$(1)\mathrm{Im}\,z>0$ $(2)|z-1|>4$

$(3)0<\mathrm{Re}\,z<1$ $(4)1<|z-3\mathrm{i}|<2$

$(5)|z-1|<|z+3|$ $(6)1<\arg z<1+\pi$

$(7)|z-1|<4|z+1|$ $(8)\dfrac{1}{2}\leqslant\left|z-\dfrac{1}{2}\right|\leqslant\dfrac{3}{2}$

$(9)|z|+\mathrm{Re}\,z<1$ $(10)z\bar{z}+(6+\mathrm{i})z+(6-\mathrm{i})\bar{z}\leqslant4$

15. 证明复平面上的圆周方程可写为:$z\bar{z}+\alpha\bar{z}+\bar{\alpha}z+c=0$(其中 α 为复常数,c 为实常数).

16. 画出下列方程(t 是实参数)给出的曲线的图像.

$(1)z=(1+\mathrm{i})t$ $(2)z=a\cos t+\mathrm{i}b\sin t$

$(3)z=t+\dfrac{\mathrm{i}}{t}$ $(4)z=t^2+\dfrac{\mathrm{i}}{t^2}$

17. 函数 $w=\dfrac{1}{z}$ 将 z 平面上的下列曲线变成 w 平面上的什么曲线($z=x+\mathrm{i}y,w=u+\mathrm{i}v$)?

$(1)x^2+y^2=6$ $(2)y=x$

$(3)y=1$ $(4)(x-1)^2+y^2=1$

18. 试求

$(1)\lim\limits_{z\to1+\mathrm{i}}\dfrac{\bar{z}}{z}$ $(2)\lim\limits_{z\to1}\dfrac{z\bar{z}+2z-\bar{z}-2}{z^2-1}$

19. 试证 $\lim\limits_{z\to0}\dfrac{1}{2\mathrm{i}}\left(\dfrac{z}{\bar{z}}-\dfrac{\bar{z}}{z}\right)$ 不存在.

20. 试证 $\arg z(-\pi<\arg z\leqslant\pi)$ 在负实轴上(包括原点)不连续,除此而外在 z 平面上处处连续.

21. 设函数 $f(z)$ 在 z_0 处连续,且 $f(z_0)\neq0$,证明存在 z_0 的邻域使 $f(z)\neq0$.

22. 如果 $f(z)$ 在点 z_0 处连续,证明 $\overline{f(z)},|f(z)|$ 也在点 z_0 处连续.

第**2**章

解析函数

解析函数是具有某种特性的复变函数,是复分析研究的主要对象之一,本章首先给出复变函数导数的定义,然后引入解析函数的概念及判别函数解析的方法,最后讨论初等解析函数及其性质.

2.1 解析函数的概念

2.1.1 复变函数的导数与微分

(1)复变函数的导数

把一元实变函数的导数概念形式推广到复变函数中来,就得到复变函数导数的概念.

定义 2.1 设 $w = f(z)$ 是定义在区域 D 内的复变函数,z_0,$z_0 + \Delta z \in D$,若极限

$$\lim_{\Delta z \to 0} \frac{f(z_0 + \Delta z) - f(z_0)}{\Delta z}$$

存在,则称 $f(z)$ 在点 z_0 **可导**,这个极限值称为 $f(z)$ 在 z_0 的**导数**,记作

$$f'(z_0) \text{ 或 } \frac{\mathrm{d}w}{\mathrm{d}z}\bigg|_{z=z_0}$$

即

$$f'(z_0) = \frac{\mathrm{d}w}{\mathrm{d}z}\bigg|_{z=z_0} = \lim_{\Delta z \to 0} \frac{f(z_0 + \Delta z) - f(z_0)}{\Delta z} \tag{2.1}$$

式(2.1)意味着 $\forall \varepsilon > 0$,$\exists \delta = \delta(\varepsilon) > 0$,使得当 $0 < |\Delta z| < \delta$ 时,有

$$\left| \frac{f(z_0 + \Delta z) - f(z_0)}{\Delta z} - f'(z_0) \right| < \varepsilon$$

若 $w = f(z)$ 在区域 D 内处处可导,则称 $f(z)$ 在 D 内可导.

令 $z = z_0 + \Delta z$,则 $\Delta z \to 0$ 等价于 $z \to z_0$. 从而导数也可由下式来表示

$$f'(z_0) = \lim_{z \to z_0} \frac{f(z) - f(z_0)}{z - z_0}$$

18

应当指出的是,式(2.1)中导数 $f'(z_0)$ 存在要求 $\Delta z \to 0$ 的方式是任意的,换言之,式(2.1)的极限存在性与 $\Delta z \to 0$ 的方式无关,此限制条件要比一元实变函数的导数定义中要求的类似条件强得多,因此,复变函数的导数会具有实变函数导数所不具有的一些性质,读者将在以后的内容中体会到这点.

与微积分学一样,若函数 $f(z)$ 在 z_0 处有导数,则它在这点连续. 这是因为由导数的定义可知,对 $\varepsilon_0 = 1$,$\exists \delta_0 > 0$,使得当 $0 < |z - z_0| < \delta_0$ 时,有

$$\left| \frac{f(z) - f(z_0)}{z - z_0} - f'(z_0) \right| < 1$$

因而 $|f(z) - f(z_0)| \leqslant (|f'(z_0)| + 1)|z - z_0|$,故 $\forall \varepsilon > 0$,$\exists \delta = \min\left\{ \dfrac{\varepsilon}{|f'(z_0)| + 1}, \delta_0 \right\}$,使得当 $0 < |z - z_0| < \delta$ 时,有 $|f(z) - f(z_0)| \leqslant (|f'(z_0)| + 1)|z - z_0| < \varepsilon$,故 $\lim\limits_{z \to z_0} f(z) = f(z_0)$,即 $f(z)$ 在 z_0 处连续.

例 2.1　试证 $f(z) = z^n (n \in \mathbb{N})$ 在 $\mathbb{C}$ 内可导.

证　$\forall z \in \mathbb{C}$,由于

$$\frac{f(z + \Delta z) - f(z)}{\Delta z} = \frac{(z + \Delta z)^n - z^n}{\Delta z} = nz^{n-1} + \frac{n(n-1)}{2!}z^{n-2}\Delta z + \cdots + \Delta z^{n-1}$$

故

$$\lim_{\Delta z \to 0} \frac{f(z + \Delta z) - f(z)}{\Delta z} = \lim_{\Delta z \to 0}\left[nz^{n-1} + \frac{n(n-1)}{2!}z^{n-2}\Delta z + \cdots + \Delta z^{n-1} \right] = nz^{n-1}$$

所以 $f(z) = z^n (n \in \mathbb{N})$ 在 $\mathbb{C}$ 内可导,且 $f'(z) = nz^{n-1} (z \in \mathbb{C})$.

例 2.2　讨论函数 $f(z) = \bar{z}$ 的可导性.

解　$\forall z_0 \in \mathbb{C}$,由于

$$\lim_{z \to z_0} \frac{f(z) - f(z_0)}{z - z_0} = \lim_{z \to z_0} \frac{\bar{z} - \bar{z_0}}{z - z_0} = \lim_{z \to z_0} \frac{\overline{z - z_0}}{z - z_0}$$

当 $z = x + iy$ 沿虚轴方向趋于 $z_0 = x_0 + iy_0$,即 $x = x_0, y \to y_0$ 时,由上式得

$$\lim_{z \to z_0} \frac{f(z) - f(z_0)}{z - z_0} = \lim_{\substack{y \to y_0 \\ x = x_0}} \frac{-i(y - y_0)}{i(y - y_0)} = -1$$

当 $z = x + iy$ 沿实轴方向趋于 $z_0 = x_0 + iy_0$,即 $y = y_0, x \to x_0$ 时,

$$\lim_{z \to z_0} \frac{f(z) - f(z_0)}{z - z_0} = \lim_{\substack{x \to x_0 \\ y = y_0}} \frac{x - x_0}{x - x_0} = 1$$

所以 $f(z) = \bar{z}$ 在 z_0 不可导,由 z_0 的任意性可知 $f(z) = \bar{z}$ 在 $\mathbb{C}$ 上处处不可导.

显然 $f(z) = \bar{z}$ 在 $\mathbb{C}$ 上处处连续,类似这种在 $\mathbb{C}$ 上处处连续而处处不可导的复变函数是很多的,比如 $f(z) = \mathrm{Re}\, z, f(z) = \mathrm{Im}\, z$ 等,但要造出一个处处不可导的连续实变函数却是一件非常困难的事情.(读者可参看菲赫金哥尔茨著《微积分学教程》二卷二分册第 12 章,北京:高等教育出版社,1954 年版.)

(2)复变函数的微分

下面将一元实变函数的微分概念推广到复变函数,得到

定义 2.2　设函数 $w = f(z)$ 在点 z_0 的某邻域 $N_\delta(z_0)$ 内有定义,A 是一个复常数. 若在 $N_\delta(z_0)$ 内有

$$\Delta w = f(z_0 + \Delta z) - f(z_0) = A\Delta z + o(\Delta z),$$

其中 $o(\Delta z)$ 是关于 Δz 的高阶无穷小,即 $\lim\limits_{\Delta z \to 0} \dfrac{o(\Delta z)}{\Delta z} = 0$,则称函数 $w = f(z)$ 在点 z_0 **可微**,Δw 的线性部分 $A\Delta z$ 称为函数 w 在点 z_0 的**微分**,记为

$$\mathrm{d}w = A\Delta z \tag{2.2}$$

特别是当 $w = z$ 时,$\mathrm{d}z = \Delta z$,于是式(2.2)可表示为

$$\mathrm{d}w = A\mathrm{d}z$$

容易证明,如果函数 $w = f(z)$ 在点 z_0 可导,则一定在该点可微,反之亦然,并且微分与导数有如下关系:

$$\mathrm{d}w = f'(z_0)\mathrm{d}z \ \text{或} \ \left.\frac{\mathrm{d}w}{\mathrm{d}z}\right|_{z=z_0} = f'(z_0)$$

因此,导数也称为**微商**.

下面我们列出复变函数导数的运算法则,其证明方法与微积分中方法类似.

①如果函数 $f(z), g(z)$ 在区域 D 内可导,则在对任意 $z \in D$ 有

$$[f(z) \pm g(z)]' = f'(z) \pm g'(z);$$
$$[f(z)g(z)]' = f'(z)g(z) + f(z)g'(z);$$
$$\left[\frac{f(z)}{g(z)}\right]' = \frac{f'(z)g(z) - f(z)g'(z)}{g^2(z)}, g(z) \neq 0.$$

②设函数 $\xi = g(z)$ 在区域 D 内可导,$w = f(\xi)$ 在区域 G 内可导,且对于 D 内每一点 z,函数值 $\xi = g(z)$ 均在区域 G 内,则对任意 $z \in D$ 有

$$\{f[g(z)]\}' = f'(g(z))g'(z).$$

③设 $w = f(z)$ 在区域 D 内可导且 $f'(z) \neq 0$,G 为 $w = f(z)$ 的值域,若 $z = \varphi(w)$ 是 $w = f(z)$ 的单值反函数,且在 G 上连续,则 $z = \varphi(w)$ 在 G 上可导,且 $\varphi'(w) = \dfrac{1}{f'(z)}$.

2.1.2 解析函数

在很多理论和实际问题中,需要研究的是区域内的解析函数,下面给出定义.

定义 2.3 若函数 $w = f(z)$ 在区域 D 内可导,则称 $f(z)$ 在**区域 D 内解析**;若存在区域 G,使得闭区域 $\overline{D} \subset G$,且 $f(z)$ 在区域 G 内解析,则称 $f(z)$ 在**闭区域 $\overline{D}$ 上解析**;若函数 $w = f(z)$ 在点 z_0 的某个邻域内解析,则称 $f(z)$ 在**点 z_0 处解析**.

显然,函数 $f(z)$ 在区域 D 内解析的充分必要条件是它在区域 D 每一点都解析.

若函数 $w = f(z)$ 在区域 D 内的解析,也称 $f(z)$ 为区域 D 内的**解析函数**或 D 内的**正则函数**,特别地,在全平面上解析的函数称为**整函数**. 函数 $w = f(z)$ 的不解析点,称为 $f(z)$ 的**奇点**.

由例 2.1 知,函数 $f(z) = z^n (n \in \mathbb{N})$ 在 $\mathbb{C}$ 上可导,因而在 $\mathbb{C}$ 上的解析,从而是一个整函数.

由例 2.2 可知,函数 $f(z) = \bar{z}$ 在 $\mathbb{C}$ 上处处不可导,因此,$\bar{z}$ 在 $\mathbb{C}$ 上处处不解析,即 $\mathbb{C}$ 上所有点都是 $\bar{z}$ 的奇点.

注:函数 $f(z)$ 在区域 D 内解析与函数 $f(z)$ 在区域 D 内可导是一致的,但函数 $f(z)$ 在一点 z_0 处解析与函数 $f(z)$ 在 z_0 处可导却不等价,事实上函数 $f(z)$ 在一点 z_0 处解析比 $f(z)$ 在 z_0 处可导的条件要强很多.

例 2.3 考察函数 $f(z) = z^2\bar{z}$ 的可导性与解析性.

解　由例 2.1、例 2.2 知 z^2 在 $\mathbb{C}$ 上可导,$\bar{z}$ 在 $\mathbb{C}$ 上处处不可导,从而由导数的运算法则知,函数 $f(z) = z^2\bar{z}$ 在 $z \neq 0$ 时不可导. 当 $z = 0$ 时,可得

$$f'(0) = \lim_{\Delta z \to 0} \frac{f(0 + \Delta z) - f(0)}{\Delta z} = \lim_{\Delta z \to 0} \frac{\overline{\Delta z} \cdot (\Delta z)^2 - 0}{\Delta z} = \lim_{\Delta z \to 0} \overline{\Delta z} \cdot \Delta z = 0$$

即 $z^2\bar{z}$ 在 $z = 0$ 处可导. 综上所述,函数 $f(z) = z^2\bar{z}$ 仅在 $z = 0$ 可导,故在全平面 $\mathbb{C}$ 上处处不解析.

由复变函数的求导法可推出解析函数的以下性质:

定理 2.1

①解析函数的和、差、积、商(分母不为零)仍是解析函数.

②设函数 $\xi = g(z)$ 在区域 D 内解析,$w = f(\xi)$ 在区域 G 内解析,且 $\forall z \in D$,函数值 $\xi = g(z)$ 均在区域 G 内,则 $f[g(z)]$ 在区域 D 内解析.

③设 $w = f(z)$ 在区域 D 内解析且 $f'(z) \neq 0$,G 为 $w = f(z)$ 的值域,若 $z = \varphi(w)$ 是 $w = f(z)$ 的单值反函数,且在 G 上连续,则 $z = \varphi(w)$ 在 G 上解析.

由此可知,多项式是全平面上的解析函数;有理分式函数(其分子与分母是互质多项式)在分母不为零的点处是解析的.

2.2　C.-R. 条件

利用复变函数导数的定义具体判别一个函数的可导性以及求出导数是很困难的,复变函数 $w = f(z) = u(x,y) + iv(x,y)$ 等价于一组二元实变函数 $u = u(x,y)$,$v = v(x,y)$,那么可否由二元实变函数 $u(x,y)$,$v(x,y)$ 的可微性推出 $f(z)$ 的可导性呢? 有例子表明,即便 $u(x,y)$,$v(x,y)$ 在点 (x,y) 可微,甚至有连续偏导数也不能保证 $f(z)$ 的可导性,比如函数 $f(z) = \bar{z}$ 的实部 $u(x,y) = x$,虚部 $v(x,y) = -y$,它们在任意一点 (x,y) 处都有任意阶连续偏导数,但由本章例 2.2 可知,复函数 $f(z) = \bar{z}$ 在任意一点 $z = x + iy$ 处都不可导. 当函数 $f(z)$ 可导时,它的实部与虚部并不是独立的,而是有一定的依赖关系,由此可得到下述定理:

定理 2.2　$f(z) = u(x,y) + iv(x,y)$ 在某点 $z = x + iy$ 可导的充分必要条件是

① $u(x,y)$,$v(x,y)$ 在点 (x,y) 处可微;

②在点 (x,y) 处有

$$\frac{\partial u}{\partial x} = \frac{\partial v}{\partial y}, \frac{\partial u}{\partial y} = -\frac{\partial v}{\partial x} \tag{2.3}$$

此时 $f(z)$ 的导数为

$$f'(z) = \frac{\partial u}{\partial x} + i\frac{\partial v}{\partial x} \tag{2.4}$$

称式(2.3)为**柯西-黎曼 (Cauchy-Riemann) 方程**,或简称为 **C.-R. 条件**.

证　必要性. 记 $\Delta z = \Delta x + i\Delta y$,$f(z + \Delta z) - f(z) = \Delta u + i\Delta v$,$f'(z) = a + ib$,

若 $f(z)$ 在点 $z = x + iy$ 可微,则有

$$\Delta u + i\Delta v = (a + ib) \cdot (\Delta x + i\Delta y) + o(\Delta z) \quad (\Delta z \to 0)$$
$$= [a \cdot \Delta x - b \cdot \Delta y] + i[b \cdot \Delta x + a \cdot \Delta y] + o(\Delta z)$$

其中 $o(\Delta z) = \eta_1 + i\eta_2$,且 $\eta_1 = o(|\Delta z|)$,$\eta_2 = o(|\Delta z|)$,根据复数相等的意义,得

$$\Delta u = a \cdot \Delta x - b \cdot \Delta y + o(\sqrt{\Delta x^2 + \Delta y^2})$$

$$\Delta v = b \cdot \Delta x + a \cdot \Delta y + o(\sqrt{\Delta x^2 + \Delta y^2})$$

由此说明 $u(x,y)$ 与 $v(x,y)$ 在点 $z = x + iy$ 可微,并且在点 $z = x + iy$ 有

$$\frac{\partial u}{\partial x} = a, \frac{\partial u}{\partial y} = -b, \frac{\partial v}{\partial x} = b, \frac{\partial v}{\partial y} = a$$

即满足 C.-R. 条件式(2.3).

充分性. 因为 $u(x,y)$ 与 $v(x,y)$ 在点 z 处可微,所以有

$$\Delta u = \frac{\partial u}{\partial x}\Delta x + \frac{\partial u}{\partial y}\Delta y + o(\sqrt{\Delta x^2 + \Delta y^2})$$

$$\Delta v = \frac{\partial v}{\partial x}\Delta x + \frac{\partial v}{\partial y}\Delta y + o(\sqrt{\Delta x^2 + \Delta y^2})$$

由 C.-R. 条件式(2.3)及上述两式有

$$\Delta f = f(z + \Delta z) - f(z) = \Delta u + i\Delta v$$

$$= \frac{\partial u}{\partial x}\Delta x + \frac{\partial u}{\partial y}\Delta y + i\left(\frac{\partial v}{\partial x}\Delta x + \frac{\partial v}{\partial y}\Delta y\right) + o(\sqrt{\Delta x^2 + \Delta y^2})$$

$$= \frac{\partial u}{\partial x}\Delta x - \frac{\partial v}{\partial x}\Delta y + i\left(\frac{\partial v}{\partial x}\Delta x + \frac{\partial u}{\partial x}\Delta y\right) + o(\sqrt{\Delta x^2 + \Delta y^2})$$

$$= \left(\frac{\partial u}{\partial x} + i\frac{\partial v}{\partial x}\right)(\Delta x + i\Delta y) + o(\sqrt{\Delta x^2 + \Delta y^2})$$

$$= \left(\frac{\partial u}{\partial x} + i\frac{\partial v}{\partial x}\right)\Delta z + o(\sqrt{\Delta x^2 + \Delta y^2})$$

将上式两端同除以 Δz,并让 $\Delta z \to 0$,即得

$$\lim_{\Delta z \to 0}\frac{f(z + \Delta z) - f(z)}{\Delta z} = \frac{\partial u}{\partial x} + i\frac{\partial v}{\partial x}$$

因此,函数 $f(z)$ 在点 z 处可导且式(2.4)成立.

下面例子表明将定理 2.1 中条件减弱为 $u(x,y)$,$v(x,y)$ 在点 (x,y) 处存在偏导数且满足 C.-R. 条件,则不能保证 $f'(z)$ 存在.

例 2.4 证明 $f(z) = \sqrt{|xy|}$ 的实部、虚部在点 $(0,0)$ 处偏导数存在且满足 C.-R. 条件,但 $f(z)$ 在点 $z = 0$ 处不可导.

事实上,此时 $u(x,y) = \sqrt{|xy|}$,$v(x,y) = 0$,所以在点 $z = 0$ 处有

$$u'_x(0,0) = \lim_{\Delta x \to 0}\frac{u(\Delta x,0) - u(0,0)}{\Delta x} = 0 = v'_y(0,0)$$

$$u'_y(0,0) = \lim_{\Delta y \to 0}\frac{u(\Delta y,0) - u(0,0)}{\Delta y} = 0 = v'_x(0,0)$$

即函数 $f(z) = \sqrt{|xy|}$ 在点 $z = 0$ 处满足 C.-R. 条件式(2.3).

但由于

$$\lim_{\Delta z \to 0}\frac{f(\Delta z) - f(0)}{\Delta z} = \lim_{\substack{\Delta x \to 0 \\ \Delta y \to 0}}\frac{\sqrt{|\Delta x \Delta y|}}{\Delta x + i\Delta y}$$

不存在,所以 $f(z) = \sqrt{|xy|}$ 在点 $z = 0$ 处不可导.

由定义 2.3 及定理 2.2,便可得到复变函数 $f(z)$ 解析的等价刻画.

定理 2.3 $f(z) = u(x,y) + iv(x,y)$ 在区域 D 内解析的充分必要条件是 $u(x,y)$ 与 $v(x,y)$

在 D 内处处可微,且在 D 内处处满足 C.-R. 条件式(2.3).

若二元实变函数 $u(x,y)$ 在点 $z = x + iy$ 有连续偏导数,则它在点 $z = x + iy$ 处可微,于是有下面关于复变函数 $f(z)$ 解析的充分条件.

定理 2.4　若 $u(x,y)$ 与 $v(x,y)$ 在区域 D 内有连续偏导数,且在 D 内满足 C.-R. 条件式 (2.3),则 $f(z) = u(x,y) + iv(x,y)$ 在 D 内解析.

例 2.5　判别下列函数的可导性与解析性,并在可导点处求出导数.

①$w = \bar{z}$;　　②$w = 2x^2 + iy$;

③$f(z) = \dfrac{x}{x^2 + y^2} - i\dfrac{y}{x^2 + y^2}$.

解　①设 $w = u(x,y) + iv(x,y)$,此时 $u(x,y) = x, v(x,y) = -y$,故

$$\frac{\partial u}{\partial x} = 1, \frac{\partial u}{\partial y} = 0, \frac{\partial v}{\partial x} = 0, \frac{\partial v}{\partial y} = -1$$

它们在 $\mathbb{C}$ 上处处不满足 C.-R. 条件,故 $w = \bar{z}$ 在 $\mathbb{C}$ 上处处不可导,处处不解析.

②因为 $u = 2x^2, v = y$ 在平面上处处可微且

$$\frac{\partial u}{\partial x} = 4x, \frac{\partial u}{\partial y} = 0, \frac{\partial v}{\partial x} = 0, \frac{\partial v}{\partial y} = 1$$

于是在直线 $x = \dfrac{1}{4}$ 上 $\dfrac{\partial u}{\partial x} = \dfrac{\partial v}{\partial y}, \dfrac{\partial u}{\partial y} = -\dfrac{\partial v}{\partial x}$,从而 $w = 2x^2 + iy$ 在直线 $x = \dfrac{1}{4}$ 上任意一点 $z = \dfrac{1}{4} + iy$ $(-\infty < y < +\infty)$ 处可导,其导数为

$$\frac{dw}{dz}\bigg|_{z = \frac{1}{4} + iy} = \left(\frac{\partial u}{\partial x} + i\frac{\partial v}{\partial x}\right)\bigg|_{(\frac{1}{4}, y)} = 4x\big|_{(\frac{1}{4}, y)} = 1$$

但 $w = x^2 - iy$ 在 $\mathbb{C}$ 上处处不解析.

③当 $z \neq 0$ 时,$u(x,y) = \dfrac{x}{x^2 + y^2}, v(x,y) = -\dfrac{y}{x^2 + y^2}$ 都是可微函数且

$$\frac{\partial u}{\partial x} = \frac{y^2 - x^2}{(x^2 + y^2)^2}, \frac{\partial u}{\partial y} = \frac{-2xy}{(x^2 + y^2)^2}$$

$$\frac{\partial v}{\partial x} = \frac{2xy}{(x^2 + y^2)^2}, \frac{\partial v}{\partial y} = \frac{y^2 - x^2}{(x^2 + y^2)^2}$$

即满足 C.-R. 条件,因此,$w = \dfrac{x}{x^2 + y^2} - i\dfrac{y}{x^2 + y^2}$ 在区域 $\mathbb{C} \setminus \{0\}$ 内处处可导,从而在 $\mathbb{C} \setminus \{0\}$ 内处处解析,其导数为

$$f'(z) = \frac{\partial u}{\partial x} + i\frac{\partial v}{\partial x} = \frac{y^2 - x^2}{(x^2 + y^2)^2} + i\frac{2xy}{(x^2 + y^2)^2}.$$

例 2.6　设 $f(z)$ 是区域 D 内的解析函数,且在 D 内 $|f(z)|$ 等于常数,则 $f(z)$ 在 D 内也为常数.

证明　设 $f(z) = u(x,y) + iv(x,y), z = x + iy \in D$,由已知 $|f(z)| = C (z \in D, C$ 为常数$)$,即有

$$u^2 + v^2 = C^2$$

上式中两端分别对 x, y 求偏导可得

$$\begin{cases} u \cdot \dfrac{\partial u}{\partial x} + v \cdot \dfrac{\partial v}{\partial x} = 0 \\ u \cdot \dfrac{\partial u}{\partial y} + v \cdot \dfrac{\partial v}{\partial y} = 0 \end{cases} \tag{2.5}$$

因为 $f(z)$ 是区域 D 内的解析函数,则在 D 内有

$$\frac{\partial u}{\partial x} = \frac{\partial v}{\partial y}, \frac{\partial u}{\partial y} = -\frac{\partial v}{\partial x} \tag{2.6}$$

由式(2.5)、式(2.6)得

$$\begin{cases} u \cdot \dfrac{\partial u}{\partial x} + v \cdot \dfrac{\partial v}{\partial x} = 0 \\ v \cdot \dfrac{\partial u}{\partial x} - u \cdot \dfrac{\partial v}{\partial x} = 0 \end{cases} \tag{2.7}$$

注意

$$\begin{vmatrix} u & v \\ v & -u \end{vmatrix} = -(u^2 + v^2) = -C^2$$

则

①当 $C = 0$ 时,即在 D 内有 $|f(z)|^2 = u^2 + v^2 = 0$,于是在 D 内有 $u \equiv 0, v \equiv 0$,故在 D 内 $f(z) \equiv 0$;

②当 $C \neq 0$ 时,则齐次线性方程组(2.7)只有零解,即在 D 内

$$\frac{\partial u}{\partial x} = \frac{\partial v}{\partial x} = 0$$

由 C.-R. 条件,在 D 内也有

$$\frac{\partial u}{\partial y} = \frac{\partial v}{\partial y} = 0$$

从而在 D 内 $u(x,y), v(x,y)$ 均为常数,所以在 D 内 $f(z)$ 是常数.

2.3　初 等 函 数

本节讨论复数域上的初等函数,它们是微积分中基本初等函数在复数域内的延拓. 特别要注意的是,复变初等函数与相应的实变函数在性质上会有所不同,如指数函数 e^z 具有周期性,正弦函数 $\sin z$ 和余弦函数 $\cos z$ 在定义域内不再有界等.

2.3.1　指数函数

定义 2.4　设 $z = x + iy \in \mathbb{C}$,则由

$$w = e^x(\cos y + i\sin y) \tag{2.8}$$

表示的复数 w 称为 z 的**指数函数**,记为 $w = e^z$.

对于实数 $z = x$ 而言,$e^z = e^x$ 便是通常的实变数的指数函数;对于纯虚数 $z = iy$ 而言,$e^z = e^{iy} = \cos y + i\sin y$,这便是 Euler 公式,所以指数函数的定义是 Euler 公式的推广.

指数函数具有以下几个重要的性质:

①e^z 的定义域为有限复平面 $\mathbb{C}$,且 $\forall z \in \mathbb{C}, e^z \neq 0$;

②e^z 是 $\mathbb{C}$ 上的解析函数,且 $(e^z)' = e^z$;

③$\forall z_1, z_2 \in \mathbb{C}$,有 $e^{z_1 + z_2} = e^{z_1} e^{z_2}$,$e^{z_1 - z_2} = \dfrac{e^{z_1}}{e^{z_2}}$;

④e^z 是以 $2\pi i$ 为周期的周期函数;

⑤函数 $w = \mathrm{e}^z\,(w \neq 0, \infty)$ 把 z 平面上的宽度为 2π 的带形区域

$$D_k : \{z \mid -\pi + 2k\pi < \mathrm{Im}\,z < \pi + 2k\pi\} \quad (k \in \mathbb{Z})$$

均映射为 w 平面上的角形区域 $G = \mathbb{C} \backslash \{\text{负实轴及原点}\}$.

证　①因为 $|\mathrm{e}^z| = \mathrm{e}^{\mathrm{Re}\,z} > 0$, 故 $\mathrm{e}^z \neq 0$.

②依定义知:

$$\mathrm{Re}\,\mathrm{e}^z = u(x,y) = \mathrm{e}^x \cos y,\ \mathrm{Im}\,\mathrm{e}^z = v(x,y) = \mathrm{e}^x \sin y$$

它们在全平面上处处可微且满足 C.-R. 条件, 故 e^z 在 $\mathbb{C}$ 上处处解析, 且

$$(\mathrm{e}^z)' = \frac{\partial u}{\partial x} + \mathrm{i}\,\frac{\partial v}{\partial x} = \mathrm{e}^x \cos y + \mathrm{i}(\mathrm{e}^x \sin y) = \mathrm{e}^z$$

③设 $z_1 = x_1 + \mathrm{i}y_1, z_2 = x_2 + \mathrm{i}y_2$, 依指数函数定义得

$$
\begin{aligned}
\mathrm{e}^{z_1} \cdot \mathrm{e}^{z_2} &= \mathrm{e}^{x_1 + x_2}(\cos y_1 + \mathrm{i}\sin y_1)(\cos y_2 + \mathrm{i}\sin y_2) \\
&= \mathrm{e}^{x_1 + x_2}[\cos y_1 \cos y_2 - \sin y_1 \sin y_2 + \mathrm{i}(\cos y_1 \sin y_2 + \cos y_2 \sin y_1)] \\
&= \mathrm{e}^{x_1 + x_2}[\cos(y_1 + y_2) + \mathrm{i}\sin(y_1 + y_2)] \\
&= \mathrm{e}^{z_1 + z_2}
\end{aligned}
$$

同理可证第二个等式.

④事实上, $\forall z \in \mathbb{C}, k \in \mathbb{Z}$ 有

$$\mathrm{e}^{z + 2k\pi\mathrm{i}} = \mathrm{e}^z \cdot \mathrm{e}^{2k\pi\mathrm{i}} = \mathrm{e}^z(\cos 2k\pi + \mathrm{i}\sin 2k\pi) = \mathrm{e}^z$$

⑤设 $z = x + \mathrm{i}y, w = \rho\mathrm{e}^{\mathrm{i}\theta}$, 则由 $w = \mathrm{e}^z$, 可得 $\rho\mathrm{e}^{\mathrm{i}\theta} = \mathrm{e}^{x + \mathrm{i}y}$, 于是

$$\rho = \mathrm{e}^x, \theta = y.$$

当 $y = y_0$ 时, 有 $\theta = y_0$, 表明它将 z 平面上的水平直线 $y = y_0$ 映射为 w 平面上的射线 $\theta = y_0$; 而当 $x = x_0$ 时, 有 $\rho = \mathrm{e}^{x_0}$, 表明它将 z 平面上的直线段 "$x = x_0$ 且 $-\pi < y \leqslant \pi$" 映射为 w 平面上的圆周 $\rho = \mathrm{e}^{x_0}$. (图 2.1)

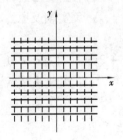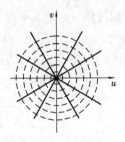

图 2.1

当 z 平面上的动直线从 $y = 0$ 扫动到直线 $y = y_0$ 时, 对应的像就在 w 平面上就从射线 $\theta = 0$ 扫动到射线 $\theta = y_0$. 从而 z 平面上的带形区域 $\{z \mid 0 < \mathrm{Im}\,z < y_0\}$ 映射为 w 平面上的角形区域 $\{w \mid 0 < \arg w < y_0\}$.

特别地, $w = \mathrm{e}^z$ 把 z 平面上的带形区域 $\{z \mid -\pi < \mathrm{Im}\,z < \pi\}$ 映射为 w 平面上去掉负实轴及原点后的角形区域 $G = \mathbb{C} \backslash \{\text{负实轴及原点}\}$, 如图 2.2 所示.

一般地, $w = \mathrm{e}^z$ 把 z 平面上的宽度为 2π 的带形区域

$$D_k : \{z \mid -\pi + 2k\pi < \mathrm{Im}\,z < \pi + 2k\pi\} \quad (k \in \mathbb{Z})$$

均映射为 w 平面上的角形区域 $G = \mathbb{C} \backslash \{\text{负实轴及原点}\}$.

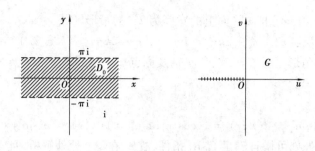

图 2.2

2.3.2 对数函数

定义 2.5 若复数 z 和 w 满足

$$z = e^w (z \neq 0, \infty) \tag{2.9}$$

则称 w 是 z 的**对数函数**,记为 $w = \mathrm{Ln}\, z$,显然它是指数函数的反函数.

令 $w = u + \mathrm{i}v \,\, z = re^{\mathrm{i}\theta}$,则式(2.9)即为

$$e^{u+\mathrm{i}v} = re^{\mathrm{i}\theta}$$

故 $e^u = r, v = \theta + 2k\pi (k \in \mathbb{Z})$,所以

$$u = \ln r = \ln|z|, v = \theta + 2k\pi (k \in \mathbb{Z}).$$

于是

$$w = \mathrm{Ln}\, z = \ln|z| + \mathrm{i}(\arg z + 2k\pi) \quad (k \in \mathbb{Z}) \tag{2.10}$$

由此可见,任何非零有穷复数的对数仍是复数,且

$$\mathrm{Re}(\mathrm{Ln}\, z) = \ln|z|, \mathrm{Im}(\mathrm{Ln}\, z) = \mathrm{Arg}\, z = (\arg z + 2k\pi)(k \in \mathbb{Z})$$

因为 $\mathrm{Im}(\mathrm{Ln}\, z)$ 是无穷多值的,所以 $w = \mathrm{Ln}\, z$ 是 z 的无穷多值函数.

对每一个给定的整数 k,由式(2.10)确定了 $z = e^w$ 一个单值反函数,记为 $w_k = (\mathrm{Ln}\, z)_k$,根据指数函数的映射性质知,$(\mathrm{Ln}\, z)_k$ 将 z 平面上区域 $G = \mathbb{C} \backslash \{$负实轴及原点$\}$ 映射为 w 平面上的区域

$$D_k : \{w \mid -\pi + 2k\pi < \mathrm{Im}\, w < \pi + 2k\pi\} \quad (k \in \mathbb{Z})$$

特别地,$(\mathrm{Ln}\, z)_0 = \ln|z| + \mathrm{i}\arg z$ 将 z 平面上的区域 $G = \mathbb{C} \backslash \{$负实轴及原点$\}$ 映射为 w 平面上的区域

$$D_0 : \{w \mid -\pi < \mathrm{Im}\, w < \pi\}$$

我们称 $w_k = (\mathrm{Ln}\, z)_k$ 为对数函数 $\mathrm{Ln}\, z$ 的单值分支,而 $(\mathrm{Ln}\, z)_0 = \ln|z| + \mathrm{i}\arg z$ 称为 $\mathrm{Ln}\, z$ 的**主值支**,记为 $\ln z$,即

$$\ln z = (\mathrm{Ln}\, z)_0 = \ln|z| + \mathrm{i}\arg z;$$

显然有

$$\mathrm{Ln}\, z = \ln z + 2k\pi\mathrm{i} \quad (k \in \mathbb{Z})$$

当 $z = x > 0$ 时,主值支 $\ln z = \ln x$,就是实变数对数函数.

对数函数的性质:

①对数函数 $w = \mathrm{Ln}\, z$ 的定义域为 $\mathbb{C} \backslash \{0\}$;

②对数函数 $w = \mathrm{Ln}\, z$ 是一个多值函数,并且任意两个值之间相差 $2\pi\mathrm{i}$ 的整数倍;

③对数函数 $w = \mathrm{Ln}\, z$ 的任意一个单值分支 $w_k = (\mathrm{Ln}\, z)_k (k \in \mathbb{Z})$ 都在区域 $G = \mathbb{C} \backslash \{$负实轴

及原点}内解析,且

$$\left[(\operatorname{Ln} z)_k\right]' = \frac{1}{z}(z \in G, k \in \mathbb{Z})$$

即 $w_k = (\operatorname{Ln} z)_k (k \in \mathbb{Z})$ 为对数函数 $w = \operatorname{Ln} z$ 的第 k 个单值解析分支;

④ $\forall z_1 、 z_2 \in \mathbb{C} \backslash \{0\}$,

$$\operatorname{Ln}(z_1 z_2) = \operatorname{Ln} z_1 + \operatorname{Ln} z_2, \operatorname{Ln}\left(\frac{z_1}{z_2}\right) = \operatorname{Ln} z_1 - \operatorname{Ln} z_2 \tag{2.11}$$

证 由对数函数定义知,性质①、②显然成立.

③由于 $z = e^w$ 在区域 $D_k: \{w | -\pi + 2k\pi < \operatorname{Im} w < \pi + 2k\pi\}$ $(k \in \mathbb{Z})$ 内解析,且 $(e^w)' = e^w \neq 0$,$G = \mathbb{C} \backslash \{$负实轴及原点$\}$ 为函数 $z = e^w (w \in D_k)$ 的值域(见指数函数的性质⑤),又每个 $w_k = (\operatorname{Ln} z)_k$ 是 $z = e^w$ 的单值反函数,且在区域 G 内连续,由定理 2.1 的第③条结论知: $w_k = (\operatorname{Ln} z)_k$ 在区域 G 内解析,且

$$\left[(\operatorname{Ln} z)_k\right]' = \frac{1}{(e^w)'} = \frac{1}{e^w} = \frac{1}{z}(z \in G, k \in \mathbb{Z})$$

④由(2.10)得

$$\begin{aligned}
\operatorname{Ln}(z_1 z_2) &= \ln|z_1 z_2| + i\operatorname{Arg} z_1 z_2 \\
&= \ln|z_1| + \ln|z_2| + i(\operatorname{Arg} z_1 + \operatorname{Arg} z_2) \\
&= (\ln|z_1| + i\operatorname{Arg} z_1) + (\ln|z_2| + i\operatorname{Arg} z_2) \\
&= \operatorname{Ln} z_1 + \operatorname{Ln} z_2
\end{aligned}$$

于是式(2.11)的第一个等式得证,同理可证第二个等式成立.

由于对数函数的多值性,式(2.11)应理解为左右两端的集合相等,即当等式中右端的对数取一个分支所给定的值以后,左端一定有一个分支的值与右端相等,这与第一章式(1.6)、式(1.7)的理解类似.

例 2.7 求 $\operatorname{Ln}(-1)$ 和 $2\operatorname{Ln} i$ 的值.

解 $\operatorname{Ln}(-1) = \ln|-1| + i[(\arg(-1) + 2k\pi] = (2k+1)\pi i (k \in \mathbb{Z})$;

$2\operatorname{Ln} i = 2[\ln|i| + i(\arg i + 2k\pi)] = (4k+1)\pi i (k \in \mathbb{Z})$;

注 上例表明,$\operatorname{Ln} i^2 = \operatorname{Ln}(-1) \neq 2\operatorname{Ln} i$. 一般而言,对任意非零复数 z 及正整数 n,等式

$$\operatorname{Ln} z^n = n\operatorname{Ln} z, \operatorname{Ln} \sqrt[n]{z} = \frac{1}{n}\operatorname{Ln} z$$

不再成立,这是与实变函数的对数性质不同之处.

例 2.8 求 $\operatorname{Ln} z$ 在 $z = 1$ 取值 $4\pi i$ 的那一支在 $z = i$ 时的值.

解 $\operatorname{Ln} 1 = \ln|1| + i(\arg 1 + 2k\pi) = 2k\pi i (k \in \mathbb{Z})$,要使 $\operatorname{Ln} 1 = 4\pi i$,即 $2k\pi i = 4\pi i$,故 $k = 2$,所以

$$\operatorname{Ln} i = \ln|i| + i(\arg i + 4\pi) = \frac{9\pi}{2}i$$

2.3.3 幂函数

定义 2.6 设 $a \in \mathbb{C} \backslash \{0\}$,由 $w = e^{a\operatorname{Ln} z}$ 表示的复数 w 称为复变量 z 的**幂函数**. 记为 $w = z^a$,即 $z^a = e^{a\operatorname{Ln} z}$,幂函数的性质与 a 有关,详述如下:

①若 $a = n \in \mathbb{N}$，则 $z^a = z^n$ 就是函数 z 自乘 n 次得到的函数，它是 $\mathbb{C}$ 上单值解析函数，且 $(z^n)' = nz^{n-1}$ $(z \in \mathbb{C})$.

②若 $a = -n(n \in \mathbb{N})$，则 $z^a = \dfrac{1}{z^n}$，它是 $\mathbb{C} \backslash \{0\}$ 上的单值解析函数，且

$$(z^{-n})' = \left(\frac{1}{z^n}\right)' = (-n)z^{-n-1} \quad (z \neq 0) \tag{2.12}$$

③若 $a = \dfrac{p}{q}(p,q$ 为互质的整数)，则 $z^a = z^{\frac{p}{q}}$ 是 $\mathbb{C}\backslash\{0\}$ 上的 q 值函数，它在区域 $G = \mathbb{C}\backslash\{$负实轴及原点$\}$ 内可分成 q 个单值解析分支

$$w_k = (z^{\frac{p}{q}})_k = |z|^{\frac{p}{q}} e^{i\frac{p}{q}(\arg z + 2k\pi)} \quad (k = 0,1,\cdots,q-1) \tag{2.13}$$

且对每个 k 有

$$(w_k)' = \frac{p}{q}z^{\frac{p}{q}-1} \quad (k = 0,1,\cdots,q-1) \tag{2.14}$$

特别地，若 $a = \dfrac{1}{n}(n \in \mathbb{N})$，则 $z^a = z^{\frac{1}{n}}$ 就是根式函数 $\sqrt[n]{z}$，它在区域 $G = \mathbb{C}\backslash\{$负实轴及原点$\}$ 内有 n 个单值解析分支

$$w_k = (\sqrt[n]{z})_k = \sqrt[n]{|z|} e^{i\frac{\arg z + 2k\pi}{n}} \quad (k = 0,1,\cdots,n-1)$$

且

$$(w_k)' = \frac{1}{n}z^{\frac{1}{n}-1} \quad (k = 0,1,\cdots,n-1)$$

④若 a 是无理数或虚数时，z^a 是定义域为 $\mathbb{C}\backslash\{0\}$ 的无穷多值函数，它在区域 $G = \mathbb{C}\backslash\{$负实轴及原点$\}$ 内可以分出无穷多个单值解析分支：

$$w_k = (z^a)_k = e^{a[\ln|z| + i(\arg z + 2k\pi)]} \quad (k \in \mathbb{Z}) \tag{2.15}$$

且

$$(w_k)' = [(z^a)_k]' = az^{a-1} \quad (k \in \mathbb{Z})$$

证 ①、②的证明类似，我们只证明②. 事实上，由幂函数的定义和指数函数的周期性及运算性质有

$$z^{-n} = e^{-n \operatorname{Ln} z} = e^{-n[\ln|z| + i(\arg z + 2k\pi)]} = e^{-n(\ln|z| + i\arg z)}$$
$$= \frac{1}{e^{n(\ln|z| + i\arg z)}} = \frac{1}{|z|^n e^{i(n\arg z)}} = \frac{1}{z^n}$$

再由导数的运算法则及例 2.1 可知式(2.12)成立.

③由幂函数的定义

$$w = z^{\frac{p}{q}} = e^{\frac{p}{q}\operatorname{Ln} z} = e^{\frac{p}{q}[\ln|z| + i(\arg z + 2k\pi)]} = |z|^{\frac{p}{q}} e^{i\frac{p}{q}(\arg z + 2k\pi)} \quad (k \in \mathbb{Z})$$

它只在 $k = 0,1,\cdots,q-1$ 时才取不同的值，故式(2.13)成立. 因为 e^z 在 $\mathbb{C}$ 上解析，$\operatorname{Ln} z$ 在 $G = \mathbb{C}\backslash\{$负实轴及原点$\}$ 内可分成单值解析分支 $(\operatorname{Ln} z)_k$，故复合函数

$$w = z^{\frac{p}{q}} = e^{\frac{p}{q}\operatorname{Ln} z}$$

在 $G = \mathbb{C}\backslash\{$负实轴及原点$\}$ 内可分成单值解析分支

$$w_k = (z^{\frac{p}{q}})_k = \mathrm{e}^{\frac{p}{q}(\mathrm{Ln}\,z)_k} \quad (k = 0, 1, \cdots, q-1)$$

再由复合函数求导法则,对每个 $k(=0,1,\cdots,q-1)$ 有和任意的 $z \in G = \mathbb{C} \setminus \{$负实轴及原点$\}$ 有

$$\left[(z^{\frac{p}{q}})_k\right] = \left[\mathrm{e}^{\frac{p}{q}(\mathrm{Ln}\,z)_k}\right]' = \mathrm{e}^{\frac{p}{q}(\mathrm{Ln}\,z)_k}\left[\frac{p}{q}(\mathrm{Ln}\,z)_k\right]' = z^{\frac{p}{q}} \cdot \frac{p}{q} \cdot \frac{1}{z} = \frac{p}{q}z^{\frac{p}{q}-1} \quad (k = 0,1,\cdots,q-1).$$

④因为 $w = \mathrm{e}^{a\,\mathrm{Ln}\,z} = \mathrm{e}^{a[\ln|z| + \mathrm{i}(\arg z + 2k\pi)]} = \mathrm{e}^{a(\ln|z| + \mathrm{i}\arg z)} \cdot \mathrm{e}^{2k\pi a\mathrm{i}}$ $(k \in \mathbb{Z})$,当 a 是无理数或虚数时,$\mathrm{e}^{2k\pi a\mathrm{i}}$ 对于不同的 $k \in \mathbb{Z}$ 取不同的值,此时式(2.15)有无穷多个值,再由复合函数求导法则得

$$(z^a)' = (\mathrm{e}^{a\,\mathrm{Ln}\,z})' = \mathrm{e}^{a\,\mathrm{Ln}\,z}(a\,\mathrm{Ln}\,z)' = z^a \cdot \frac{a}{z} = az^{a-1}$$

证毕.

综上所述,当 a 是整数时,z^a 是单值的;当 a 是其他情形时,z^a 是多值的. 此时我们称 z^a 中对应于 $\mathrm{Ln}\,z$ 的主值支的那一支 $w_0 = \mathrm{e}^{a\,\mathrm{Ln}\,z}$ 为 z^a 的主值支.

例 2.9　求 $(-1)^\mathrm{i}$ 的值.

解　$(-1)^\mathrm{i} = \mathrm{e}^{\mathrm{i}\,\mathrm{Ln}(-1)} = \mathrm{e}^{\mathrm{i}[\ln|-1| + \mathrm{i}(\arg(-1) + 2k\pi)]} = \mathrm{e}^{-(2k+1)\pi}$ $(k \in \mathbb{Z})$

例 2.10　求 i^i 的主值.

解　因为 $\mathrm{i}^\mathrm{i} = \mathrm{e}^{\mathrm{i}\,\mathrm{Ln}\,\mathrm{i}} = \mathrm{e}^{\mathrm{i}[\ln|\mathrm{i}| + \mathrm{i}(\arg\mathrm{i} + 2k\pi)]} = \mathrm{e}^{-\frac{\pi}{2} - 2k\pi}(k \in \mathbb{Z})$,其主值为 $\mathrm{e}^{-\frac{\pi}{2}}$.

2.3.4　三角函数与双曲函数

定义 2.7　规定

$$\sin z = \frac{\mathrm{e}^{\mathrm{i}z} - \mathrm{e}^{-\mathrm{i}z}}{2\mathrm{i}}, \cos z = \frac{\mathrm{e}^{\mathrm{i}z} + \mathrm{e}^{-\mathrm{i}z}}{2}$$

并分别称为复变数 z 的**正弦函数**和**余弦函数**.

显然,当 $z = x$ 是实数时,由 Euler 公式知,以上定义的三角函数与实的三角函数定义一致.

正弦函数和余弦函数的基本性质:

①$\sin z, \cos z$ 都是 $\mathbb{C}$ 上单值解析函数,且有

$$(\sin z)' = \cos z, (\cos z)' = -\sin z.$$

②$\sin z$ 和 $\cos z$ 都是以 2π 为周期的周期函数,即

$$\sin(z + 2k\pi) = \sin z, \cos(z + 2k\pi) = \cos z(k \in \mathbb{Z}).$$

③$\sin z$ 是奇函数,$\cos z$ 是偶函数,即 $\forall z \in \mathbb{C}$,有

$$\sin(-z) = -\sin z, \cos(-z) = \cos z.$$

④在 $\mathbb{R}$ 上成立的三角恒等式在 $\mathbb{C}$ 内都成立,如:

$$\sin^2 z + \cos^2 z = 1;$$
$$\cos(z_1 + z_2) = \cos z_1 \cos z_2 - \sin z_1 \sin z_2;$$
$$\sin(z_1 + z_2) = \sin z_1 \cos z_2 + \cos z_1 \sin z_2;$$
$$\sin\left(z + \frac{\pi}{2}\right) = \cos z; \cos\left(z + \frac{\pi}{2}\right) = -\sin z.$$
$$\vdots$$

⑤$\sin z = 0$ 的零点为 $z = k\pi(k \in \mathbb{Z})$,$\cos z = 0$ 的零点为 $z = k\pi + \frac{1}{2}\pi(k \in \mathbb{Z})$.

⑥在ℂ内,|sin z|和|cos z|都是无界的.

证明 ①由指数函数的解析性质及解析函数的运算性质知,sin z,cos z 都是ℂ上单值解析函数,且

$$\frac{\mathrm{d}}{\mathrm{d}z}\sin z = \frac{\mathrm{d}}{\mathrm{d}z}\left(\frac{\mathrm{e}^{\mathrm{i}z} - \mathrm{e}^{-\mathrm{i}z}}{2\mathrm{i}}\right) = \frac{1}{2\mathrm{i}}\cdot\mathrm{i}(\mathrm{e}^{\mathrm{i}z} + \mathrm{e}^{-\mathrm{i}z}) = \cos z$$

同理可证另一个.

②因为 $\mathrm{e}^z, \mathrm{e}^{-z}$ 都以 $2\pi\mathrm{i}$ 为周期,故 $\mathrm{e}^{\mathrm{i}z}, \mathrm{e}^{-\mathrm{i}z}$ 都以 2π 为周期,于是由定义 2.7 知 sin z 和 cos z 都以 2π 为周期.

③直接由定义 2.7 容易验证.

④在此仅证第一个等式,余下的请读者自己验证.

事实上,由定义

$$\sin^2 z + \cos^2 z = -\frac{\mathrm{e}^{\mathrm{i}(2z)} + \mathrm{e}^{-\mathrm{i}(2z)} - 2}{4} + \frac{\mathrm{e}^{\mathrm{i}(2z)} + \mathrm{e}^{-\mathrm{i}(2z)} + 2}{4} = 1$$

⑤由定义 2.7,sin z = 0 的充要条件为 $\mathrm{e}^{2\mathrm{i}z} = 1$. 设 $z = \alpha + \mathrm{i}\beta$,则 $\mathrm{e}^{2\mathrm{i}z} = \mathrm{e}^{-2\beta}\mathrm{e}^{2\alpha\mathrm{i}} = 1$,故 $\mathrm{e}^{-2\beta} = 1$, $2\alpha = 2k\pi(k\in\mathbb{Z})$,从而 $\beta = 0, \alpha = k\pi(k\in\mathbb{Z})$. 类似可得 cos z = 0 的零点为 $z = k\pi + \frac{1}{2}\pi(k\in\mathbb{Z})$.

⑥事实上,$|\cos z| = \left|\frac{\mathrm{e}^{\mathrm{i}(x+\mathrm{i}y)} + \mathrm{e}^{-\mathrm{i}(x+\mathrm{i}y)}}{2}\right|$

$$= \left|\frac{\mathrm{e}^{-y}\cdot\mathrm{e}^{\mathrm{i}x} + \mathrm{e}^{y}\cdot\mathrm{e}^{-\mathrm{i}x}}{2}\right| \geq \frac{1}{2}|\mathrm{e}^{y} - \mathrm{e}^{-y}|,$$

可见,当|y|无限增大时,|cos z|趋于无穷大. 同理可证|sin z|也是无界的.

其他三角函数如下:

$$\tan z = \frac{\sin z}{\cos z}, \cot z = \frac{\cos z}{\sin z}, \sec z = \frac{1}{\cos z}, \csc z = \frac{1}{\sin z},$$

它们都在分母不为零处解析,且有

$$(\tan z)' = \sec^2 z, (\cot z)' = -\csc^2 z,$$
$$(\sec z)' = \sec z\cdot\tan z, (\csc z)' = -\csc z\cdot\cot z.$$

定义 2.8 规定

$$\mathrm{sh}\, z = \frac{\mathrm{e}^z - \mathrm{e}^{-z}}{2}, \mathrm{ch}\, z = \frac{\mathrm{e}^z + \mathrm{e}^{-z}}{2},$$
$$\mathrm{th}\, z = \frac{\mathrm{sh}\, z}{\mathrm{ch}\, z}, \mathrm{cth}\, z = \frac{1}{\mathrm{th}\, z},$$
$$\mathrm{sech}\, z = \frac{1}{\mathrm{ch}\, z}, \mathrm{csch}\, z = \frac{1}{\mathrm{sh}\, z}.$$

并分别称为复变数 z 的**双曲正弦、双曲余弦、双曲正切、双曲余切、双曲正割、双曲余割函数**.

由定义 2.7,定义 2.8 知,双曲函数与三角函数可以互化,例如通过计算容易得到

$$\mathrm{sh}\, z = -\mathrm{i}\sin\mathrm{i}z, \mathrm{ch}\, z = \cos\mathrm{i}z, \mathrm{th}\, z = -\mathrm{i}\tan\mathrm{i}z,$$

等等,从而由三角函数的性质可以直接得到双曲函数的性质,例如,由

$$\mathrm{sh}(-z) = -\mathrm{i}\sin\mathrm{i}(-z) = \mathrm{i}\sin\mathrm{i}z = -\mathrm{sh}\, z$$

可见 sinh z 为奇函数,同理可得 cosh z 为偶函数;且都是以 $2\pi\mathrm{i}$ 为周期的周期函数;并有关系式

$$ch^2 z - sh^2 z = 1;$$

等,此外, $sh\,z$ 与 $ch\,z$ 都是 $\mathbb{C}$ 上的解析函数,且有

$$(sh\,z)' = ch\,z, (ch\,z)' = sh\,z.$$

2.3.5　反三角函数与反双曲函数

三角函数的反函数称为**反三角函数**,双曲函数的反函数称为**反双曲函数**. 我们知道三角函数与双曲函数均是通过指数函数来表达的,而指数函数的反函数是对数函数,因而反三角函数与反双曲函数应该可通过对数函数来表达.

我们先从**反正弦函数**开始. 若 $z = \sin w$,则称 w 为 z 的**反正弦函数**,记作 $w = \text{Arcsin}\,z$.

下面来推导 $\text{Arcsin}\,z$ 的表达式. 由定义 2.7,有

$$z = \sin w = \frac{e^{iw} - e^{-iw}}{2i}$$

即

$$(e^{iw})^2 - 2ize^{iw} - 1 = 0$$

解之得

$$e^{iw} = iz + \sqrt{1 - z^2}$$

即

$$iw = \text{Ln}(iz + \sqrt{1 - z^2})$$

从而有

$$w = \text{Arcsin}\,z = \frac{1}{i}\text{Ln}(iz + \sqrt{1 - z^2}).$$

同理可得,**反余弦函数** $w = \text{Arccos}\,z$ 的表达式

$$w = \text{Arccos}\,z = \frac{1}{i}\text{Ln}(z + i\sqrt{1 - z^2});$$

反正切函数 $\text{Arctan}\,z$ 的表达式

$$w = \text{Arctan}\,z = \frac{1}{2i}\text{Ln}\frac{1 + iz}{1 - iz};$$

反余切函数 $\text{Arccot}\,z$ 的表达式

$$w = \text{Arccot}\,z = \frac{i}{2}\text{Ln}\frac{z - i}{z + i}.$$

类似地,可以推导出所有反双曲函数的表达式,具体地有

反双曲正弦函数 $\text{Arcsinh}\,z$ 的表达式

$$w = \text{Arcsinh}\,z = \text{Ln}(z + \sqrt{z^2 + 1});$$

反双曲余弦函数 $\text{Arccosh}\,z$ 的表达式

$$w = \text{Arccosh}\,z = \text{Ln}(z + \sqrt{z^2 - 1});$$

反双曲正切函数 $\text{Arctanh}\,z$ 的表达式

$$\text{Arctanh}\,z = \frac{1}{2}\text{Ln}\frac{1 + z}{1 - z};$$

反双曲余切函数 $\text{Arccoth}\,z$ 的表达式

$$\operatorname{Arccoth} z = \frac{1}{2} \operatorname{Ln} \frac{z+1}{z-1}$$

根据对数的无穷多值性可知,反三角函数与反双曲函数都是多值函数.

习题 2

1. 利用导数定义求函数 $f(z) = \dfrac{1}{z}$ 在 $z = 1$ 处的导数.

2. 下列函数何处可导? 何处解析?

$(1) f(z) = x^2 - \mathrm{i} y$

$(2) f(z) = xy^2 + \mathrm{i} x^2 y$

$(3) f(z) = \dfrac{x+y}{x^2+y^2} + \mathrm{i} \dfrac{x-y}{x^2+y^2}$

$(4) f(z) = \operatorname{Im} z$

3. 试确定下列函数的解析区域和奇点,并求出导数.

$(1) f(z) = (z-1)^2 (z^2+3)$

$(2) f(z) = z^3 + 2\mathrm{i} z$

$(3) f(z) = \dfrac{1}{z^2-1}$

$(4) f(z) = \dfrac{2z+1}{z^3+1}$

4. 试证下列函数在 z 平面上任何点都不解析.

$(1) f(z) = x + \mathrm{i} 2y$

$(2) f(z) = x + y$

$(3) f(z) = \operatorname{Re} z$

$(4) f(z) = \dfrac{1}{|z|}$

5. 若 $f(z)$ 在区域 D 内解析,试证 $f(z)$ 在区域 D 内连续.

6. 判断下述命题的真假,若真,请给出证明;若假,请举例说明.

(1) 如果 $f'(z_0)$ 存在,那么 $f(z)$ 在 z_0 点解析;

(2) 如果 $f(z)$ 在 z_0 点连续,那么 $f'(z_0)$ 存在;

(3) 实部与虚部满足柯西-黎曼方程的复变函数是解析函数;

(4) 如果 z_0 是 $f(z)$ 和 $g(z)$ 的一个奇点,则 z_0 是 $f(z) + g(z)$ 和 $\dfrac{f(z)}{g(z)}$ 一个奇点;

(5) 如果 $u(x,y)$ 和 $v(x,y)$ 的偏导数均存在,则 $f(z) = u(x,y) + \mathrm{i} v(x,y)$ 的导数一定存在.

7. 证明:如果函数 $f(z) = u + \mathrm{i} v$ 在区域 D 内解析,并满足下列条件之一,那么 $f(z)$ 是常数.

$(1) f(z)$ 恒取实值;

$(2) \overline{f(z)}$ 在 D 内解析;

$(3) \arg f(z)$ 在 D 内是一个常数;

$(4) au + bv = c$,其中 a、b 与 c 为不全为零的实常数;

$(5) v = u^2$.

8. 设 $f(z) = my^3 + nx^2 y + \mathrm{i}(x^3 + lxy^2)$ 在全平面上解析,试确定 l、m、n 的值.

9. 如果 $f(z) = u(x,y) + \mathrm{i} v(x,y)$ 在区域 D 内解析,试证:

$$\left(\frac{\partial}{\partial x} |f(z)| \right)^2 + \left(\frac{\partial}{\partial y} |f(z)| \right)^2 = |f'(z)|^2.$$

10. 判断下列关系是否正确?

$(1)\overline{e^z}=e^{\bar z}$ $\qquad$ $(2)\overline{\cos z}=\cos \bar z$ $\qquad$ $(3)\overline{\sin z}=\sin \bar z$

$(4)|\sin z|\leqslant 1$ $\qquad$ $(5)e^{z+2k\pi}=e^z(k=0,\pm 1,\pm 2\cdots)$

$(6)e^z>0$

11. 找出下列方程的全部解.

$(1)\sin z=0$ $\qquad$ $(2)\cos z=0$ $\qquad$ $(3)\cos z+\sin z=0$

$(4)1+e^z=0$ $\qquad$ $(5)\sin z=\text{ch }4$

12. 证明.

$(1)\cos(z_1+z_2)=\cos z_1\cos z_2-\sin z_1\sin z_2$

$\quad\ \sin(z_1+z_2)=\sin z_1\cos z_2-\cos z_1\sin z_2$

$(2)\sin^2 z+\cos^2 z=1$

$(3)\sin 2z=2\sin z\cos z$

$(4)\tan 2z=\dfrac{2\tan z}{1-\tan^2 z}$

$(5)\sin\left(\dfrac{\pi}{2}-z\right)=\cos z$

$(6)\cos(z+\pi)=-\cos z$

13. 化简.

$(1)e^{1+\pi i}+\cos i$ $\qquad$ $(2)\text{ch }\dfrac{\pi}{4}i$ $\qquad$ $(3)\cos(i\ln 5)$

14. 已知 $f(z)=\dfrac{\ln\left(\dfrac{1}{2}+z^2\right)}{\sin\left(\dfrac{1+i}{4}\pi z\right)}$,求 $|f'(1-i)|$ 及 $\arg f'(1-i)$.

15. 求 $\text{Ln}(-i)$,$\text{Ln}(-3+4i)$ 的值及其主值.

16. 求 $e^{1-i\frac{\pi}{2}}$,3^i 和 $(1+i)^i$ 的值.

17. 解下列方程:

$(1)\ln z=2-i\dfrac{\pi}{6}$; $\qquad$ $(2)\ \text{sh }z=i$

18. 指出下列运算中的错误所在.

$(1)1=\sqrt{1}=\sqrt{(-1)\cdot(-1)}=\sqrt{-1}\cdot\sqrt{-1}=-1$;

$(2)\dfrac{\pi}{4}=\arctan 1=\displaystyle\int_0^1\dfrac{dx}{1+x^2}=\dfrac{1}{2i}\int_0^1\left(-\dfrac{1}{i-x}-\dfrac{1}{x+i}\right)dx$

$\qquad =\dfrac{1}{2i}\text{Ln}\dfrac{i-x}{i+x}\Big|_{z=0}^{z=1}=\dfrac{1}{2i}\text{Ln}\dfrac{i-1}{i+1}=\dfrac{1}{8i}\text{Ln}\left(\dfrac{i-1}{i+1}\right)^4$

$\qquad =\dfrac{1}{8i}\text{Ln}1=0$

第 **3** 章
复变函数的积分

复变函数积分是研究解析函数的重要工具,解析函数的许多重要性质,如解析函数的无穷次可微性等,就是应用复变函数积分来证明的. 本章主要介绍复积分的定义,再建立 Cauchy (柯西)积分定理和 Cauchy 积分公式,它是复变函数论的基本定理和基本公式,也是解析函数理论的重要理论基础之一.

3.1 复变函数的积分

3.1.1 复变函数积分的定义

设 C 为复平面上一条光滑(或分段光滑)的简单曲线,若 C 为闭曲线,称 C 为一条围线,并规定其逆时针方向为围线的正方向,顺时针方向为围线的负方向,若 C 不为闭曲线,它的两个端点分别为 A 和 B,则可通过指定起点和终点来确定方向,如果把从 A 到 B 的方向作为 C 的正方向,则从 B 到 A 的方向就是 C 的负方向,把这种规定了方向的曲线称为**有向曲线**,当有向曲线取正方向时用 C 表示,取负方向时用 C^- 表示.

定义 3.1 设 $C: z = z(t)\ (\alpha \leqslant t \leqslant \beta)$ 是 $\mathbb{C}$ 上的以 $A = z(\alpha)$ 为起点,$B = z(\beta)$ 为终点的有向光滑(或分段光滑)的曲线,$f(z)$ 沿 C 有定义. 顺着 C 从 A 到 B 的方向在 C 上取分点

$$A = z_0, z_1, \cdots, z_{n-1}, z_n = B$$

将曲线 C 分成若干个小弧段(图 3.1),在每个小弧段 $\widehat{z_{k-1}z_k}\ (k = 1, 2, \cdots, n)$ 上任取一点 ξ_k,作和式

$$S_n = \sum_{k=1}^{n} f(\xi_k) \Delta z_k,$$

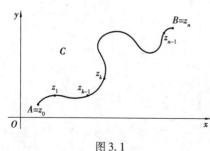

图 3.1

其中 $\Delta z_k = z_k - z_{k-1}$. 记 λ 为所有小弧段 $\widehat{z_{k-1}z_k}$ 的弧长的最大者,当分点无限增多且 $\lambda \to 0$ 时,不论对 C 的分法如何,也不论对 ξ_k 的取法如何,和式 S_n 的极限都存在且等于 J,则称 $f(z)$ 沿 C 从 A 到 B **可积**,而称

J 为 $f(z)$ 沿 C 从 A 到 B 的积分,记为

$$J = \int_C f(z)\,\mathrm{d}z. \tag{3.1}$$

C 称为积分路径,$f(z)$ 称为被积函数,$f(z)\mathrm{d}z$ 称为积分表达式.

式(3.1)表示 $f(z)$ 沿 C 的正方向(即从 A 到 B)的积分,而 $\int_{C^-} f(z)\,\mathrm{d}z$ 表示 $f(z)$ 沿 C 的负方向(即从 B 到 A)的积分.

如果 J 存在,我们一般不能把 J 写成 $\int_A^B f(z)\,\mathrm{d}z$ 的形式,因为 J 的值不仅与 A,B 有关,而且与积分路径 C 有关.

当 C 为闭曲线时,我们用记号 $\oint_C f(z)\,\mathrm{d}z$ 表示 $f(z)$ 沿此闭曲线 C 的积分.

显然,当 C 为 x 轴上的区间,$f(z)$ 为实变函数 $f(x)$ 时,上面定义的积分即为定积分.

例 3.1 设 C 是平面上以 a 为起点、b 为终点的分段光滑曲线,求复积分 $\int_C \mathrm{d}z$ 和 $\int_C z\mathrm{d}z$ 的值

解 依定义

$$\int_C \mathrm{d}z = \lim_{\lambda\to 0}\sum_{k=1}^n f(\zeta_k)\Delta z_k = \lim_{\lambda\to 0}\sum_{k=1}^n (z_k - z_{k-1}) = b - a$$

又

$$\int_C z\mathrm{d}z = \lim_{\lambda\to 0}\sum_{k=1}^n f(z_k)\Delta z_k = \lim_{\lambda\to 0}\sum_{k=1}^n z_k(z_k - z_{k-1})$$

另一方面

$$\int_C z\mathrm{d}z = \lim_{\lambda\to 0}\sum_{k=1}^n f(z_{k-1})\Delta z_k = \lim_{\lambda\to 0}\sum_{k=1}^n z_{k-1}(z_k - z_{k-1})$$

于是

$$2\int_C z\mathrm{d}z = \lim_{\lambda\to 0}\sum_{k=1}^n z_k(z_k - z_{k-1}) + \lim_{\lambda\to 0}\sum_{k=1}^n z_{k-1}(z_k - z_{k-1}) = \lim_{\lambda\to 0}\sum_{k=1}^n (z_k^2 - z_{k-1}^2) = b^2 - a^2$$

即

$$\int_C z\mathrm{d}z = \frac{1}{2}(b^2 - a^2)$$

3.1.2 积分的存在性与计算

定理 3.1 设 $f(z) = u(x,y) + iv(x,y)$ 沿逐段光滑曲线 C 连续,则 $f(z)$ 沿 C 可积,并且有

$$\int_C f(z)\,\mathrm{d}z = \int_C u\mathrm{d}x - v\mathrm{d}y + i\int_C v\mathrm{d}x + u\mathrm{d}y. \tag{3.2}$$

证明 设 $z_k = x_k + iy_k$,$\Delta x_k = x_k - x_{k-1}$,$\Delta y_k = y_k - y_{k-1}$,$\xi_k = \zeta_k + i\eta_k$,则有

$$S_n = \sum_{k=1}^n f(\xi_k)\Delta z_k = \sum_{k=1}^n [u(\zeta_k,\eta_k) + iv(\zeta_k,\eta_k)](\Delta x_k + i\Delta y_k)$$

$$= \sum_{k=1}^n [u(\zeta_k,\eta_k)\Delta x_k - v(\zeta_k,\eta_k)\Delta y_k] + i\sum_{k=1}^n [u(\zeta_k,\eta_k)\Delta y_k + v(\zeta_k,\eta_k)\Delta x_k]$$

当分点无限增多且所有小弧段长度的最大值 $\lambda\to 0$ 时,由 $u(x,y)$ 及 $v(x,y)$ 的连续性可知式(3.2)左端实部和虚部的极限存在,故 S_n 的极限存在且

$$\int_C f(z)\,\mathrm{d}z = \int_C u\mathrm{d}x - v\mathrm{d}y + \mathrm{i}\int_C v\mathrm{d}x + u\mathrm{d}y$$

证毕.

由定理 3.1 并结合微积分中第二型曲线积分的参数计算法,可得复变函数积分的参数计算公式.

定理 3.2 设 $f(z)$ 沿逐段光滑曲线 $C:z = z(t) = x(t) + \mathrm{i}y(t)\,(\alpha \leqslant t \leqslant \beta)$ 连续,则

$$\int_C f(z)\,\mathrm{d}z = \int_\alpha^\beta f(z(t))z'(t)\,\mathrm{d}t. \tag{3.3}$$

证明 由微积分中曲线积分的计算可得

$$\int_C u\mathrm{d}x - v\mathrm{d}y = \int_\alpha^\beta u(x(t),y(t))x'(t)\,\mathrm{d}t - v(x(t),y(t))y'(t)\,\mathrm{d}t$$

$$\int_C v\mathrm{d}x + u\mathrm{d}y = \int_\alpha^\beta u(x(t),y(t))y'(t)\,\mathrm{d}t + v(x(t),y(t))x'(t)\,\mathrm{d}t$$

于是

$$\int_C f(z)\,\mathrm{d}z = \int_C u\mathrm{d}x - v\mathrm{d}y + \mathrm{i}\int_C v\mathrm{d}x + u\mathrm{d}y$$

$$= \int_\alpha^\beta \{u[x(t),y(t)] + \mathrm{i}v[x(t),y(t)]\}\{x'(t) + \mathrm{i}y'(t)\}\,\mathrm{d}t$$

$$= \int_\alpha^\beta f[z(t)]z'(t)\,\mathrm{d}t$$

证毕.

例 3.2 求复积分 $\oint_C \dfrac{\mathrm{d}z}{(z-a)^n}$,其中 $C:|z-a| = r\,(n$ 为整数$)$.

解 因为 $C:z = a + re^{\mathrm{i}\theta}\,(0 \leqslant \theta \leqslant 2\pi)$,则由 (3.3),有

$$\oint_C \frac{\mathrm{d}z}{(z-a)^n} = \int_0^{2\pi} \frac{r\mathrm{i}e^{\mathrm{i}\theta}}{r^n e^{\mathrm{i}n\theta}}\mathrm{d}\theta = \frac{\mathrm{i}}{r^{n-1}}\int_0^{2\pi} e^{\mathrm{i}(1-n)\theta}\mathrm{d}\theta = \begin{cases} 2\pi\mathrm{i}, & n = 1 \\ 0, & n \neq 1 \end{cases}$$

这是一个重要且常用的积分.

3.1.3 复积分的基本性质

设 $f(z)$、$g(z)$ 均在逐段光滑曲线 C 上连续,由积分定义可推出下列性质.

(1) $\int_C (\alpha f(z) + \beta g(z))\,\mathrm{d}z = \alpha\int_C f(z)\,\mathrm{d}z + \beta\int_C g(z)\,\mathrm{d}z.$

其中 $\alpha,\beta \in \mathbb{C}$ 为常数;

(2) $\int_C f(z)\,\mathrm{d}z = -\int_{C^-} f(z)\,\mathrm{d}z$(图 3.2);

(3) 设曲线 C 由曲线 C_1,C_2 首尾相连接而成(图 3.3),则

$$\int_C f(z)\,\mathrm{d}z = \int_{C_1} f(z)\,\mathrm{d}z + \int_{C_2} f(z)\,\mathrm{d}z;$$

(4) $$\left|\int_C f(z)\,\mathrm{d}z\right| \leqslant \int_C |f(z)|\,\mathrm{d}s \leqslant ML;$$

其中 M 是 $|f(z)|$ 在 C 上的上界,L 表示曲线 C 的长度.

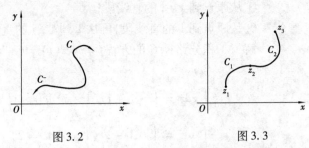

图 3.2　　　　　　　　　　　　图 3.3

例 3.3　设 C 是圆 $|z| = 2$ 上由 2 到 2i 且位于第一象限的圆弧（图 3.4），则

$$\left| \int_C \frac{z+4}{z^3-1} \mathrm{d}z \right| \leqslant \frac{6\pi}{7}$$

证　首先我们注意到当 $z \in C$ 时，即 $|z| = 2$，有

$$|z + 4| \leqslant |z| + 4 \leqslant 6, \quad |z^3 - 1| \geqslant \left| |z|^3 - 1 \right| = 7$$

因此，当 $z \in C$ 时，

$$\left| \frac{z+4}{z^3-1} \right| = \frac{|z+4|}{|z^3-1|} \leqslant \frac{6}{7}$$

记 $M = \dfrac{6}{7}$，又 C 的长度 $L = \pi$，故由性质（4）即得结论.

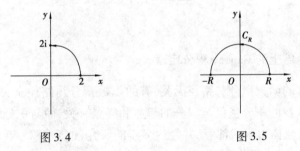

图 3.4　　　　　　　　　　　　图 3.5

例 3.4　设 C_R 表示半圆盘：$z = R\mathrm{e}^{\mathrm{i}\theta}(0 \leqslant \theta \leqslant \pi)$（图 3.5），$\sqrt{z}$ 表示满足 $\sqrt{1} = -1$ 的那个分支，试证

$$\lim_{R \to \infty} \int_{C_R} \frac{\sqrt{z}}{z^2+1} \mathrm{d}z = 0.$$

证　设 $z = R\mathrm{e}^{\mathrm{i}\theta}(0 \leqslant \theta \leqslant \pi, R > 1)$，则 $|z| = R > 1$，且

$$\left| \sqrt{z} \right| = \left| -\sqrt{R}\mathrm{e}^{\frac{\mathrm{i}\theta}{2}} \right| = \sqrt{R}, \quad |z^2 + 1| \geqslant \left| |z|^2 - 1 \right| = R^2 - 1.$$

于是当 $z \in C_R$ 时，$\left| \dfrac{\sqrt{z}}{z^2+1} \right| \leqslant M_R$，其中 $M_R = \dfrac{\sqrt{R}}{R^2-1}$；又 C_R 的长度 $L = \pi R$，故

$$\left| \int_{C_R} \frac{\sqrt{z}}{z^2+1} \mathrm{d}z \right| \leqslant M_R L = \frac{\sqrt{R}}{R^2-1} \pi R = \frac{\dfrac{\pi}{\sqrt{R}}}{1 - \left(\dfrac{1}{R}\right)^2} \to 0 \, (R \to \infty)$$

得证.

例 3.5　计算积分 $\displaystyle\int_C z\mathrm{d}z$ 及 $\displaystyle\int_C \bar{z}\mathrm{d}z$，其中积分路径 C 为

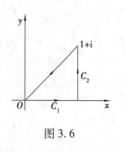

图 3.6

①从原点到 $1+\mathrm{i}$ 的直线段;

②从原点到 1 的直线段,再从 1 到 $1+\mathrm{i}$ 的直线段(图3.6).

解 ①积分路径 C 的方程为 $z=z(t)=t+\mathrm{i}t=t(1+\mathrm{i})$,$0\leq t\leq 1$. 故

$$\int_C z\mathrm{d}z=\int_0^1 t(1+\mathrm{i})(1+\mathrm{i})\mathrm{d}t=2\mathrm{i}\int_0^1 t\mathrm{d}t=\mathrm{i}$$

$$\int_C \bar{z}\mathrm{d}z=\int_0^1 t(1-\mathrm{i})(1+\mathrm{i})\mathrm{d}t=2\int_0^1 t\mathrm{d}t=1$$

②如图 3.6 所示,此时 $C=C_1+C_2$,其中 C_1,C_2 的方程分别为

$$C_1:z=z_1(t)=t(0\leq t\leq 1);\quad C_2:z=z_2(t)=1+\mathrm{i}t\quad(0\leq t\leq 1)$$

故

$$\int_C z\mathrm{d}z=\int_{C_1}z\mathrm{d}z+\int_{C_2}z\mathrm{d}z=\int_0^1 t\mathrm{d}t+\int_0^1(1+\mathrm{i}t)\mathrm{i}\mathrm{d}t=\mathrm{i}$$

$$\int_C \bar{z}\mathrm{d}z=\int_{C_1}\bar{z}\mathrm{d}z+\int_{C_2}\bar{z}\mathrm{d}z=\int_0^1 t\mathrm{d}t+\int_0^1(1-\mathrm{i}t)\mathrm{i}\mathrm{d}t=1+\mathrm{i}$$

3.2 Cauchy 积分定理

3.2.1 单连通区域上的 Cauchy 积分定理

从例 3.5 可见,有的函数积分与路径无关,有的函数积分与路径有关. 那么一个自然的问题是:在什么条件下函数的积分值仅与积分的起点和终点有关,而与积分的路径无关? 此问题首先被 Cauchy 在研究流体力学时注意,并经过多年的研究,他于 1825 年大胆地猜测并给出了下面的结论,常称为 Cauchy 积分定理.

定理 3.3 设 D 是 z 平面上的单连通区域,C 为 D 内的任意一条围线,$f(z)$ 在 D 内解析,则

$$\oint_C f(z)\mathrm{d}z=0$$

即积分与路径无关.

这个定理的证明较为复杂,故略去此证明.

如果将定理 3.3 的条件加强为"$f'(z)$ 在 D 内连续",则定理的证明就变得简单,事实上,设 $z=x+\mathrm{i}y$,$f(z)=u(x,y)+\mathrm{i}v(x,y)$,由 $f(z)$ 在 D 内解析,可得

$$f'(z)=\frac{\partial u}{\partial x}+\mathrm{i}\frac{\partial v}{\partial x},\quad\cdot\frac{\partial u}{\partial x}=\frac{\partial v}{\partial y},\quad\frac{\partial u}{\partial y}=-\frac{\partial v}{\partial x},$$

由 $f'(z)$ 在 D 内连续,可知 $\dfrac{\partial u}{\partial x},\dfrac{\partial v}{\partial y},\dfrac{\partial u}{\partial y},\dfrac{\partial v}{\partial x}$ 均在 D 内连续,进而由 Green 公式可得

$$\oint_C u\mathrm{d}x-v\mathrm{d}y=\iint_{\bar{G}}\left(\frac{\partial(-v)}{\partial x}-\frac{\partial u}{\partial y}\right)\mathrm{d}x\mathrm{d}y=0,\oint_C v\mathrm{d}x+u\mathrm{d}y=\iint_{\bar{G}}\left(\frac{\partial u}{\partial x}-\frac{\partial v}{\partial y}\right)\mathrm{d}x\mathrm{d}y=0,$$

其中 $\bar{G}\subset D$ 是以 C 为边界的闭区域,再由定理 3.1 得

$$\int_C f(z)\,\mathrm{d}z = \int_C u\,\mathrm{d}x - v\,\mathrm{d}y + \mathrm{i}\int_C v\,\mathrm{d}x + u\,\mathrm{d}y = 0.$$

单连通区域上的 Cauchy 积分定理还可进一步推广如下:

定理 3.4 　(单连通区域上的 Cauchy 积分定理的一般形式) 设 C 是一条围线, D 为 C 围成的内部, $f(z)$ 在 D 内解析, 在 $\overline{D} = D + C$ 上连续, 则

$$\oint_C f(z)\,\mathrm{d}z = 0.$$

设 D 是 z 平面上的单连通区域, $f(z)$ 在 D 内解析, 则由 Cauchy 积分定理可知变动上限的函数

$$F(z) = \int_{z_0}^{z} f(\xi)\,\mathrm{d}\xi \qquad (z_0, z \in D) \tag{3.4}$$

在 D 内与积分路径无关, 所以在 D 内 $F(z)$ 可视为 z 的函数.

定理 3.5 　对于单连通区域 D 内解析的函数 $f(z)$, 由式(3.4)所定义的 $F(z)$ 在 D 内解析, 并且

$$F'(z) = f(z)$$

证明 　只需证明 $\forall z \in D$, 有 $F'(z) = f(z)$ 即可. 由 $f(z)$ 在 D 内的连续性, 对 $\forall \varepsilon > 0$, 可取 $\delta > 0$ 充分小, 使得 $N_\delta(z) \subset D$, 并且对 $\forall \xi \in N_\delta(z)$, 有

$$|f(\xi) - f(z)| < \varepsilon$$

设 $\Delta z \neq 0$, $z + \Delta z \in N_\delta(z) \subset D$, 由于积分与路径无关, 则

$$\int_{z_0}^{z+\Delta z} f(\xi)\,\mathrm{d}\xi = \int_{z_0}^{z} f(\xi)\,\mathrm{d}\xi + \int_{z}^{z+\Delta z} f(\xi)\,\mathrm{d}\xi,$$

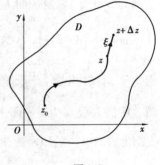

图 3.7

其中从 z 到 $z + \Delta z$ 的积分路径可选择为直线段(图 3.7).

又因为

$$f(z) = \frac{1}{\Delta z}\int_{z}^{z+\Delta z} f(z)\,\mathrm{d}\xi$$

于是当 $0 < |\Delta z| < \delta$, 有

$$
\begin{aligned}
\left| \frac{F(z+\Delta z) - F(z)}{\Delta z} - f(z) \right| &= \left| \frac{1}{\Delta z}\Big[\int_{z_0}^{z+\Delta z} f(\xi)\,\mathrm{d}\xi - \int_{z_0}^{z} f(\xi)\,\mathrm{d}\xi \Big] - f(z) \right| \\
&= \left| \frac{1}{\Delta z}\int_{z}^{z+\Delta z} f(\xi)\,\mathrm{d}\xi - f(z) \right| \\
&= \left| \frac{1}{\Delta z}\int_{z}^{z+\Delta z} [f(\xi) - f(z)]\,\mathrm{d}\xi \right| \\
&\leq \varepsilon \frac{|\Delta z|}{|\Delta z|} = \varepsilon
\end{aligned}
$$

即 $\displaystyle\lim_{\Delta z \to 0} \frac{F(z+\Delta z) - F(z)}{\Delta z} = f(z)$. 故 $F'(z) = f(z)\,(z \in D)$.

由上述证明过程可知, 下述更一般的结论成立.

定理 3.6 　对于单连通区域 D 内连续的函数 $f(z)$, 若对 D 内任意围线 C, $\oint_C f(z)\,\mathrm{d}z = 0$, 则由(3.4)所定义的 $F(z)$ 在 D 内解析, 并且 $F'(z) = f(z)$.

定义 3.2　若函数 $\Phi(z)$ 在 D 内解析且 $\Phi'(z) = f(z)$，则称 $\Phi(z)$ 是 $f(z)$ 在 D 内的一个原函数.

易知，$f(z)$ 的任意两个原函数之间仅相差一个常数. 所以有如下定理.

定理 3.7　对于单连通区域 D 内的解析函数 $f(z)$，若 $\Phi(z)$ 是其任意一个原函数，则对 $\forall a, b \in D$，有

$$\int_a^b f(z) \mathrm{d}z = \Phi(b) - \Phi(a). \tag{3.5}$$

例 3.6　计算下列积分

① $\displaystyle\int_0^{1+i} z^2 \mathrm{d}z$；② $\displaystyle\int_0^{\pi+2i} \cos\left(\dfrac{z}{2}\right) \mathrm{d}z$.

解　①因为 z^2 在复平面上解析且 $\dfrac{1}{3}z^3$ 为其原函数，由定理 3.7 得

$$\int_0^{1+i} z^2 \mathrm{d}z = \frac{1}{3}z^3 \Big|_0^{1+i} = \frac{1}{3}(1+i)^3 = \frac{2}{3}(-1+i).$$

②因为 $\cos\left(\dfrac{z}{2}\right)$ 在复平面上解析，积分与路径无关，由定理 3.7 得

$$\int_0^{\pi+2i} \cos\left(\frac{z}{2}\right) \mathrm{d}z = 2\int_0^{\pi+2i} \cos\left(\frac{z}{2}\right) \mathrm{d}\left(\frac{z}{2}\right) = 2\sin\left(\frac{z}{2}\right)\Big|_0^{\pi+2i} = 2\sin\left(\frac{\pi+2i}{2}\right) = \mathrm{e} + \mathrm{e}^{-1}.$$

例 3.7　计算积分 $\displaystyle\int_C \frac{1}{z} \mathrm{d}z$，其中 C 为曲线 $|z| = 1$，$\mathrm{Im}\, z \geq 0$，从 i 到 1 的方向.

解　解法 1：设 G 为复平面去掉负实轴及原点后的区域，则对数函数 $\mathrm{Ln}\, z$ 在 G 内任意一个解析分支都为 $f(z) = \dfrac{1}{z}$ 的原函数，取定 $\Phi(z) = \ln z$（$\mathrm{Ln}\, z$ 的主值支），则 $\Phi'(z) = \dfrac{1}{z}$，又因 $f(z) = \dfrac{1}{z}$ 在单连通区域 G 内解析，故积分与路径无关，由定理 3.7 得

$$\int_C \frac{1}{z} \mathrm{d}z = \int_i^1 \frac{1}{z} \mathrm{d}z = (\ln z)\Big|_i^1 = \ln 1 - \ln i = -\frac{\pi}{2}i$$

解法 2：曲线 $|z| = 1$，$\mathrm{Im}\, z \geq 0$ 的参数方程为 $z = \mathrm{e}^{i\theta}\left(0 \leq \theta \leq \dfrac{\pi}{2}\right)$，故

$$\int_C \frac{1}{z} \mathrm{d}z = \int_{\frac{\pi}{2}}^0 \frac{1}{\mathrm{e}^{i\theta}} i\mathrm{e}^{i\theta} \mathrm{d}\theta = -\frac{\pi}{2}i$$

3.2.2　多连通区域上的 Cauchy 积分定理

考虑到多连通区域的情形，首先给出定义 3.3.

定义 3.3　若平面上的 $n+1$ 条围线 $C_j(j = 0, 1, \cdots, n)$ 满足

①$C_j(j = 0, 1, \cdots, n)$ 互不相交（切），且 $C_j(j = 1, \cdots, n)$ 全在 C_0 的内部；

②C_i 均不在 C_j 的内部（$i \neq j, i, j = 1, \cdots, n$）.

则称 $C_j(j = 0, 1, \cdots, n)$ 构成一条复围线，它包括取正方向的 C_0 和取负方向的 $C_j(j = 1, \cdots, n)$，记为 $C = C_0 + C_1^- + \cdots + C_n^-$.

定理 3.8　（多连通区域上的 Cauchy 积分定理）设 D 是由定义 3.3 所述复围线 $C = C_0 + C_1^- + \cdots + C_n^-$ 所围成的区域，$f(z)$ 在 D 内解析，在 $\bar{D} = D + C$ 上连续，则

$$\oint_C f(z)\,\mathrm{d}z = \oint_{C_0} f(z)\,\mathrm{d}z + \sum_{k=1}^{n}\oint_{C_k} f(z)\,\mathrm{d}z = 0$$

或可写成

$$\oint_{C_0} f(z)\,\mathrm{d}z = \sum_{k=1}^{n}\oint_{C_k} f(z)\,\mathrm{d}z. \tag{3.6}$$

证明　仅对 $n=2$ 的情形证明,用辅助线 $L_j(j=0,1,2)$ 将 D 分成两个单连通区域(图 3.8),其边界为简单闭曲线,分别记为 Γ_1 与 Γ_2. 则由定理 3.4 有

$$\oint_{\Gamma_j} f(z)\,\mathrm{d}z = 0, (j=1,2)$$

注意到若将沿 Γ_1 与 Γ_2 的两个积分相加,由于沿 $L_j(j=0,1,2)$ 的积分各从相反方向取了一次,在相加的过程中正好互相抵消,于是由复积分的性质可得结论.

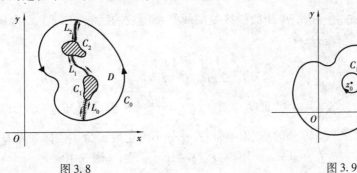

图 3.8　　　　　　　　　　图 3.9

例 3.8　计算下列积分

① $\oint_C \dfrac{\mathrm{d}z}{(z-z_0)^n}$),其中 $n \in \mathbb{Z}$,C 是复平面上包含 z_0 的任意一条简单闭曲线;

② $\oint_{|z|=2} \dfrac{\mathrm{d}z}{z^2 - z}$.

解　①以 z_0 为圆心作圆周 C_1,使得 C_1 含于 C 的内部(图 3.9),因为 $f(z) = \dfrac{1}{(z-a)^n}$ 在以 C_1 和 C 为边界的多连通区域内解析,则由式(3.6)得

$$\oint_C \frac{\mathrm{d}z}{(z-z_0)^n} = \oint_{C_1} \frac{\mathrm{d}z}{(z-z_0)^n},$$

结合例 3.2,可得 $\oint_C \dfrac{\mathrm{d}z}{(z-z_0)^n} = \begin{cases} 2\pi\mathrm{i}, & n=1; \\ 0, & n \neq 1. \end{cases}$

②设 C_1 与 C_2 分别是以 $0,1$ 为圆心,$\varepsilon_1,\varepsilon_2$ 为半径的圆周,取 $\varepsilon_1,\varepsilon_2$ 充分小,使 C_1 与 C_2 互不包含也互不相交,并全含于圆周 $|z|=2$ 内. 因为 $f(z) = \dfrac{1}{z^2-z}$ 在以 C_1,C_2 及 $|z|=2$ 为边界的多连通区域内解析,由式(3.6)得

$$\oint_{|2|=2} \frac{\mathrm{d}z}{z^2-z} = \oint_{C_1} \frac{\mathrm{d}z}{z^2-z} + \oint_{C_2} \frac{\mathrm{d}z}{z^2-z}$$

又

$$\oint_{C_1} \frac{1}{z^2-z}\,\mathrm{d}z = \oint_{C_1} \frac{1}{z-1}\,\mathrm{d}z - \oint_{C_1} \frac{1}{z}\,\mathrm{d}z = 0 - 2\pi\mathrm{i} = -2\pi\mathrm{i}$$

$$\oint_{C_2} \frac{1}{z^2 - z} dz = \oint_{C_2} \frac{1}{z-1} dz - \oint_{C_2} \frac{1}{z} dz = 2\pi i - 0 = 2\pi i$$

故

$$\oint_{|z|=2} \frac{dz}{z^2 - z} = 0.$$

3.3 Cauchy 积分公式及其应用

3.3.1 Cauchy 积分公式

定理 3.9 设 D 是由一条简单闭曲线或复围线 C 所围成的区域,$f(z)$ 在 D 内解析,在 $\overline{D} = D + C$ 上连续,则对任意 $z \in D$,有

$$f(z) = \frac{1}{2\pi i} \oint_C \frac{f(\xi)}{\xi - z} d\xi. \tag{3.7}$$

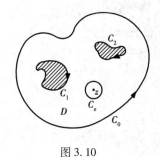

图 3.10

证明 设 $F(\xi) = \dfrac{f(\xi)}{\xi - z}$,由假设可知,$F(\xi)$ 在 D 内除 $\xi = z$ 外解析. 以 z 为心,充分小的正数 ε 为半径作圆周 $C_\varepsilon = \{\xi : |\xi - z| = \varepsilon\}$,使得 $\{\xi : |\xi - z| \le \varepsilon\} \subset D$(图 3.10).

记 $\Gamma = C + C_\varepsilon^-$,以 Γ 为边界的区域为 D_1,则 $F(\xi)$ 在 D_1 内解析,在 $\overline{D}_1 = D_1 + \Gamma$ 上连续,由 Cauchy 积分定理,有

$$\oint_C \frac{f(\xi)}{\xi - z} d\xi = \oint_{C_\varepsilon} \frac{f(\xi)}{\xi - z} d\xi.$$

由此可见,积分 $\oint_{C_\varepsilon} \dfrac{f(\xi)}{\xi - z} d\xi$ 与充分小的 ε 无关。又由例 3.2 的结论,有

$$2\pi i f(z) = f(z) \oint_{C_\varepsilon} \frac{1}{\xi - z} d\xi = \oint_{C_\varepsilon} \frac{f(z)}{\xi - z} d\xi$$

则

$$\left| \oint_{C_\varepsilon} \frac{f(\xi)}{\xi - z} d\xi - 2\pi i f(z) \right| = \left| \oint_{C_\varepsilon} \frac{f(\xi) - f(z)}{\xi - z} d\xi \right|$$

$$\le \frac{\max\limits_{\xi \in C_\varepsilon} |f(\xi) - f(z)|}{\varepsilon} 2\pi\varepsilon = 2\pi \max\limits_{\xi \in C_\varepsilon} |f(\xi) - f(z)|$$

上式两端令 $\xi \to z$,由于 $f(\xi)$ 在 $\xi = z$ 处连续,则 $\lim\limits_{\xi \to z} \max\limits_{\xi \in C_\varepsilon} |f(\xi) - f(z)| = 0$,由此可知(3.7)成立.

例 3.9 计算下列积分.

① $\dfrac{1}{2\pi i} \oint_{|z|=3} \dfrac{e^z}{z-1} dz$ ② $\oint_{|z|=3} \dfrac{3z}{z^2 - z - 2} dz$

解 ①因为 e^z 在全平面 $\mathbb{C}$ 上解析,则由 Cauchy 积分公式,得

$$\frac{1}{2\pi i} \oint_{|z|=3} \frac{e^z}{z-1} dz = e^z \big|_{z=1} = e.$$

②解法 1:因为

$$\frac{3z}{z^2 - z - 2} = \frac{1}{z+1} + \frac{2}{z-2},$$

则由 Cauchy 积分公式,得

$$\oint_{|z|=3} \frac{3z}{z^2 - z - 2}dz = \oint_{|z|=3} \frac{1}{z+1}dz + \oint_{|z|=3} \frac{2}{z-2}dz = 2\pi i + 4\pi i = 6\pi i.$$

解法 2：$f(z) = \dfrac{3z}{z^2 - z - 2}$ 在圆 $|z| = 3$ 内有两个奇点 $z = -1, z = 2$. 分别以 $z = -1, z = 2$ 为心,充分小的正数 $\varepsilon_1, \varepsilon_2$ 为半径,作两个互不相交、互不包含且全含于圆 $|z| = 3$ 内的小圆周 C_1, C_2,则由多连通区域上的 Cauchy 积分定理得

$$\oint_{|z|=3} \frac{3z}{z^2 - z - 2}dz = \oint_{C_1} \frac{3z}{z^2 - z - 2}dz + \oint_{C_2} \frac{3z}{z^2 - z - 2}dz$$

再由 Cauchy 积分公式,得

$$\oint_{C_1} \frac{3z}{z^2 - z - 2}dz = \oint_{C_1} \frac{\frac{3z}{z-2}}{z+1}dz = 2\pi i \frac{3z}{z-2}\bigg|_{z=-1} = 2\pi i$$

$$\oint_{C_2} \frac{3z}{z^2 - z - 2}dz = \oint_{C_1} \frac{\frac{3z}{z+1}}{z-2}dz = 2\pi i \frac{3z}{z+1}\bigg|_{z=2} = 4\pi i$$

所以原积分 $= 2\pi i + 4\pi i = 6\pi i$.

例 3.10　计算积分 $\oint_{|z|=1} \dfrac{e^z}{z}dz$,并由此证明

$$\int_0^{2\pi} e^{\cos \theta} \cos(\sin \theta)d\theta = 2\pi$$

解　一方面,由 Cauchy 积分公式得

$$\oint_{|z|=1} \frac{e^z}{z}dz = 2\pi i e^z\big|_{z=0} = 2\pi i$$

另一方面,因 $|z| = 1$ 的参数方程为 $z = e^{i\theta}(0 \leqslant \theta \leqslant 2\pi)$,故

$$2\pi i = \oint_{|z|=1} \frac{e^z}{z}dz = \int_0^{2\pi} \frac{e^{e^{i\theta}}}{e^{i\theta}} i e^{i\theta}d\theta = i\int_0^{2\pi} e^{\cos\theta + i\sin\theta} d\theta$$

$$= i\int_0^{2\pi} e^{\cos\theta}[\cos(\sin\theta) + i\sin(\sin\theta)]d\theta$$

比较两端的实部和虚部得

$$\int_0^{2\pi} e^{\cos\theta}\cos(\sin\theta)d\theta = 2\pi$$

证毕.

利用 Cauchy 积分公式及复积分计算公式(3.3)很容易证明:

定理 3.10　(解析函数的平均值定理)设 $f(z)$ 在圆 $|\xi - z_0| < R$ 内解析,在闭圆 $|\xi - z_0| \leqslant R$ 上连续,则

$$f(z_0) = \frac{1}{2\pi}\int_0^{2\pi} f(z_0 + Re^{i\varphi})d\varphi.$$

3.3.2　解析函数的无穷可微性

定理 3.11　(Cauchy 导数公式)在定理 3.9 的假设条件下,则对任意正整数 n 和 $z \in D$,有

$$f^{(n)}(z) = \frac{n!}{2\pi i}\oint_C \frac{f(\xi)}{(\xi-z)^{n+1}}d\xi.$$

证 只证明 $n=1$ 的情形,一般情况可用数学归纳法完成.

$\forall z \in D, \exists \delta > 0$,使得 $N_\delta(z) \subset D$,取 $\Delta z \neq 0$,且使得 $z+\Delta z \in N_\delta(z)$,则由 Cauchy 积分公式可得

$$\frac{f(z+\Delta z)-f(z)}{\Delta z} - \frac{1}{2\pi i}\oint_C \frac{f(\xi)}{(\xi-z)^2}d\xi$$

$$= \frac{1}{2\pi i\Delta z}\left[\oint_C \frac{f(\xi)}{\xi-z-\Delta z}d\xi - \oint_C \frac{f(\xi)}{\xi-z}d\xi\right] - \frac{1}{2\pi i}\oint_C \frac{f(\xi)}{(\xi-z)^2}d\xi$$

$$= \frac{\Delta z}{2\pi i}\oint_C \frac{f(\xi)}{(\xi-z-\Delta z)(\xi-z)^2}d\xi.$$

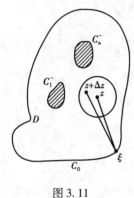

图 3.11

由已知 $f(\xi)$ 在 C 上连续,故 $\exists M > 0$,使得 $|f(\xi)| \leq M (\xi \in C)$;记 C 之长度为 L,又记 $d = \inf\limits_{\xi \in C} d(z,\xi)$,易知 $d > 0$,于是对 $\forall \xi \in C$, $|\xi-z| \geq d > 0$. 取 Δz,并满足 $0 < |\Delta z| < \min\left(\delta, \frac{1}{2}d\right)$(图 3.11),则

$$|\xi-z-\Delta z| \geq |\xi-z| - |\Delta z| \geq d - \frac{1}{2}d = \frac{1}{2}d. \text{ 故}$$

$$\left|\frac{f(z+\Delta z)-f(z)}{\Delta z} - \frac{1}{2\pi i}\oint_C \frac{f(\xi)}{(\xi-z)^2}d\xi\right|$$

$$= \left|\frac{\Delta z}{2\pi i}\oint_C \frac{f(\xi)}{(\xi-z-\Delta z)(\xi-z)^2}d\xi\right|$$

$$\leq \frac{|\Delta z|}{2\pi}\frac{M}{\left(\frac{1}{2}\right)d \cdot d^2} \cdot L = \frac{LM}{\pi d^3}|\Delta z|.$$

由此得

$$f'(z) = \lim_{\Delta z \to 0}\frac{f(z+\Delta z)-f(z)}{\Delta z} = \frac{1}{2\pi i}\oint_C \frac{f(\xi)}{(\xi-z)^2}d\xi.$$

例 3.11 计算积分:① $\oint_{|z|=3}\frac{e^z}{(z-1)^3}dz$;② $\oint_{|z+1|=1}\frac{\cos \pi z}{(z^2-1)^2}dz$

解 ①因为 e^z 在全平面上解析,由 Cauchy 导数公式得

$$\oint_{|z|=3}\frac{e^z}{(z-1)^3}dz = \frac{2\pi i}{2!}(e^z)''\Big|_{z=1} = i\pi e.$$

②函数 $\frac{\cos \pi z}{(z^2-1)^2}$ 在 $|z+1|=1$ 内有一个奇点 $z=-1$,由 Cauchy 导数公式得

$$\oint_{|z+1|=1}\frac{\cos \pi z}{(z^2-1)^2}dz = \oint_{|z+1|=1}\frac{\frac{\cos \pi z}{(z-1)^2}}{(z+1)^2}dz = 2\pi i\left[\frac{\cos \pi z}{(z-1)^2}\right]'\Big|_{z=-1}$$

$$= 2\pi i\frac{-\pi(z-1)^2\sin \pi z - 2(z-1)\cos \pi z}{(z-1)^4}\Big|_{z=-1} = -\frac{\pi i}{2}.$$

应用 Cauchy 导数公式可得出解析函数的无穷可微性.

定理 3.12 设 $f(z)$ 在复平面上的区域 D 内解析,则 $f(z)$ 在 D 内有各阶导数,且它们均在

D 内解析.

借助解析函数的无穷可微性,可得到刻画解析函数的第二个等价命题.

定理 3.13 函数 $f(z) = u(x,y) + iv(x,y)$ 在区域 D 内解析的充要条件是

① $\dfrac{\partial u}{\partial x}, \dfrac{\partial u}{\partial y}, \dfrac{\partial v}{\partial x}, \dfrac{\partial v}{\partial y}$ 在 D 内连续;

② $u(x,y), v(x,y)$ 在 D 内满足 C.-R. 条件。

3.3.3 Cauchy 不等式与 Liouville 定理

定理 3.14 (Cauchy 不等式)设 $f(z)$ 在 $|z-a| < R$ 内解析,在 $|z-a| \leqslant R$ 内连续,记 $M(R) = \max\limits_{|z-a|=R} |f(z)|$,则

$$|f^{(n)}(a)| \leqslant \frac{n!}{R^n} M(R).$$

证 由定理 3.11

$$f^{(n)}(a) = \frac{n!}{2\pi i} \oint_{|z-a|=R} \frac{f(z)}{(z-a)^{n+1}} dz$$

于是

$$|f^{(n)}(a)| \leqslant \frac{n!}{2\pi} \frac{M(R)}{R^{n+1}} 2\pi R = \frac{n!}{R^n} M(R)$$

由 Cauchy 不等式,即得下面的 Liouville 定理.

定理 3.15 (Liouville 定理)有界整函数必是常数.

证 由条件存在 $M > 0$,使得对任意 $a \in \mathbb{C}$,有 $|f(a)| \leqslant M$,且对任意正实数 $R > 0$,$f(z)$ 在 $|z-a| \leqslant R$ 内解析,由 Cauchy 不等式有

$$|f'(a)| \leqslant \frac{M}{R} \to 0 (R \to \infty)$$

即对任意 $a \in \mathbb{C}$,$f'(a) = 0$,故 $f(z)$ 恒为常数.

应用 Liouville 定理,可以很容易证明下面的代数学基本定理.

代数学基本定理 设 $P_n(z) = a_0 z^n + a_1 z^{n-1} + \cdots + a_n (a_0 \neq 0)$ 是 $\mathbb{C}$ 上的 n 次多项式,则 $P_n(z)$ 在 $\mathbb{C}$ 上至少有一个零点.

证 用反证法:设 $P_n(z) \neq 0$,$\forall z \in \mathbb{C}$. 令 $f(z) = \dfrac{1}{P_n(z)}$,$z \in \mathbb{C}$,则 $f(z)$ 是整函数. 由

$$f(z) = \frac{1}{z^n} \frac{1}{a_0 + \dfrac{a_1}{z} + \cdots + \dfrac{a_n}{z^n}},$$

可得 $\lim\limits_{z \to \infty} f(z) = 0.$ 于是存在 $R > 0$,使得当 $|z| > R$ 时,有 $|f(z)| < 1.$ 又 $f(z)$ 在 $|z| \leqslant R$ 内连续,故存在 $M > 0$,使得当 $|z| \leqslant R$ 时,有 $|f(z)| \leqslant M$,故 $|f(z)| \leqslant M+1$,$\forall z \in \mathbb{C}$,由 Liouville 定理可知,$f(z)$ 恒为常数,从而 $P_n(z)$ 恒为常数,矛盾.

3.3.4 Morera 定理

定理 3.16 (Morera 定理)设 $f(z)$ 在单连通区域 D 内连续,若对 D 内任意围线 C,

$$\oint_C f(z)\,\mathrm{d}z = 0$$，则 $f(z)$ 在 D 内解析.

证　由定理 3.6 可知

$$F(z) = \int_{z_0}^{z} f(\xi)\,\mathrm{d}\xi\,(z_0 \in D)$$

在 D 内解析，且 $F'(z) = f(z)\,(z \in D)$，再由定理 3.12 知 $f(z)$ 在 D 内解析.

由此我们可得到刻画解析函数的第三个等价命题.

定理 3.17　函数 $f(z)$ 在区域 D 内解析的充要条件是

①$f(z)$ 在区域 D 内连续；

②对任意围线 C，只要 C 及其内部均含于 D 内，就有 $\oint_C f(z)\,\mathrm{d}z = 0$.

3.4　解析函数与调和函数的关系

我们已经知道，区域 $D \subset \mathbb{C}$ 内的解析函数 $f(z) = u(x,y) + iv(x,y)$，其实部 $u(x,y)$ 和虚部 $v(x,y)$ 在 D 内有连续的偏导数，且满足 C.-R. 条件

$$\frac{\partial u}{\partial x} = \frac{\partial v}{\partial y},\frac{\partial u}{\partial y} = -\frac{\partial v}{\partial x} \tag{3.8}$$

又由解析函数的无穷可微性知道，$u(x,y)$ 和 $v(x,y)$ 在 D 内有任意阶连续的偏导数，且由式 (3.8) 可得

$$\frac{\partial^2 u}{\partial x^2} + \frac{\partial^2 u}{\partial y^2} = 0,\frac{\partial^2 v}{\partial x^2} + \frac{\partial^2 v}{\partial y^2} = 0 \tag{3.9}$$

在数学上把具有这种性质的函数称作调和函数.

定义 3.4　在区域 D 内有二阶连续编导数的二元函数 $H(x,y)$ 称作区域 D 内的调和函数，如果 $H(x,y)$ 在区域 D 内满足 Laplace 方程 $\Delta H(x,y) = 0$，其中 $\Delta = \dfrac{\partial^2}{\partial x^2} + \dfrac{\partial^2}{\partial y^2}$ 称作 Laplace 算子.

定义 3.5　如果在区域 D 内两个调和函数 u 和 v 满足 C.-R. 条件 (3.8) 式，则称 v 是 u 的共轭调和函数.

定理 3.18　设 $f(z) = u + iv$ 是区域 D 内的解析函数，则 v 是 u 的共轭调和函数.

一般来说，对区域 D 内的调和函数 u，其共轭调和函数不一定存在，但当 D 为单连通区域时，D 内调和函数 u 的共轭调和函数 v 一定存在，且 $f(z) = u + iv$ 在区域 D 内解析. 一个自然的问题是：给定单连通区域 D 内的调和函数 u（或 v），如何确定区域 D 内的解析函数 $f(z)$，使得 $\operatorname{Re} f(z) = u$（或 $\operatorname{Im} f(z) = v$）？

例 3.12　已知 $u(x,y) = y^3 - 3x^2 y$，证明 $u(x,y)$ 为调和函数并求以 $u(x,y)$ 为实部的解析函数 $f(z)$，使得 $f(0) = \mathrm{i}$.

解　由 $u(x,y) = y^3 - 3x^2 y$，可得

$$\frac{\partial u}{\partial x} = -6xy,\frac{\partial u}{\partial y} = 3y^2 - 3x^2,\frac{\partial^2 u}{\partial x^2} = -6y,\frac{\partial^2 u}{\partial y^2} = 6y$$

于是有 $\dfrac{\partial^2 u}{\partial x^2} + \dfrac{\partial^2 u}{\partial y^2} = 0$，即 $u(x,y)$ 为调和函数.

下面用三种不同的方法来求以 $u(x,y)$ 为实部的解析函数 $f(z)$，为此，只需求出 u 的共轭调和函数 v 即可.

方法 1：偏微分法.

一般原理：已知 u 为区域 $D \subset \mathbb{C}$ 内某解析函数 $f(z)$ 的实部，由 C.-R. 条件，$\dfrac{\partial v}{\partial y} = \dfrac{\partial u}{\partial x}$，可得

$$v(x,y) = \int \frac{\partial u}{\partial x} \mathrm{d}y = \varphi(x,y) + g(x)$$

再由 $\dfrac{\partial v}{\partial x} = -\dfrac{\partial u}{\partial y}$，得 $\varphi_x(x,y) + g'(x) = -\dfrac{\partial u}{\partial y}$，于是

$$g(x) = \int \left(-\frac{\partial u}{\partial y} - \varphi_x(x,y) \right) \mathrm{d}x + c$$

从而得以 $u(x,y)$ 为实部的解析函数 $f(z) = u(x,y) + \mathrm{i}v(x,y)$.

例如：由 $\dfrac{\partial v}{\partial y} = \dfrac{\partial u}{\partial x} = -6xy$，可得 $v(x,y) = \displaystyle\int -6xy \mathrm{d}y = -3xy^2 + g(x)$，$\dfrac{\partial v}{\partial x} = -3y^2 + g'(x)$，再由 $\dfrac{\partial v}{\partial x} = -\dfrac{\partial u}{\partial y}$，得 $-3y^2 + g'(x) = -3y^2 + 3x^2$，于是 $g(x) = \displaystyle\int 3x^2 \mathrm{d}x = x^3 + c$，因此，$v(x,y) = x^3 - 3xy^2 + c$，故

$$f(z) = u(x,y) + \mathrm{i}v(x,y) = y^3 - 3x^2y + \mathrm{i}(x^3 - 3xy^2 + c) = \mathrm{i}(z^3 + c)$$

由 $f(0) = \mathrm{i}$，得 $c = 1$，由此得所求解析函数为 $f(z) = \mathrm{i}(z^3 + 1)$.

方法 2：线积分法.

一般原理：设 u 为区域 $D \subset \mathbb{C}$ 内的解析函数 $f(z)$ 的实部，由于 u 为调和函数，则 $\dfrac{\partial^2 u}{\partial x^2} + \dfrac{\partial^2 u}{\partial y^2} = 0$，

即 $\dfrac{\partial}{\partial y} \left(-\dfrac{\partial u}{\partial y} \right) = \dfrac{\partial}{\partial x} \left(\dfrac{\partial u}{\partial x} \right)$，由此可知 $-\dfrac{\partial u}{\partial y} \mathrm{d}x + \dfrac{\partial u}{\partial x} \mathrm{d}y$ 必为某一个二元函数 v 的全微分：

$$\mathrm{d}v = -\frac{\partial u}{\partial y} \mathrm{d}x + \frac{\partial u}{\partial x} \mathrm{d}y = \frac{\partial v}{\partial x} \mathrm{d}x + \frac{\partial v}{\partial y} \mathrm{d}y$$

于是有 $\dfrac{\partial u}{\partial x} = \dfrac{\partial v}{\partial y}$，$\dfrac{\partial u}{\partial y} = -\dfrac{\partial v}{\partial x}$，从而 $u + \mathrm{i}v$ 必为一解析函数，而

$$v = \int_{(x_0, y_0)}^{(x,y)} -\frac{\partial u}{\partial y} \mathrm{d}x + \frac{\partial u}{\partial x} \mathrm{d}y + c$$

其中 c 为常数，(x_0, y_0) 为 D 内某一点.

例如：$u(x,y) = y^3 - 3x^2y$，由全微分定义及 C.-R. 条件可得

$$\mathrm{d}v = -\frac{\partial u}{\partial y} \mathrm{d}x + \frac{\partial u}{\partial x} \mathrm{d}y = (-3y^2 + 3x^2) \mathrm{d}x - 6xy \mathrm{d}y = \frac{\partial v}{\partial x} \mathrm{d}x + \frac{\partial v}{\partial y} \mathrm{d}y$$

则

$$\begin{aligned}
v &= \int_{(0,0)}^{(x,y)} (-3y^2 + 3x^2) \mathrm{d}x - 6xy \mathrm{d}y + c \\
&= \int_{(0,0)}^{(x,0)} (-3y^2 + 3x^2) \mathrm{d}x - 6xy \mathrm{d}y + \int_{(x,0)}^{(x,y)} (-3y^2 + 3x^2) \mathrm{d}x - 6xy \mathrm{d}y + c \\
&= \int_0^x 3x^2 \mathrm{d}x + \int_0^y -6xy \mathrm{d}y + c = x^3 - 3xy^2 + c
\end{aligned}$$

然后由方法 1 可得 $f(z) = \mathrm{i}(z^3 + 1)$.

方法 3：不定积分法.

一般原理：解析函数的无穷可微性告诉我们，解析函数 $f(z) = u(x,y) + \mathrm{i}v(x,y)$ 的导函数 $f'(z)$ 仍是解析函数，若已知调和函数 u，则由导函数公式，可得 $f'(z)$ 的实部 $\dfrac{\partial u}{\partial x}$ 与虚部 $\left(-\dfrac{\partial u}{\partial y}\right)$，并且可把 $f'(z)$ 还原成 z 的函数，即有

$$f'(z) = \frac{\partial u}{\partial x} - \mathrm{i}\frac{\partial u}{\partial y} = U(z)$$

于是有

$$f(z) = \int U(z)\,\mathrm{d}z + c$$

其中 c 为纯虚常数.

例如：由 $u(x,y) = y^3 - 3x^2 y$，可得

$$f'(z) = \frac{\partial u}{\partial x} - \mathrm{i}\frac{\partial u}{\partial y} = -6xy + \mathrm{i}(-3y^2 + 3x^2) = 3\mathrm{i}(x^2 + 2xy\mathrm{i} - y^2) = 3\mathrm{i}z^2$$

故 $f(z) = \displaystyle\int 3\mathrm{i}z^2\,\mathrm{d}z + c = \mathrm{i}z^3 + c$，由 $f(0) = \mathrm{i}$，得 $c = \mathrm{i}$，由此得所求解析函数为 $f(z) = \mathrm{i}(z^3 + 1)$.

习题 3

1. 沿下列路线计算积分 $\displaystyle\int_0^{3+\mathrm{i}} z^2\,\mathrm{d}z$.

(1) 自原点到 $3+\mathrm{i}$ 的直线段；

(2) 自原点沿实轴至 3，再由 3 沿垂直向上至 $3+\mathrm{i}$；

(3) 自原点沿虚轴至 i，再由 i 沿水平方向右至 $3+\mathrm{i}$.

2. 分别沿 $y = x$ 与 $y = x^2$ 算出积分 $\displaystyle\int_0^{1+\mathrm{i}} (x^2 + \mathrm{i}y)\,\mathrm{d}z$ 的值.

3. 计算积分 $\displaystyle\oint_C |z|\bar{z}\,\mathrm{d}z$，其中 C 是一条闭路，由直线段：$-1 \leqslant x \leqslant 1$，$y = 0$ 与上半单位圆周组成.

4. 证明下列不等式

(1) $\left|\displaystyle\int_C (x^2 + \mathrm{i}y^2)\,\mathrm{d}z\right| \leqslant 2$，其中 C 是从 $-\mathrm{i}$ 到 i 的直线段；

(2) $\left|\displaystyle\int_C (x^2 + \mathrm{i}y^2)\,\mathrm{d}z\right| \leqslant \pi$，其中 C 是从 $-\mathrm{i}$ 到 i 的右半圆周.

5. 设 $f(z)$ 在单连通区域 D 内解析，C 为 D 内任何一条正向简单闭曲线，问

$$\oint_C \mathrm{Re}[f(z)]\,\mathrm{d}z = \oint_C \mathrm{Im}[f(z)]\,\mathrm{d}z = 0$$

是否成立，如果成立，给出证明；如果不成立，举例说明.

6. 利用在单位圆上 $\bar{z} = \dfrac{1}{z}$ 的性质及柯西积分公式说明 $\displaystyle\oint_C \bar{z}\,\mathrm{d}z = 2\pi\mathrm{i}$，其中 C 表明单位圆周

$|z| = 1$, 且沿正向积分.

7. 计算积分 $\oint_C \dfrac{\bar{z}}{|z|} dz$ 的值, 其中 C 为正向圆周: $(1)\ |z| = 2$; $(2)\ |z| = 4$.

8. 直接得到下列积分的结果, 并说明理由.

$(1)\ \oint_{|z|=1} \dfrac{3z+5}{z^2+2z+4} dz$ $(2)\ \oint_{|z|=1} \dfrac{e^z}{\cos z} dz$

$(3)\ \oint_{|z|=2} e^z (z^2+1) dz$ $(4)\ \oint_{|z|=\frac{1}{2}} \dfrac{dz}{(z^2-1)(z^3-1)}$

9. 沿指定曲线的正向计算下列各积分.

$(1)\ \oint_C \dfrac{e^z}{z-2} dz,\ C: |z-2| = 1$

$(2)\ \oint_C \dfrac{\cos \pi z}{(z-1)^5} dz,\ C: |z| = r > 1$

$(3)\ \oint_C \dfrac{\sin z}{\left(z - \dfrac{\pi}{2}\right)^2} dz,\ C: |z| = 2$

$(4)\ \oint_C \dfrac{dz}{(z^2+1)(z^2+4)},\ C: |z| = \dfrac{3}{2}$

$(5)\ \oint_C \dfrac{3z^2+7z+1}{(z+1)^3} dz,\ C: |z+i| = 1$

$(6)\ \oint_C \dfrac{dz}{z^2-a^2},\ C: |z-a| = a \quad (a > 0)$

$(7)\ \oint_C \dfrac{\cos z}{z^3} dz$, 其中 $C = C_1 + C_2^-, C_1: |z| = 2, C_2: |z| = 3$

$(8)\ \oint_C \dfrac{e^z}{(z-a)^3} dz$, 其中 a 为 $|a| \neq 1$ 的任何复数, $C: |z| = 1$

$(9)\ \oint_C \dfrac{e^{-z} \sin z}{z^2} dz,\ C: |z-i| = 2$

$(10)\ \oint_C \dfrac{3z+2}{z^4-1} dz,\ C: |z-(1+i)| = \sqrt{2}$

10. 设 C 为不经过 a 与 $-a$ 的正向简单闭曲线, a 为不等于零的任何复数, 试就 a 与 $-a$ 同 C 的各种不同位置, 计算积分 $\oint_C \dfrac{z}{z^2-a^2} dz$.

11. 设 $f(z)$ 与 $g(z)$ 在区域 D 内处处解析, C 为 D 内任何一条简单光滑闭曲线, 它的内部全属于 D。如果 $f(z) = g(z)$ 在 C 上所有点都成立, 试证在 C 的内部所有点处 $f(z) = g(z)$ 也成立.

12. 验证下列函数是调和函数, 并求出以 $z = x + iy$ 为自变量的解析函数 $w = f(z) = u + iv$.

$(1)\ v = \arctan \dfrac{y}{x} \quad (x > 0)$

$(2)\ u = e^x (y \cos y + x \sin y) + x + y, f(0) = i$

$(3)\ u = (x-y)(x^2+4xy+y^2)$

$(4)\ v = \dfrac{y}{x^2+y^2}, f(2) = 0$

13. 设 u 为区域 D 中的调和函数及 $f(z) = \dfrac{\partial u}{\partial x} - \mathrm{i}\dfrac{\partial u}{\partial y}$，$f$ 是否是 D 内解析函数？为什么？

14. 函数 $v = x + y$ 是 $u = x + y$ 的共轭调和函数吗？为什么？

15. 如果 $f(z) = u + \mathrm{i}v$ 是一解析函数，试证：

（1）$\overline{\mathrm{i}\,\overline{f(z)}}$ 也是解析函数；

（2）$-u$ 是 v 的共轭调和函数.

16. 证明 $u = x^2 - y^2$ 和 $v = \dfrac{y}{x^2+y^2}$ 都是调和函数，但 $u + \mathrm{i}v$ 不是解析函数.

17. 如果 $f(z) = u + \mathrm{i}v$ 是 z 的解析函数，证明：

（1）$\left(\dfrac{\partial^2}{\partial x^2} + \dfrac{\partial^2}{\partial y^2}\right)|f(z)|^2 = 4|f'(z)|^2$

18. 证明：若 $f(z)$ 在单位圆 $|z| < 1$ 内解析，$|f(z)| \leqslant \dfrac{1}{1-|z|}$，则

$$|f^{(n)}(0)| < \mathrm{e}(n+1)!,\ n = 1,2,\cdots$$

19. 设 $f(z)$ 在单连通区域 D 内解析，且不为零，C 为 D 内任何一条简单光滑闭曲线，问积分 $\displaystyle\oint_C \dfrac{f'(z)}{f(z)}\mathrm{d}z$ 是否为零？为什么？

第 **4** 章
解析函数的级数展开及其应用

在微积分中,用多项式逼近函数是一个重要的思想,在复分析里,复级数也是研究解析函数的又一重要工具. 后面我们将看到,一个函数在一点解析与否与它能否在该点展开成幂级数是等价的,由此出发,可发现解析函数的一些重要性质.

本章首先介绍复数项级数和复变函数项级数的一些基本概念与性质;其次介绍幂级数的概念及其收敛性的判别、解析函数的 Taylor 级数和 Laurent 级数展开;最后应用 Taylor 级数与 Laurent 级数研究解析函数的一些性质.

4.1 复级数的概念及基本性质

4.1.1 复数数列

与实数列一样,把顺序排列的一串复数:

$$z_1, z_2, \cdots, z_n, \cdots$$

称为复数列,记为 $\{z_n\}$($n = 1, 2, \cdots$),z_n 称为数列的通项或一般项.

定义 4.1 设 $\{z_n\}$($n = 1, 2, \cdots$)为一复数列,$z \in \mathbb{C}$. 如果对任意 $\varepsilon > 0$,存在自然数 N,当 $n > N$ 时,有

$$|z_n - z| < \varepsilon$$

则 z 称为复数列 $\{z_n\}$ 的**极限**,记为

$$\lim_{n \to \infty} z_n = z$$

此时也称复数列 $\{z_n\}$ **收敛**于 z. 如果复数列 $\{z_n\}$ 没有极限,则称 $\{z_n\}$ **发散**.

定理 4.1 假设 $z_n = x_n + \mathrm{i} y_n$,$z = x + \mathrm{i} y$,则 $\lim_{n \to \infty} z_n = z$ 的充分必要条件是 $\lim_{n \to \infty} x_n = x$ 且 $\lim_{n \to \infty} y_n = y$.

证 必要性由 $|x_n - x| \leqslant |z_n - z|$,$|y_n - y| \leqslant |z_n - z|$ 即得,充分性由

$$|z_n - z| \leqslant |x_n - x| + |y_n - y|$$

可知. 证毕.

例 4.1 复数列 $z_n = \dfrac{1}{n^2} + 2\mathrm{i}$($n = 1, 2, \cdots$)收敛于 $2\mathrm{i}$,因为

$$\lim_{n \to \infty}\left(\frac{1}{n^2} + 2i\right) = \lim_{n \to \infty}\frac{1}{n^2} + i\lim_{n \to \infty}2 = 0 + i \cdot 2 = 2i$$

收敛的复数列与收敛实数列有类似的性质,比如:

①收敛复数列 $\{z_n\}$ 的极限是唯一的;

②收敛复数列 $\{z_n\}$ 一定有界,即存在正数 M,使得 $|z_n| \leq M$ 对任意自然数 n 成立.

4.1.2 复数项级数

定义 4.2 设 $\{z_n\}$ 为复数列,定义

$$\sum_{n=1}^{\infty} z_n = z_1 + z_2 + \cdots + z_n + \cdots$$

为复数项级数,如果其部分和数列

$$S_n = \sum_{k=1}^{n} z_k = z_1 + z_2 + \cdots + z_n \quad (n = 1, 2, \cdots)$$

收敛于有穷复数 S,则称复数项级数 $\displaystyle\sum_{n=1}^{\infty} z_n$ **收敛**于 S,且称 S 是该级数的**和**,此时记为

$$\sum_{n=1}^{\infty} z_n = S$$

如果部分和数列 $\{S_n\}$ 发散,则称复数项级数 $\displaystyle\sum_{n=1}^{\infty} z_n$ **发散**.

利用复数数列的知识,可得到复数项级数的一系列结论,列举如下.

定理 4.2 假设 $z_n = x_n + iy_n (n = 1, 2, \cdots)$,则 $\displaystyle\sum_{n=1}^{\infty} z_n$ 收敛的充分必要条件是 $\displaystyle\sum_{n=1}^{\infty} x_n$ 和 $\displaystyle\sum_{n=1}^{\infty} y_n$ 都收敛.

证 因为 $S_n = \displaystyle\sum_{k=1}^{n} z_k = \sum_{k=1}^{n} x_k + i\sum_{k=1}^{n} y_k$,由定理 4.1 及级数收敛的定义即知定理结论成立.

例 4.2 讨论级数 $\displaystyle\sum_{n=1}^{+\infty}\left(\frac{1}{n} + \frac{1}{n^2}i\right)$ 的敛散性.

解 因为 $\displaystyle\sum_{n=1}^{+\infty}\frac{1}{n}$ 发散,故原级数发散.

由定理 4.2 及实数项级数收敛的必要条件易得下面结论.

定理 4.3 $\displaystyle\sum_{n=1}^{\infty} z_n$ 收敛的必要条件是 $\lim_{n \to \infty} z_n = 0$.

定理 4.4 若 $\displaystyle\sum_{n=1}^{+\infty} |z_n|$ 收敛,则 $\displaystyle\sum_{n=1}^{+\infty} z_n$ 收敛.

证 假设 $z_n = x_n + iy_n (n = 1, 2, \cdots)$,则 $|x_n| \leq |z_n|$,$|y_n| \leq |z_n| (n = 1, 2, \cdots)$,因 $\displaystyle\sum_{n=1}^{+\infty} |z_n|$ 收敛,由正项级数的收敛判别法知 $\displaystyle\sum_{n=1}^{\infty} x_n$ 和 $\displaystyle\sum_{n=1}^{\infty} y_n$ 都绝对收敛,再由定理 4.2 知 $\displaystyle\sum_{n=1}^{+\infty} z_n$ 收敛.

定义 4.3 若 $\displaystyle\sum_{n=1}^{+\infty} |z_n|$ 收敛,则称 $\displaystyle\sum_{n=1}^{+\infty} z_n$ **绝对收敛**,若 $\displaystyle\sum_{n=1}^{+\infty} z_n$ 收敛,而 $\displaystyle\sum_{n=1}^{+\infty} |z_n|$ 发散,则称 $\displaystyle\sum_{n=1}^{+\infty} z_n$

条件收敛.

定理 4.5　假设 $z_n = x_n + iy_n (n = 1, 2, \cdots)$，则 $\sum\limits_{n=1}^{\infty} z_n$ 绝对收敛的充分必要条件是 $\sum\limits_{n=1}^{\infty} x_n$ 和 $\sum\limits_{n=1}^{\infty} y_n$ 都绝对收敛.

证　**必要性**　因为 $|x_n| \leq |z_n|, |y_n| \leq |z_n| (n = 1, 2, \cdots)$，故由 $\sum\limits_{n=1}^{\infty} z_n$ 绝对收敛可推得 $\sum\limits_{n=1}^{\infty} x_n$ 和 $\sum\limits_{n=1}^{\infty} y_n$ 绝对收敛.

充分性　由 $\sum\limits_{n=1}^{\infty} x_n$ 和 $\sum\limits_{n=1}^{\infty} y_n$ 绝对收敛知 $\sum\limits_{n=1}^{+\infty} (|x_n| + |y_n|)$ 收敛，又 $|z_n| \leq |x_n| + |y_n|$，从而 $\sum\limits_{n=1}^{+\infty} |z_n|$ 收敛，即 $\sum\limits_{n=1}^{\infty} z_n$ 绝对收敛.

收敛复级数有下述性质，其证明与实数项级数完全相同.

①设 $\sum\limits_{n=1}^{+\infty} u_n$，$\sum\limits_{n=1}^{+\infty} v_n$ 收敛，α, β 为常数，则 $\sum\limits_{n=1}^{+\infty} (\alpha u_n + \beta v_n)$ 收敛，且

$$\sum_{n=1}^{+\infty} (\alpha u_n + \beta v_n) = \alpha \sum_{n=1}^{+\infty} u_n + \beta \sum_{n=1}^{+\infty} v_n$$

②设 $\sum\limits_{n=0}^{+\infty} u_n$，$\sum\limits_{n=0}^{+\infty} v_n$ 绝对收敛，则它的 Cauchy 乘积 $\sum\limits_{n=0}^{+\infty} \sum\limits_{k=0}^{n} u_k v_{n-k}$ 也绝对收，且

$$\sum_{n=0}^{+\infty} \sum_{k=0}^{n} u_k v_{n-k} = \sum_{n=0}^{+\infty} u_n \cdot \sum_{n=0}^{+\infty} v_n$$

4.1.3　复变函数项级数

定义 4.4　设 $\{f_n(z)\} (n = 1, 2, \cdots)$ 是定义在平面点集 E 上的复变函数列，称

$$\sum_{n=1}^{\infty} f_n(z) = f_1(z) + f_2(z) + \cdots + f_n(z) + \cdots \tag{4.1}$$

为点集 E 上的（复变）**函数项级数**，$S_n(z) = \sum\limits_{k=1}^{n} f_k(z)$ 称为**部分和函数**. 如果对 $z_0 \in E$，$\sum\limits_{n=1}^{\infty} f_n(z_0)$ 收敛，称 z_0 为级数式 (4.1) 的一个**收敛点**. 收敛点的全体称为函数项级数的**收敛域**. 在收敛域内级数收敛于一个复变函数 $f(z)$，称 $f(z)$ 为级数式 (4.1) 的**和函数**，记为 $f(z) = \sum\limits_{n=1}^{\infty} f_n(z)$.

例 4.3　讨论 $\sum\limits_{n=0}^{\infty} z^n$ 的收敛域，并求出和函数.

解　当 $|z| \geq 1$ 时，$\lim\limits_{n \to +\infty} z^n \neq 0$，故 $\sum\limits_{n=0}^{\infty} z^n$ 发散；

当 $|z| < 1$ 时，$\lim\limits_{n \to +\infty} z^n = 0$，又部分和函数

$$S_n(z) = \sum_{k=0}^{n-1} z^k = 1 + z + \cdots + z^{n-1} = \frac{1 - z^n}{1 - z}$$

故和函数为 $S(z) = \lim\limits_{n \to +\infty} S_n(z) = \dfrac{1}{1-z}$，于是 $\sum\limits_{n=0}^{\infty} z^n$ 的收敛域为 $|z| < 1$.

定理 4.6 设 $\{f_n(z)\}(n=1,2,\cdots)$ 是定义在平面点集 E 上的复变函数列,对充分大的 n,存在正数列 $M_n(n=1,2,\cdots)$ 使得

$$|f_n(z)| \leqslant M_n \quad (n=1,2,\cdots,z \in E)$$

如果正项级数 $\sum\limits_{n=1}^{+\infty} M_n$ 收敛,则 $\sum\limits_{n=1}^{+\infty} f_n(z)$ 在 E 上绝对收敛.

证 由正项级数的比较原理知 $\sum\limits_{n=1}^{+\infty}|f_n(z)|$ 在 E 上收敛,从而 $\sum\limits_{n=1}^{+\infty}f_n(z)$ 在 E 上绝对收敛.

4.2 幂级数

4.2.1 幂级数收敛圆及收敛半径

幂级数是形式最简单的函数项级数,称形如

$$\sum_{n=0}^{\infty} a_n(z-z_0)^n = a_0 + a_1(z-z_0) + a_2(z-z_0)^2 + \cdots + a_n(z-z_0)^n + \cdots \qquad (4.2)$$

的函数项级数为**幂级数**,其中 a_n,z_0 是复常数,特别当 $z_0=0$ 时,式(4.2)变成如下的特殊形式

$$\sum_{n=0}^{\infty} a_n z^n = a_0 + a_1 z + a_2 z^2 + \cdots + a_n z^n + \cdots \qquad (4.3)$$

为了研究上述级数的收敛域,首先介绍下面的 Abel 定理.

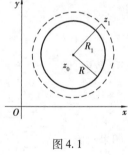

图 4.1

定理 4.7(Abel 定理) 若幂级数式(4.2)在 $z=z_1(\neq z_0)$ 时收敛,则它在开圆盘 $|z-z_0| < |z_1-z_0|$ 内任一点绝对收敛(图 4.1).

证 因为级数 $\sum\limits_{n=0}^{\infty} a_n(z_1-z_0)^n(z_1 \neq z_0)$ 收敛,所以 $\lim\limits_{n \to \infty} a_n(z_1-z_0)^n = 0$,从而 $\{a_n(z_1-z_0)^n\}$ 为有界数列,即 $\exists M > 0$,使得

$$|a_n(z_1-z_0)^n| \leqslant M \quad (n=0,1,2,\cdots)$$

设 $|z-z_0| < |z_1-z_0|$,则 $\left|\dfrac{z-z_0}{z_1-z_0}\right| = \rho < 1$,注意到

$$|a_n(z-z_0)^n| = |a_n(z_1-z_0)^n| \left|\frac{z-z_0}{z_1-z_0}\right|^n \leqslant M\rho^n \quad (n=0,1,2,\cdots)$$

而级数 $\sum\limits_{n=0}^{\infty} M\rho^n(\rho < 1)$ 收敛.由定理 4.6 知,级数 $\sum\limits_{n=0}^{\infty} a_n(z-z_0)^n$ 在开圆盘 $|z-z_0| < |z_1-z_0|$ 内绝对收敛,证毕.

推论 4.8 若幂级数(4.2)在 $z=z_2(\neq z_0)$ 时发散,则它在区域 $|z-z_0| > |z_2-z_0|$ 内任一点发散.

事实上,若存在 $\tilde{z}$ 使得 $|\tilde{z}-z_0| > |z_2-z_0|$,且 $\sum\limits_{n=0}^{\infty} a_n(\tilde{z}-z_0)^n$ 收敛,则由定理 4.7 知级数 $\sum\limits_{n=0}^{\infty} a_n(z-z_0)^n$ 在 $|z-z_0| < |\tilde{z}-z_0|$ 内绝对收敛,特别在 z_2 处收敛,与推论的条件矛盾.

由上面的讨论知,幂级数(4.2)可分为三类:

①幂级数式(4.2)仅在 $z = z_0$ 处收敛. 比如 $\sum\limits_{n=1}^{\infty} n^n (z - z_0)^n$, 因为当 $z \neq z_0$ 时, $\lim\limits_{n \to +\infty} n^n (z - z_0)^n \neq 0$, 此时级数发散.

②幂级数式(4.2)在全平面 I 上处处收敛. 比如 $\sum\limits_{n=1}^{\infty} \dfrac{1}{n^n} (z - z_0)^n$, 因为 n 充分大时, 对任意有穷复数 z 有 $\left| \dfrac{z - z_0}{n} \right| \leqslant \dfrac{1}{2}$, 故

$$\left| \frac{(z - z_0)^n}{n^n} \right| \leqslant \frac{1}{2^n}$$

由定理4.6知 $\sum\limits_{n=1}^{\infty} \dfrac{1}{n^n} (z - z_0)^n$ 在全平面 I 上绝对收敛.

③存在 z_1, 使幂级数(4.2)在 z_1 处收敛, 又存在 z_2, 使幂级数(4.2)在 z_2 处发散, 由 Abel 定理及推论可知, 此时一定存在实数 $R > 0$, 使得

a. 当 $|z - z_0| < R$ 时, 幂级数(4.2)收敛;

b. 当 $|z - z_0| > R$ 时, 幂级数(4.2)发散.

定义 4.5　如果存在 $R : 0 \leqslant R \leqslant +\infty$, 使得当 $|z - z_0| < R$ 时, 幂级数式(4.2)收敛; 当 $|z - z_0| > R$ 时, 幂级数式式(4.2)发散, 则称 R 为幂级数式(4.2)的**收敛半径**, 而圆盘 $|z - z_0| < R$ 称为幂级数式(4.2)的**收敛圆**.

注: 若幂级数式(4.2)的收敛半径为 R, 则在圆周 $|z - z_0| = R$ 上, 幂级数式(4.2)可能收敛可能发散.

下面的定理给出了求收敛半径的方法, 其证明完全类似于实函数的情形.

定理 4.9　如果幂级数式(4.2)的系数满足

$$\lim_{n \to \infty} \left| \frac{a_{n+1}}{a_n} \right| = l$$

则幂级数式(4.2)的收敛半径

$$R = \begin{cases} \dfrac{1}{l} & (l \neq 0, l \neq +\infty) \\ 0 & (l = +\infty) \\ +\infty & (l = 0) \end{cases}$$

定理 4.10　如果幂级数式(4.2)的系数满足

$$\lim_{n \to \infty} \sqrt[n]{|a_n|} = l \, (\text{Cauchy})$$

则幂级数式(4.2)的收敛半径

$$R = \begin{cases} \dfrac{1}{l} & (l \neq 0, l \neq +\infty) \\ 0 & (l = +\infty) \\ +\infty & (l = 0) \end{cases}$$

例 4.4　求幂级数 $\sum\limits_{n=1}^{\infty} \dfrac{z^n}{n(n+1)}$ 的收敛半径与收敛域.

解　因为 $\lim\limits_{n \to \infty} \left| \dfrac{a_{n+1}}{a_n} \right| = \lim\limits_{n \to \infty} \dfrac{n}{n+2} = 1$, 故原级数的收敛半径 $R = 1$, 即收敛圆为 $|z| < 1$. 而当

$|z|=1$ 时，因 $\left|\dfrac{z^n}{n(n+1)}\right| \leqslant \dfrac{1}{n^2}$，而 $\sum\limits_{n=1}^{\infty} \dfrac{1}{n^2}$ 收敛，由定理 4.6 知 $\sum\limits_{n=1}^{\infty} \dfrac{z^n}{n(n+1)}$ 在 $|z|=1$ 上处处收敛，故它的收敛域为 $|z| \leqslant 1$.

例 4.5　求幂级数 $\sum\limits_{n=0}^{\infty}(\cos in)(z-1)^n$ 的收敛半径与收敛域.

解　因为

$$\lim_{n \to \infty}\left|\frac{a_{n+1}}{a_n}\right| = \lim_{n \to \infty}\left|\frac{\cos i(n+1)}{\cos in}\right| = \lim_{n \to \infty}\left|\frac{e^{-(n+1)}+e^{(n+1)}}{e^{-n}+e^n}\right| = e$$

故原级数的收敛半径 $R = \dfrac{1}{e}$，即收敛圆为 $|z-1| < \dfrac{1}{e}$. 当 $|z-1| = \dfrac{1}{e}$ 时，因为

$$\lim_{n \to \infty}|(\cos in)(z-1)^n| = \lim_{n \to \infty}\frac{e^{-n}+e^n}{2}\cdot\frac{1}{e^n} = \frac{1}{2} \neq 0$$

故 $\lim\limits_{n \to \infty}(\cos in)(z-1)^n \neq 0$，由级数收敛的必要条件知 $\sum\limits_{n=0}^{\infty}(\cos in)(z-1)^n$ 在 $|z-1| = \dfrac{1}{e}$ 上处处发散，从而原级数的收敛域即为收敛圆 $|z-1| < \dfrac{1}{e}$.

例 4.6　求幂级数 $\sum\limits_{n=1}^{\infty}\dfrac{(z-1)^{n-1}}{n}$ 的收敛半径，并讨论它在 $z=0$ 和 $z=2$ 处的敛散性.

解　因为 $\lim\limits_{n \to \infty}\sqrt[n]{|a_n|} = \lim\limits_{n \to \infty}\dfrac{1}{\sqrt[n]{n}} = 1$，故原级数的收敛半径 $R=1$，即收敛圆为 $|z-1| < 1$. 当 $z=2$ 时，原级数为 $\sum\limits_{n=1}^{\infty}\dfrac{1}{n}$，它是调和级数，故发散；当 $z=0$ 时，原级数为 $\sum\limits_{n=1}^{\infty}\dfrac{(-1)^{n-1}}{n}$，由交错级数的 Leibniz 判别法知级数收敛，即在收敛圆的边界 $|z-1|=1$ 上，原级数既有收敛点，也有发散点.

4.2.2　幂级数的性质

(1) 幂级数的运算性质

设 $\sum\limits_{n=0}^{\infty} a_n(z-z_0)^n$ 与 $\sum\limits_{n=0}^{\infty} b_n(z-z_0)^n$ 的收敛半径分别为 R_1 和 R_2，则

① $\alpha \sum\limits_{n=0}^{\infty} a_n(z-z_0)^n = \sum\limits_{n=0}^{\infty} \alpha a_n(z-z_0)^n$，$|z-z_0| < R_1$，$\alpha$ 为常数；

② $\sum\limits_{n=0}^{\infty} a_n(z-z_0)^n \pm \sum\limits_{n=0}^{\infty} b_n(z-z_0)^n$

$$= \sum_{n=0}^{\infty}(a_n \pm b_n)(z-z_0)^n,\ |z-z_0| < R = \min(R_1,R_2);$$

③ $\sum\limits_{n=0}^{\infty} a_n(z-z_0)^n \cdot \sum\limits_{n=0}^{\infty} b_n(z-z_0)^n = \sum\limits_{n=0}^{\infty} c_n(z-z_0)^n$，$|z-z_0| < R = \min(R_1,R_2)$，其中 $c_n = \sum\limits_{k=0}^{n} a_k b_{n-k}$.

(2) 幂级数的分析性质

定理 4.11　设幂级数 $\sum\limits_{n=0}^{\infty} a_n(z-z_0)^n$ 的收敛半径为 R，和函数为 $S(z)$，则

①$S(z)$在$|z-z_0|<R$内解析,且$S(z)$可逐项求导

$$S^{(k)}(z) = \sum_{n=k}^{\infty} n(n-1)\cdots(n-k+1)a_n(z-z_0)^{n-k}(k=1,2,\cdots)$$

②$S(z)$在$|z-z_0|<R$内可逐项积分,即对收敛圆内任一点z有

$$\int_{z_0}^{z} S(z)\mathrm{d}z = \sum_{n=0}^{\infty}\int_{z_0}^{z} c_n(z-z_0)^n\mathrm{d}z = \sum_{n=0}^{\infty}\frac{c_n}{n+1}(z-z_0)^{n+1}$$

证明从略.

4.2.3　Taylor 级数

定理 4.11 表明幂级数式(4.2)的和函数$S(z)$在收敛圆$|z-z_0|<R$内解析,一个自然的问题是,圆内解析的函数能表达成幂级数吗? 下面的 Taylor 定理肯定地回答了此问题.

定理 4.12(Taylor 定理)　设$f(z)$在圆$N_R(z_0) = \{z: |z-z_0|<R\}$内解析,则$f(z)$在$N_R(z_0)$内可展开成幂级数

$$f(z) = \sum_{n=0}^{\infty} a_n(z-z_0)^n \qquad |z-z_0|<R \tag{4.4}$$

其中

$$a_n = \frac{1}{2\pi\mathrm{i}}\int_{\Gamma_\rho}\frac{f(\xi)}{(\xi-z_0)^{n+1}}\mathrm{d}\xi = \frac{f^{(n)}(z_0)}{n!} \qquad n=0,1,2,\cdots \tag{4.5}$$

$\Gamma_\rho: |\xi-z_0|=\rho, 0<\rho<R$,并且展式(4.4)是唯一的.

证　取$\rho: 0<\rho<R$,并令$\Gamma_\rho: |\xi-z_0|=\rho$,使得$z$落在$\Gamma_\rho$的内部(图 4.2),则由 Cauchy 积分公式,得

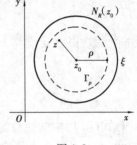

$$f(z) = \frac{1}{2\pi\mathrm{i}}\oint_{\Gamma_\rho}\frac{f(\xi)}{\xi-z}\mathrm{d}\xi, \qquad |z-z_0|<\rho$$

因为$\left|\dfrac{z-z_0}{\xi-z_0}\right| = \dfrac{|z-z_0|}{\rho}<1$,故由例 4.3 可知

$$\frac{1}{\xi-z} = \frac{1}{\xi-z_0-(z-z_0)} = \frac{1}{(\xi-z_0)\left(1-\dfrac{z-z_0}{\xi-z_0}\right)}$$

$$= \frac{1}{\xi-z_0}\sum_{n=0}^{\infty}\left(\frac{z-z_0}{\xi-z_0}\right)^n$$

图 4.2

于是由 Cauchy 导数公式得

$$f(z) = \frac{1}{2\pi\mathrm{i}}\oint_{\Gamma_\rho}\sum_{n=0}^{\infty}\frac{(z-z_0)^n}{(\xi-z_0)^{n+1}}f(\xi)\mathrm{d}\xi$$

$$= \sum_{n=0}^{N-1}\left[\frac{1}{2\pi\mathrm{i}}\oint_{\Gamma_\rho}\frac{f(\xi)}{(\xi-z_0)^{n+1}}\mathrm{d}\xi\right](z-z_0)^n + \frac{1}{2\pi\mathrm{i}}\oint_{\Gamma_\rho}\sum_{n=N}^{+\infty}\left[\frac{f(\xi)}{(\xi-z_0)^{n+1}}(z-z_0)^n\right]\mathrm{d}\xi$$

$$= \sum_{n=0}^{N-1}\frac{f^{(n)}(z_0)}{n!}(z-z_0)^n + R_N(z) \tag{4.6}$$

其中

$$R_N(z) = \frac{1}{2\pi i} \oint_{\Gamma_\rho} \sum_{n=N}^{+\infty} \left[\frac{f(\xi)}{(\xi - z_0)^{n+1}} (z - z_0)^n \right] d\xi$$

令

$$\left| \frac{z - z_0}{\xi - z_0} \right| = \frac{|z - z_0|}{\rho} = q$$

则 q 与积分变量 ξ 无关且 $0 \leq q < 1$. 又 $f(z)$ 在 Γ_ρ 上连续,故存在常数 $M > 0$,使得 $|f(z)| \leq M$ 在 Γ_ρ 成立,于是

$$|R_N(z)| \leq \frac{1}{2\pi} \oint_{\Gamma_\rho} \sum_{n=N}^{+\infty} \left| \frac{f(\xi)}{(\xi - z_0)^{n+1}} (z - z_0)^n \right| ds$$

$$\leq \frac{1}{2\pi} \oint_{\Gamma_\rho} \sum_{n=N}^{+\infty} \left| \frac{f(\xi)}{\xi - z_0} \right| \left| \frac{z - z_0}{\xi - z_0} \right|^n ds$$

$$\leq \frac{1}{2\pi} \frac{M}{\rho} \sum_{n=N}^{+\infty} q^n \oint_{\Gamma_\rho} ds$$

$$= \frac{1}{2\pi} \frac{M}{\rho} \frac{q^N}{1-q} 2\pi\rho = \frac{Mq^N}{1-q}$$

故 $\lim\limits_{N \to +\infty} R_N(z) = 0$,在式(4.6)两端令 $N \to +\infty$,得式(4.4)和式(4.5),证毕.

最后证明展式(4.4)的唯一性.

设另有展式

$$f(z) = \sum_{n=0}^{\infty} a'_n (z - z_0)^n \quad (|z - z_0| < R)$$

则由幂级数性质(定理 4.11)有

$$a'_n = \frac{f^{(n)}(z_0)}{n!} = a_n \quad (n = 0, 1, 2, \cdots)$$

故展式是唯一的.

称式(4.4)中的级数为 $f(z)$ 在点 z_0 的 Taylor **展式**,称式(4.5)中的系数为其 Taylor **系数**,而等式(4.4)右边的级数称为 Taylor **级数**.

由 Taylor 定理可得到刻画解析函数的第四个等价命题.

定理 4.13 $f(z)$ 在区域 D 内解析的充要条件是 $f(z)$ 在区域 D 内任何一点 z_0 的某个邻域内可展成 $z - z_0$ 的幂级数.

推论 4.14 $f(z)$ 在点 a 解析的充要条件是 $f(z)$ 在点 a 的某个邻域内可展成 $z - a$ 的幂级数

$$f(z) = \sum_{n=0}^{\infty} a_n (z - a)^n \quad |z - a| < R$$

其中收敛半径 R 为从 a 到 $f(z)$ 的距 a 最近的奇点的距离.

下面应用 Taylor 定理来求一些初等函数的 Taylor 展式,这种方法称为**直接展开法**.

例 4.7 求 $f(z) = e^z$ 在 $z_0 = 0$ 处的 Taylor 级数.

解 因为 $f(z) = e^z$ 在全平面上解析且

$$a_n = \frac{f^{(n)}(0)}{n!} = \frac{1}{n!} (n = 0,1,\cdots)$$

故

$$\mathrm{e}^z = \sum_{n=0}^{\infty} \frac{z^n}{n!} \quad (|z| < +\infty) \tag{4.7}$$

有时我们也可以借助已知函数的展开式,利用幂级数的运算性质及和函数的分析性质来求另一些函数的 Taylor 级数,即**间接展开法**,下面举例说明这种方法:

例 4.8　求 $\sin z, \cos z$ 在 $z_0 = 0$ 处的 Taylor 级数.

解　利用 $f(z) = \sin z$ 的定义及展开式(4.7)得

$$\sin z = \frac{\mathrm{e}^{\mathrm{i}z} - \mathrm{e}^{-\mathrm{i}z}}{2\mathrm{i}}$$

$$= \frac{1}{2\mathrm{i}} \left[\sum_{n=0}^{\infty} \frac{(\mathrm{i}z)^n}{n!} - \sum_{n=0}^{\infty} \frac{(-\mathrm{i}z)^n}{n!} \right] = \frac{1}{2\mathrm{i}} \sum_{n=0}^{\infty} \left[1 - (-1)^n \right] \frac{\mathrm{i}^n z^n}{n!} \quad (|z| < +\infty)$$

但当 n 为偶数时 $1 - (-1)^n = 0$,于是

$$\sin z = \frac{1}{2\mathrm{i}} \sum_{n=0}^{\infty} \left[1 - (-1)^{2n+1} \right] \frac{\mathrm{i}^{2n+1} z^{2n+1}}{(2n+1)!} \quad (|z| < +\infty)$$

因为

$$1 - (-1)^{2n+1} = 2 \text{ 和 } \mathrm{i}^{2n+1} = (\mathrm{i}^2)^n \mathrm{i} = (-1)^n \mathrm{i}$$

所以有

$$\sin z = \sum_{n=0}^{\infty} (-1)^n \frac{z^{2n+1}}{(2n+1)!} \quad (|z| < +\infty) \tag{4.8}$$

应用定理 4.11 中的逐项微分性质,在等式(4.8)两边微分有

$$\cos z = \sum_{n=0}^{\infty} \frac{(-1)^n}{(2n+1)!} \frac{\mathrm{d}}{\mathrm{d}z} z^{2n+1} = \sum_{n=0}^{\infty} (-1)^n \frac{z^{2n}}{(2n)!}$$

即 $\cos z$ 在 $z_0 = 0$ 处的 Taylor 级数为

$$\cos z = \sum_{n=0}^{\infty} (-1)^n \frac{z^{2n}}{(2n)!} \quad (|z| < +\infty) \tag{4.9}$$

例 4.9　求 $\ln(1+z)$ 在 $z_0 = 0$ 处的 Taylor 级数.

解　因为 $\ln(1+z)$ 在 $z_0 = 0$ 处解析,且它的离 $z_0 = 0$ 最近的奇点为 $z_1 = -1$,故由推论 4.14 知它在 $|z| < 1$ 在内可展成关于 z 的幂级数.

由例 4.3 知

$$\frac{1}{1-z} = \sum_{n=0}^{\infty} z^n \quad (|z| < 1)$$

若在上式中用 $-z$ 代替 z,则有

$$\frac{1}{1+z} = \sum_{n=0}^{\infty} (-1)^n z^n \quad (|z| < 1) \tag{4.10}$$

在式(4.10)两端同时积分并应用定理 4.11 中逐项积分性质得

$$\ln(1+z) = \int_0^z \frac{1}{1+z} \mathrm{d}z = \sum_{n=0}^{\infty} \int_0^z (-1)^n z^n \mathrm{d}z = \sum_{n=0}^{\infty} \frac{(-1)^n z^{n+1}}{n+1} \quad (|z| < 1)$$

例 4.10　展开函数 $f(z) = \dfrac{z-1}{z^2}$ 成为 $z-1$ 的幂级数.

解 由 $\dfrac{1}{1+z} = \sum_{n=0}^{\infty} (-1)^n z^n$ （$|z| < 1$）得

$$\frac{1}{z} = \frac{1}{1+(z-1)} = \sum_{n=0}^{\infty} (-1)^n (z-1)^n \quad (|z-1| < 1)$$

$$f(z) = \frac{z-1}{z^2} = (z-1)\left(-\frac{1}{z}\right)' = -(z-1)\left[\frac{1}{1+(z-1)}\right]'$$

$$= -(z-1)\left[\sum_{n=0}^{\infty} (-1)^n (z-1)^n\right]'$$

$$= -(z-1)\sum_{n=0}^{\infty} (-1)^n n(z-1)^{n-1}$$

$$= \sum_{n=0}^{\infty} (-1)^{n+1} n(z-1)^n \quad (|z-1| < 1)$$

下面再举一个用**待定系数法**展开函数成 Taylor 级数的例子.

例 4.11 求 $(1+z)^\alpha$（α 为复数）的主值支在 $z_0 = 0$ 处的 Taylor 级数.

解 因为 $(1+z)^\alpha$ 的主值支 $f(z) = \mathrm{e}^{\alpha \ln(1+z)}$ 在 $|z| < 1$ 解析, 且在圆周 $|z| = 1$ 上有一个奇点 $z = -1$, 故必能展成 z 的幂级数

$$f(z) = \sum_{n=0}^{\infty} a_n z^n = a_0 + a_1 z + a_2 z^2 + \cdots + a_n z^n + \cdots \tag{4.11}$$

且收敛半径为 $R = 1$. 因为

$$f'(z) = \mathrm{e}^{\alpha \ln(1+z)} \frac{\alpha}{1+z} = f(z) \frac{\alpha}{1+z}$$

即 $(1+z)f'(z) = \alpha f(z)$, 将 $f(z)$ 用式 (4.11) 左端代入得

$$(1+z)(a_1 + 2a_2 z + 3a_3 z^2 + \cdots n a_n z^{n-1} + \cdots) = \alpha(a_0 + a_1 z + a_2 z^2 + \cdots a_n z^n + \cdots)$$

即

$$a_1 + (a_1 + 2a_2)z + (2a_2 + 3a_3)z^2 + \cdots [(n-1)a_{n-1} + n a_n]z^{n-1} + \cdots$$

$$= \alpha a_0 + \alpha a_1 z + \alpha a_2 z^2 + \cdots \alpha a_{n-1} z^{n-1} + \cdots$$

比较上式两端同次幂的系数得

$$a_1 = \alpha a_0 = \alpha f(0) = \alpha, a_2 = \frac{\alpha(\alpha-1)}{2!}, \cdots a_n = \frac{\alpha(\alpha-1)\cdots(\alpha-n+1)}{n!}, \cdots$$

于是

$$(1+z)^\alpha = 1 + \alpha z + \frac{\alpha(\alpha-1)}{2!}z^2 + \cdots + \frac{\alpha(\alpha-1)\cdots(\alpha-n+1)}{n!}z^n + \cdots, (|z| < 1)$$

也可用直接法求得上述展开式, 细节留给读者.

4.2.4 解析函数的唯一性定理

定义 4.6 如果 $f(z)$ 在点 $z = a$ 解析, 且有

$$f(a) = f'(a) = \cdots = f^{(m-1)}(a) = 0, f^{(m)}(a) \neq 0$$

则称 a 是解析函数 $f(z)$ 的 m **阶零点**.

定理 4.15 不恒为零的解析函数 $f(z)$ 以 a 为 m 阶零点的充要条件是

$$f(z) = (z-a)^m \varphi(z)$$

其中 $\varphi(z)$ 在点 $z = a$ 处解析且 $\varphi(a) \neq 0$.

证明　必要性:假设 $f(z)$ 以 a 为 m 阶零点,则由上述定义及 Talory 定理,在 a 的某个邻域 $|z - a| < R$ 内,有

$$f(z) = \frac{f^{(m)}(a)}{m!}(z - a)^m + \frac{f^{(m+1)}(a)}{(m+1)!}(z - a)^{m+1} + \cdots$$

$$= (z - a)^m \left[\frac{f^{(m)}(a)}{m!} + \frac{f^{(m+1)}(a)}{(m+1)!}(z - a) + \cdots \right]$$

$$= (z - a)^m \varphi(z)$$

其中 $\varphi(z) = \dfrac{f^{(m)}(a)}{m!} + \dfrac{f^{(m+1)}(a)}{(m+1)!}(z - a) + \cdots$ 在点 a 处解析且 $\varphi(a) = \dfrac{f^{(m)}(a)}{m!} \neq 0$.

充分性的证明留给读者.

例如 $f(z) = z - \sin z$ 以 $z = 0$ 为 3 阶零点. 这是因为

$$f(0) = f'(0) = f''(0) = 0, f'''(0) = 1 \neq 0$$

又如函数 $f(z) = (z+1)^2(z-3)^5$ 以 $z = -1$ 为 2 阶零点,这是因为

$$f(z) = (z + 1)^2 \varphi(z)$$

其中 $\varphi(z) = (z-3)^5$ 在点 $z = -1$ 处解析且 $\varphi(-1) \neq 0$. 同理可知 $f(z)$ 以 $z = 3$ 为 5 阶零点.

定理 4.16(解析函数零点的孤立性)　设 $f(z)$ 在 $|z - a| < R$ 内解析且以 a 为零点,则存在 $r(0 < r < R)$,使得 $f(z)$ 在 $N_r(a) \backslash \{a\}$ 内无零点,除非 $f(z) \equiv 0$.

证明　若 $f(z)$ 不恒为零,不失一般性,设 $f(z)$ 以 a 为 m 阶零点,则由定理 4.15 可知,

$$f(z) = (z - a)^m \varphi(z)$$

其中 $\varphi(z)$ 在点 $z = a$ 处解析且 $\varphi(a) \neq 0$,由此存在 a 的一个充分小的邻域 $N_r(a): |z - a| < r$,使得在 $N_r(a)$ 内,$\varphi(z) \neq 0$,从而在 $N_r(a) \backslash \{a\}$ 内,$f(z) \neq 0$. 上述定理表明不恒为常数的解析函数的零点是孤立的.

下面的唯一性定理揭示了解析函数深刻的内涵.

定理 4.17(解析函数的唯一性定理)　设 $f(z), g(z)$ 在区域 D 内解析,若存在点列 $\{a_n\} \subset D$,满足

① $\lim\limits_{n \to \infty} a_n = a$　$a \in D, a_n \neq a$;

② $f(a_n) = g(a_n)$;

则 $f(z) = g(z)(z \in D)$.

证明从略.

推论 4.18　一切在实轴上成立的恒等式,在复平面上也成立,只要这个恒等式的等号两边的函数在复平面上都是解析的.

例 4.12　试证 $\cos 2z = 1 - 2\sin^2 z$ 在全平面 I 上处处成立.

证　令 $f(z) = \cos 2z, g(z) = 1 - 2\sin^2 z$,则 $f(z), g(z)$ 在全平面 $\mathbb{C}$ 上处处解析,因为当 $z = \dfrac{1}{n}$ 为实数列时,有

① $\lim\limits_{n \to \infty} \dfrac{1}{n} = 0 \in \mathbb{C}, \dfrac{1}{n} \neq 0$;

② $f\left(\dfrac{1}{n}\right) = g\left(\dfrac{1}{n}\right)$.

由解析函数唯一性定理得 $f(z) = g(z)$.

4.3 双边幂级数表示及其应用

4.3.1 双边幂级数

形如

$$\cdots + \frac{a_{-n}}{(z-z_0)^n} + \cdots + \frac{a_{-1}}{z-z_0} + a_0 + a_1(z-z_0) + \cdots + a_n(z-z_0)^n + \cdots$$

的级数称为**双边幂级数**. 记为

$$\sum_{n=-\infty}^{\infty} a_n(z-z_0)^n \tag{4.12}$$

显然,双边幂级数由 $\sum_{n=0}^{\infty} a_n(z-z_0)^n$ 与 $\sum_{n=-\infty}^{-1} a_n(z-z_0)^n$ 两部分组成,对于前者,是幂级数,设其收敛半径为 R;而后者,作变换 $\xi = \dfrac{1}{z-z_0}$,则 $\sum_{n=-\infty}^{-1} a_n(z-z_0)^n = \sum_{n=1}^{+\infty} a_{-n}\xi^n$ 是关于 ξ 的幂级数,设其收敛半径为 $\dfrac{1}{r}$,从而 $\sum_{n=-\infty}^{-1} a_n(z-z_0)^n$ 在 $|z-z_0| > r$ 上绝对收敛.

当 $r < R$ 时,双边幂级数式(4.12)在圆环 $H: r < |z-z_0| < R$ 上绝对收敛于圆环 H 内解析的和函数.

一个自然的问题是,圆环内解析的函数能表达成双边幂级数吗? 下面的 Laurent 定理肯定地回答了此问题.

4.3.2 Laurent 级数

定理 4.19(Laurent 定理) 设 $f(z)$ 是圆环域 $H: r < |z-z_0| < R$ 内的解析函数,则 $\forall z \in H$,有

$$f(z) = \sum_{n=-\infty}^{\infty} c_n(z-z_0)^n \quad (r < |z-z_0| < R) \tag{4.13}$$

其中

$$c_n = \frac{1}{2\pi i}\oint_{\Gamma} \frac{f(\xi)\,\mathrm{d}\xi}{(\xi-z_0)^{n+1}} \quad (n = 0, \pm 1, \pm 2, \cdots) \tag{4.14}$$

Γ 为圆周 $|\xi-z_0| = \rho(r < \rho < R)$,并且展式(4.13)是唯一的.

证明 对 $\forall z \in H$,取 ρ_1, ρ_2,使得 $r < \rho_1 < |z-z_0| < \rho_2 < R$. 由 Cauchy 积分公式,得

$$f(z) = \frac{1}{2\pi i}\oint_{\Gamma_2} \frac{f(\xi)}{\xi-z}\mathrm{d}\xi - \frac{1}{2\pi i}\oint_{\Gamma_1} \frac{f(\xi)}{\xi-z}\mathrm{d}\xi \tag{4.15}$$

其中 $\Gamma_j: |z-z_0| = \rho_j (j=1,2)$.

同式(4.6)证明类似可得

$$\frac{1}{2\pi i}\oint_{\Gamma_2} \frac{f(\xi)}{\xi-z}\mathrm{d}\xi = \sum_{n=0}^{\infty} \left(\frac{1}{2\pi i}\oint_{\Gamma_2} \frac{f(\xi)}{(\xi-z_0)^{n+1}}\mathrm{d}\xi\right)(z-z_0)^n$$

$$= \sum_{n=0}^{\infty} c_n (z - z_0)^n$$

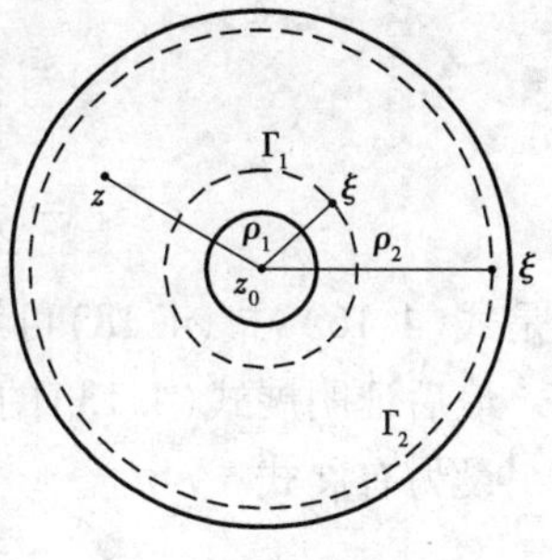

其中

$$c_n = \frac{1}{2\pi i} \oint_{\Gamma_2} \frac{f(\xi)}{(\xi - z_0)^{n+1}} d\xi \, (n = 0, 1, 2, \cdots) \qquad (4.16)$$

当 $\xi \in \Gamma_1$ 时，$\left| \dfrac{\xi - z_0}{z - z_0} \right| = \dfrac{\rho_1}{|z - z_0|} < 1$，于是

图 4.3

$$\frac{1}{\xi - z} = -\frac{1}{(z - z_0)\left(1 - \dfrac{\xi - z_0}{z - z_0}\right)} = -\sum_{n=1}^{\infty} \frac{(\xi - z_0)^{n-1}}{(z - z_0)^n}$$

$$= -\sum_{n=1}^{\infty} \frac{(z - z_0)^{-n}}{(\xi - z_0)^{-n+1}}$$

故

$$-\frac{1}{2\pi i} \oint_{\Gamma_1} \frac{f(\xi)}{\xi - z} d\xi = \sum_{n=1}^{N-1} \left[\frac{1}{2\pi i} \oint_{\Gamma_1} \frac{f(\xi)}{(\xi - z_0)^{-n+1}} d\xi \right] (z - z_0)^{-n} + R_N(z) \qquad (4.17)$$

其中

$$R_N(z) = \frac{1}{2\pi i} \oint_{\Gamma_1} \sum_{n=N}^{+\infty} \frac{(\xi - z_0)^{n-1} f(\xi)}{(z - z_0)^n} d\xi$$

令

$$\left| \frac{\xi - z_0}{z - z_0} \right| = \frac{\rho_1}{|z - z_0|} = q$$

则 q 与积分变量 ξ 无关且 $0 < q < 1$．又 $f(z)$ 在 Γ_1 上连续，故存在常数 $M > 0$，使得 $|f(z)| \leq M$ 在 Γ_1 成立，于是

$$|R_N(z)| \leq \frac{1}{2\pi} \oint_{\Gamma_1} \sum_{n=N}^{+\infty} \left| \frac{f(\xi)}{(\xi - z_0)} \left(\frac{\xi - z_0}{z - z_0} \right)^n \right| ds$$

$$\leq \frac{1}{2\pi} \frac{M}{\rho_1} \sum_{n=N}^{+\infty} q^n \oint_{\Gamma_1} ds$$

$$= \frac{1}{2\pi} \frac{M}{\rho_1} \frac{q^N}{1 - q} 2\pi \rho_1 = \frac{M q^N}{1 - q}$$

故 $\lim\limits_{N \to +\infty} R_N(z) = 0$，在式 (4.17) 两端令 $N \to +\infty$，得

$$-\frac{1}{2\pi i} \oint_{\Gamma_1} \frac{f(\xi)}{\xi - z} d\xi = \sum_{n=1}^{+\infty} \left[\frac{1}{2\pi i} \oint_{\Gamma_1} \frac{f(\xi)}{(\xi - z_0)^{-n+1}} d\xi \right] (z - z_0)^{-n}$$

$$= \sum_{n=1}^{+\infty} c_{-n} (z - z_0)^{-n}$$

其中

$$c_{-n} = \frac{1}{2\pi i} \oint_{\Gamma_1} \frac{f(\xi)}{(\xi - z_0)^{-n+1}} d\xi \, (n = 0, 1, 2, \cdots) \qquad (4.18)$$

取 Γ 为圆周 $|\xi - z_0| = \rho \, (r < \rho < R)$，因为 $f(\xi)$ 在 $r < |\xi - z_0| < R$ 内解析，故由多连通区域的 Cauchy 积分定理知

$$c_n = \frac{1}{2\pi i}\oint_{\Gamma_2}\frac{f(\xi)}{(\xi - z_0)^{n+1}}\mathrm{d}\xi = \frac{1}{2\pi i}\oint_{\Gamma}\frac{f(\xi)}{(\xi - z_0)^{n+1}}\mathrm{d}\xi$$

$$c_{-n} = \frac{1}{2\pi i}\oint_{\Gamma_1}\frac{f(\xi)}{(\xi - z_0)^{-n+1}}\mathrm{d}\xi = \frac{1}{2\pi i}\oint_{\Gamma}\frac{f(\xi)}{(\xi - z_0)^{-n+1}}\mathrm{d}\xi$$

于是式(4.16)、式(4.18)可统一为式(4.14),证毕.

最后证明展式(4.13)的唯一性.

设另有展式

$$f(z) = \sum_{n=-\infty}^{\infty}c'_n(z - z_0)^n \quad (r < |z - z_0| < R)$$

取 Γ 为圆周 $|\xi - z_0| = \rho(r < \rho < R)$,由逐项可积性定理得

$$\oint_{\Gamma}\frac{f(\xi)}{(\xi - z_0)^{m+1}}\mathrm{d}\xi = \sum_{n=-\infty}^{+\infty}c'_n\oint_{\Gamma}(\xi - z_0)^{n-m-1}\mathrm{d}\xi = 2\pi i c'_m(m = 0,\pm 1,\pm 2,\cdots)$$

或

$$c'_m = \frac{1}{2\pi i}\oint_{\Gamma}\frac{f(\xi)}{(\xi - z_0)^{m+1}}\mathrm{d}\xi \quad (m = 0,\pm 1,\pm 2,\cdots)$$

故 $c'_n = c_n(n = 0,\pm 1,\pm 2,\cdots)$.

称式(4.13)中的级数为 $f(z)$ 在点 z_0 的 Laurent 展式,称式(4.14)中的系数为其 Laurent 系数,而等式(4.13)右边的级数称为 Laurent 级数.

注:(1)当 $f(z)$ 在圆 $N_R(z_0)$ 内解析时,$N_R(z_0)$ 可视为圆环的特殊情形,于是 $f(z)$ 在 $N_R(z_0)$ 内可展成 Laurent 级数,且由式(4.14)及 Cauchy 定理可知,当 $n < 0$ 时,$c_n = 0$,表明此时的 Laurent 级数就是 Taylor 级数. 因此,Taylor 级数是 Laurent 级数的特例.

(2)一般来说,$c_n = \dfrac{1}{2\pi i}\oint_{\Gamma}\dfrac{f(\xi)\mathrm{d}\xi}{(\xi - z_0)^{n+1}} \neq \dfrac{f^{(n)}(z_0)}{n!}$.

例 4.13 因为函数 $f(z) = \dfrac{\sin z}{z}$ 在 $0 < |z| < \infty$ 内解析,则由 Laurent 定理可知,此函数在 $0 < |z| < \infty$ 内能表达成 Laurent 级数,且由 $\sin z$ 的 Taylor 展式得

$$f(z) = \frac{\sin z}{z} = \frac{1}{z}\sum_{n=0}^{\infty}(-1)^n\frac{z^{2n+1}}{(2n+1)!} = \sum_{n=0}^{\infty}(-1)^n\frac{z^{2n}}{(2n+1)!} \quad (0 < |z| < +\infty)$$

例 4.14 在 $z = 0$ 的去心邻域:$0 < |z| < 1$ 内,函数 $f(z) = \dfrac{1}{z^2(1-z)}$ 的 Laurent 级数为

$$f(z) = \frac{1}{z^2(1-z)} = \frac{1}{z^2}\sum_{n=0}^{\infty}z^n = \sum_{n=0}^{\infty}z^n + \frac{1}{z} + \frac{1}{z^2}$$

例 4.15 求 $e^{\frac{1}{z}}$ 的 Laurent 级数,其中 $0 < |z| < +\infty$.

解 在 e^z 的 Taylor 级数中用 $\dfrac{1}{z}$ 代替 z,我们有 $e^{\frac{1}{z}}$ 的 Laurent 级数形式

$$e^{\frac{1}{z}} = \sum_{n=0}^{\infty}\frac{1}{n!z^n} = 1 + \frac{1}{1!z} + \frac{1}{2!z^2} + \cdots \quad (0 < |z| < +\infty)$$

例 4.16 求函数

$$f(z) = \frac{1}{(z-1)(z-2)}$$

分别在域(1) $|z| < 1$;(2) $1 < |z| < 2$;(3) $2 < |z| < +\infty$;(4) $1 < |z - 1| < +\infty$ 内的 Laurent

级数.

解　显然函数 $f(z)$ 在 $\mathbb{C}$ 上有两个奇点 $z=1$ 和 $z=2$,在域 $(1)|z|<1$;$(2)1<|z|<2$;$(3)2<|z|<+\infty$;$(4)1<|z-1|<+\infty$ 内均解析,则 $f(z)$ 在上述区域内均可展成 Laurent 级数.

首先注意

$$f(z) = \frac{1}{(z-1)(z-2)} = \frac{1}{z-2} - \frac{1}{z-1}$$

(1)当 $|z|<1$ 时,有 $|z|<1$ 和 $\left|\frac{z}{2}\right|<1$,则

$$f(z) = -\frac{1}{2}\frac{1}{1-\frac{z}{2}} + \frac{1}{1-z}$$

$$= -\sum_{n=0}^{\infty}\frac{z^n}{2^{n+1}} + \sum_{n=0}^{\infty}z^n = \sum_{n=0}^{\infty}(1-2^{-n-1})z^n \quad (|z|<1)$$

(2)当 $1<|z|<2$ 时,有 $\left|\frac{1}{z}\right|<1$ 和 $\left|\frac{z}{2}\right|<1$,所以

$$f(z) = -\frac{1}{2}\frac{1}{1-\frac{z}{2}} - \frac{1}{z}\frac{1}{1-\frac{1}{z}}$$

$$= -\sum_{n=0}^{\infty}\frac{z^n}{2^{n+1}} - \sum_{n=0}^{\infty}\frac{1}{z^{n+1}} = -\sum_{n=0}^{\infty}\frac{z^n}{2^{n+1}} - \sum_{n=1}^{\infty}\frac{1}{z^n} \quad (1<|z|<2)$$

(3)当 $2<|z|<+\infty$ 时,有 $0<\left|\frac{1}{z}\right|<1$ 和 $0<\left|\frac{2}{z}\right|<1$,则

$$f(z) = \frac{1}{z}\frac{1}{1-\frac{2}{z}} - \frac{1}{z}\frac{1}{1-\frac{1}{z}} = \sum_{n=0}^{\infty}\frac{2^n}{z^{n+1}} - \sum_{n=0}^{\infty}\frac{1}{z^{n+1}} \quad (2<|z|<+\infty)$$

即

$$f(z) = \sum_{n=1}^{\infty}\frac{2^n-1}{z^{n+1}} \quad (2<|z|<+\infty)$$

(4)当 $1<|z-1|<+\infty$ 时,有 $0<\left|\frac{1}{z-1}\right|<1$,于是

$$f(z) = \frac{1}{(z-1)-1} - \frac{1}{z-1} = \frac{1}{z-1}\frac{1}{1-\frac{1}{z-1}} - \frac{1}{z-1}$$

$$= \sum_{n=0}^{\infty}\left(\frac{1}{z-1}\right)^{n+1} - \frac{1}{z-1}$$

$$= \sum_{n=2}^{\infty}\frac{1}{(z-1)^n} \quad (1<|z-1|<+\infty)$$

例 4.17　将函数 $\sin\frac{z}{z-1}$ 在 $z=1$ 的去心邻域内展成 Laurent 级数.

解　利用正余弦函数的展开式得

$$\sin\frac{z}{z-1} = \sin\left(1+\frac{1}{z-1}\right) = \cos 1 \sin\frac{1}{z-1} + \sin 1 \cos\frac{1}{z-1}$$

$$= \cos 1 \sum_{n=1}^{+\infty} \frac{(-1)^{n-1}}{(2n-1)!} \left(\frac{1}{z-1} \right)^{2n-1} + \sin 1 \sum_{n=0}^{+\infty} \frac{(-1)^n}{(2n)!} \left(\frac{1}{z-1} \right)^{2n}$$

$$= \sin 1 + \frac{\cos 1}{z-1} - \frac{\sin 1}{2!(z-1)^2} - \frac{\cos 1}{3!(z-1)^3} + \cdots \quad (0 < |z-1| < +\infty)$$

例 4.18   求积分 $\oint_C z e^{\frac{1}{z}} dz$，其中 C 为绕原点的正向简单闭曲线.

解 $f(z) = z e^{\frac{1}{z}}$ 在圆环 $0 < |z| < +\infty$ 内处处解析，闭曲线 C 含在 $0 < |z| < +\infty$ 内部，又 $z e^{\frac{1}{z}}$ 在 $0 < |z| < +\infty$ 内的 Laurent 级数为

$$z e^{\frac{1}{z}} = z \sum_{n=0}^{\infty} \frac{1}{n! z^n} = z + \frac{1}{1!} + \frac{1}{2! z} + \cdots \quad (0 < |z| < +\infty)$$

即 $c_{-1} = \frac{1}{2}$，根据 Laurent 系数的计算公式得 $\oint_C z e^{\frac{1}{z}} dz = 2\pi i c_{-1} = \pi i$.

4.3.3 孤立奇点及其分类

定义 4.7   如果 $f(z)$ 在 z_0 不解析，但在 z_0 的某个去心邻域 $N_R(z_0) \setminus \{z_0\}$ 内解析，则称 z_0 是 $f(z)$ 的**孤立奇点**.

例如 $\frac{1}{z-1}$ 以 $z = 1$ 为孤立奇点，$e^{\frac{1}{z}}$ 以 $z = 0$ 为孤立奇点.

注：一个函数的奇点并不一定都是孤立的，例如函数 $f(z) = \dfrac{1}{\sin \frac{1}{z}}$ 的所有有限奇点为

$$z = 0, \ \pm \frac{1}{\pi}, \ \pm \frac{1}{2\pi} \cdots \pm \frac{1}{n\pi} \cdots$$

其中 $\frac{1}{n\pi} (n = \pm 1, \pm 2, \pm 3, \cdots)$ 是孤立奇点，但 $z = 0$ 不是孤立奇点，事实上它是 $f(z)$ 的奇点集合的一个聚点.

若 z_0 是 $f(z)$ 的孤立奇点，则由定义及 Laurent 定理，

$$f(z) = \sum_{n=-\infty}^{\infty} c_n (z-z_0)^n = \sum_{n=0}^{+\infty} c_n (z-z_0)^n + \sum_{n=1}^{+\infty} \frac{c_{-n}}{(z-z_0)^n} \quad (0 < |z-z_0| < R)$$

称 $\displaystyle\sum_{n=0}^{+\infty} c_n (z-z_0)^n$ 为 $f(z)$ 在 z_0 的**正则部分**，而 $\displaystyle\sum_{n=1}^{+\infty} \frac{c_{-n}}{(z-z_0)^n}$ 称为 $f(z)$ 在 z_0 的**主要部分**.

定义 4.8   设 z_0 是 $f(z)$ 的孤立奇点.

①如果 $f(z)$ 在 z_0 的主要部分为零，则称 z_0 是 $f(z)$ 的**可去奇点**；

②如果 $f(z)$ 在 z_0 的主要部分仅为有限多项，设为

$$\frac{c_{-m}}{(z-z_0)^m} + \frac{c_{-(m-1)}}{(z-z_0)^{m-1}} + \cdots + \frac{c_{-1}}{z-z_0} \quad (c_{-m} \neq 0) \tag{4.19}$$

则称 z_0 是 $f(z)$ 的 m **阶极点**；

③如果 $f(z)$ 在 z_0 的主要部分为无限多项，则称 z_0 是 $f(z)$ 的**本性奇点**.

于是由例 4.13—例 4.15 可知，函数 $\dfrac{\sin z}{z}$、$\dfrac{1}{z^2(1-z)}$、$e^{\frac{1}{z}}$ 分别以 $z = 0$ 为可去奇点、二阶极

点、本性奇点.

对于 $f(z)$ 的可去奇点 z_0,由定义可知,$f(z)$ 在 z_0 的 Laurent 级数实际上就是 Taylor 级数 $\sum_{n=0}^{+\infty} c_n(z-z_0)^n$,适当定义 $f(z)$ 在 z_0 的值,比如 $f(z_0) = c_0$,则 $f(z)$ 在 z_0 解析,所以通常把可去奇点当作解析点. 对于可去奇点,有下述等价刻画.

定理 4.20 设 z_0 是 $f(z)$ 的孤立奇点,则下列三种说法等价.

① $f(z)$ 在 z_0 的主要部分为零;

② $\lim\limits_{z \to z_0} f(z) = b (\neq \infty)$;

③ $f(z)$ 在 z_0 的某个去心邻域内有界.

证 我们只要证明 (1) $\Rightarrow$ (2) $\Rightarrow$ (3) $\Rightarrow$ (1) 即可,而 (1) $\Rightarrow$ (2) $\Rightarrow$ (3) 的证明留给读者,在此只证明 (3) $\Rightarrow$ (1).

由 Laurent 定理及条件 (3) 可知,存在 z_0 的某个去心邻域 $N_R(z_0) \setminus \{z_0\}$ 及常数 $M > 0$,使得对 $\forall z \in N_R(z_0) \setminus \{z_0\}$,有 $|f(z)| \leq M$,且 $f(z) = \sum_{n=-\infty}^{\infty} c_n(z-z_0)^n$,其中

$$c_n = \frac{1}{2\pi i} \int_{\Gamma:\, |\xi-z_0|=\rho(0<\rho<R)} \frac{f(\xi)\,d\xi}{(\xi-z_0)^{n+1}} \quad (n = 0, \pm 1, \pm 2, \cdots)$$

于是当 $n < 0$ 时,

$$|c_n| \leq \frac{1}{2\pi} \frac{M}{\rho^{n+1}} 2\pi\rho = \frac{M}{\rho^n} \to 0 (\rho \to 0)$$

即 $c_n = 0, (n = -1, -2, \cdots)$,$f(z)$ 在 z_0 的主要部分为零.

对于极点,有下述定理.

定理 4.21 设 z_0 是 $f(z)$ 的孤立奇点,则下列三种说法等价.

① $f(z)$ 在点 z_0 的主要部分为

$$\frac{c_{-m}}{(z-z_0)^m} + \frac{c_{-(m-1)}}{(z-z_0)^{m-1}} + \cdots + \frac{c_{-1}}{z-z_0} \quad (c_{-m} \neq 0);$$

② $f(z) = \dfrac{\varphi(z)}{(z-z_0)^m}$,其中 $\varphi(z)$ 在点 $z = z_0$ 处解析且 $\varphi(z_0) \neq 0$;

③ z_0 是函数 $\dfrac{1}{f(z)}$ 的 m 阶零点.

证明 ① $\Rightarrow$ ②:由假设有

$$f(z) = \frac{c_{-m}}{(z-z_0)^m} + \frac{c_{-(m-1)}}{(z-z_0)^{m-1}} + \cdots + \frac{c_{-1}}{z-z_0} + c_0 + c_1(z-z_0) + \cdots$$

$$= \frac{\varphi(z)}{(z-z_0)^m}$$

其中 $\varphi(z) = \sum_{n=-m}^{+\infty} c_n(z-z_0)^n$ 在点 $z = z_0$ 处解析且 $\varphi(z_0) = c_{-m} \neq 0$.

② $\Rightarrow$ ③:由假设知,$\Phi(z) = \dfrac{1}{\varphi(z)}$ 在点 $z = z_0$ 处解析且 $\Phi(z_0) \neq 0$,因为

$$\frac{1}{f(z)} = (z-z_0)^m \frac{1}{\varphi(z)} = (z-z_0)^m \Phi(z)$$

由定理 4.15 可知, z_0 是函数 $\dfrac{1}{f(z)}$ 的 m 阶零点.

③⇒①:设 z_0 是函数 $\dfrac{1}{f(z)}$ 的 m 阶零点,根据定理 4.15 可设

$$\frac{1}{f(z)} = (z - z_0)^m \Phi(z)$$

其中 $\Phi(z)$ 在点 $z = z_0$ 处解析且 $\Phi(z_0) \neq 0$,那么 $\varphi(z) = \dfrac{1}{\Phi(z)}$ 也在点 $z = z_0$ 处解析,从而有

$$\frac{1}{\Phi(z)} = a_0 + a_1(z - z_0) + \cdots + a_n(z - z_0)^n + \cdots$$

其中 $\dfrac{1}{\Phi(z_0)} = a_0 \neq 0$. 故

$$f(z) = \frac{1}{(z - z_0)^m} \frac{1}{\Phi(z)} = \frac{1}{(z - z_0)^m}\{a_0 + a_1(z - z_0) + \cdots + a_n(z - z_0)^n + \cdots\}$$

$$= \frac{a_0}{(z - z_0)^m} + \frac{a_1}{(z - z_0)^{m-1}} + \cdots (a_0 \neq 0)$$

可见 $f(z)$ 在点 z_0 的主要部分为式(4.19)的形式.

推论 4.22 函数 $f(z)$ 以孤立奇点 z_0 为极点的充要条件是 $\lim\limits_{z \to z_0} f(z) = \infty$.

注意本性奇点是既不为可去奇点,又不为极点的孤立奇点,因此,对本性奇点有定理 4.23.

定理 4.23 设 z_0 是 $f(z)$ 的孤立奇点,则下列说法等价.

①$f(z)$ 在点 z_0 的主要部分为无限多项;

②$\lim\limits_{z \to z_0} f(z)$ 不存在,也不为 ∞.

例 4.19 求下列函数在 $\mathbb{C}$ 上的所有奇点并判别其类型.

(1) $f(z) = \dfrac{\sin z}{z^3}$ (2) $g(z) = \dfrac{z - i}{z^3(z^2 + 1)^2}$ (3) $h(z) = \dfrac{1}{e^z - 1} - \dfrac{1}{z}$

解 (1) $f(z)$ 的有限奇点为 $z = 0$,因为 $z = 0$ 为 $\sin z$ 的一阶零点,故 $z = 0$ 为 $f(z)$ 的二阶极点. 事实上 $f(z)$ 可表为 $f(z) = \dfrac{1}{z^2} \varphi(z)$,其中 $\varphi(z)$ 在点 $z = 0$ 处解析且 $\varphi(0) \neq 0$.

(2) $g(z)$ 的有限奇点为 $z = 0, z = \pm i$,其中 $z = 0$ 为 $g(z)$ 的三阶极点,$z = -i$ 为 $g(z)$ 的二阶极点,$z = i$ 为 $g(z)$ 的一阶极点.

(3) $h(z)$ 的所有有限奇点为 $z = 2k\pi i(k = 0, \pm 1, \pm 2, \pm 3, \cdots)$.

当 $z_0 = 0$ 时

$$\lim_{z \to 0}\left(\frac{1}{e^z - 1} - \frac{1}{z}\right) = \lim_{z \to 0} \frac{z - e^z + 1}{z(e^z - 1)}$$

$$= \lim_{z \to 0} \frac{z - e^z + 1}{z^2}$$

$$= \lim_{z \to 0} \frac{1 - e^z}{2z} = -\frac{1}{2}$$

故 $z_0 = 0$ 为 $h(z)$ 的可去奇点.

当 $z_k = 2k\pi i \neq 0$ 时,因为 z_k 是 $e^z - 1$ 的一阶零点,于是 z_k 是 $\dfrac{1}{e^z - 1}$ 的一阶极点,又 z_k 是 $\dfrac{1}{z}$ 解

析点,从而 z_k 是 $h(z)$ 的一阶极点.

4.3.4　解析函数在无穷远点的性态

如果 $f(z)$ 在 ∞ 的某个去心邻域 $N\backslash(\infty):0\leqslant r<|z|<+\infty$ 内解析,则称 ∞ 是 $f(z)$ 的孤立奇点.

令 $\xi=\dfrac{1}{z}$,则 $F(\xi)=f\left(\dfrac{1}{\xi}\right)$ 在原点的去心邻域 $N\backslash\{0\}:0<|\xi|<\dfrac{1}{r}\leqslant+\infty$ 内解析,即 $\xi=0$ 是 $F(\xi)$ 的孤立奇点,自然地有如下定义.

定义 4.9　如果 $\xi=0$ 是 $F(\xi)$ 的可去奇点(解析点)、m 阶极点、本性奇点,则称 $z=\infty$ 是函数 $f(z)$ 的**可去奇点(解析点)**、**m 阶极点**、**本性奇点**.

根据 Laurent 定理,可设

$$F(\xi)=\sum_{n=-\infty}^{+\infty}c_n\xi^n\quad 0<|\xi|<\frac{1}{r}\leqslant+\infty$$

于是有

$$f(z)=\sum_{q=-\infty}^{+\infty}b_qz^q\quad 0\leqslant r<|z|<+\infty$$

其中 $c_n=b_{-n}(n=0,\pm1,\pm2,\cdots)$,对应于 $F(\xi)$ 在 $\xi=0$ 的主要部分,我们称

$$\sum_{q=1}^{+\infty}b_qz^q=b_1z+b_2z^2+\cdots$$

为 $f(z)$ 在 $z=\infty$ 的**主要部分**.

根据定义 4.9,类似定理 4.20、定理 4.21、定理 4.23,可得下列定理.

定理 4.24　设 ∞ 是 $f(z)$ 的孤立奇点,则下列三种说法等价.

①$f(z)$ 在 ∞ 的主要部分为零;

②$\lim\limits_{z\to\infty}f(z)=b(\neq\infty)$;

③$f(z)$ 在 ∞ 的某个去心邻域内有界.

定理 4.25　设 ∞ 是 $f(z)$ 的孤立奇点,则下列三种说法等价.

①$f(z)$ 在 ∞ 的主要部分为

$$b_mz^m+b_{m-1}z^{m-1}+\cdots+b_1z(b_m\neq0);$$

②$f(z)=z^m\varphi(z)$,其中 $\varphi(z)$ 在点 ∞ 处解析且 $\varphi(\infty)\neq0$;

③∞ 是函数 $\dfrac{1}{f(z)}$ 的 m 阶零点.

定理 4.26　函数 $f(z)$ 以孤立奇点 ∞ 为极点的充要条件是 $\lim\limits_{z\to\infty}f(z)=\infty$.

定理 4.27　设 ∞ 是 $f(z)$ 的孤立奇点,则下列说法等价.

①$f(z)$ 在 ∞ 的主要部分为无限多项;

②$\lim\limits_{z\to z_0}f(z)$ 不存在,也不为 ∞.

例 4.20　在 $\overline{\mathbb{C}}$ 上,函数 $f(z)=\dfrac{1}{\sin\dfrac{\pi}{z}}$ 有奇点 $z=0,z=\dfrac{1}{n}(n=\pm1,\pm2,\cdots)$ 以及 $z=\infty$.

对于 $z=0$,因为 $\lim\limits_{n\to\infty}\dfrac{1}{n}=0$,所以 $z=0$ 是 $f(z)$ 的非孤立奇点,从而 $f(z)$ 在 $z=0$ 的去心邻域

内不能展开为 Laurent 级数；

对于 $z = \dfrac{1}{n}(n = \pm 1, \pm 2, \cdots)$，令 $g(z) = \sin \dfrac{\pi}{z}$，则 $g\left(\dfrac{1}{n}\right) = \sin n\pi = 0$，但 $g'\left(\dfrac{1}{n}\right) =$

$(-1)^{n+1}\pi n^2 \neq 0(n = \pm 1, \pm 2, \cdots)$，即 $g(z)$ 以 $z = \dfrac{1}{n}(n = \pm 1, \pm 2, \cdots)$ 为一阶零点，从而 $f(z)$

以 $z = \dfrac{1}{n}(n = \pm 1, \pm 2, \cdots)$ 为一阶极点；

对于 $z = \infty$，因为

$$F(\xi) = f\left(\frac{1}{\xi}\right) = \frac{1}{\sin \pi\xi}$$

而 $\xi = 0$ 是 $F(\xi)$ 的一阶极点，由定义 4.9 知，$z = \infty$ 是 $f(z)$ 的一阶极点.

例 4.21 将函数 $f(z) = \dfrac{z^2 - 2z + 5}{(z-2)(z^2+1)}$ 在 $z = \infty$ 展开为 Laurent 级数.

解 $f(z)$ 在 $2 < |z| < +\infty$ 内解析，即 ∞ 是 $f(z)$ 的一个孤立奇点，此函数在 $2 < |z| < +\infty$ 内可展开为 Laurent 级数.

当 $2 < |z| < +\infty$ 时，$0 < \dfrac{2}{|z|} < 1$，故

$$f(z) = \frac{1}{z-2} - \frac{2}{z^2+1} = \frac{1}{z}\frac{1}{1-\dfrac{2}{z}} - \frac{2}{z^2}\frac{1}{1+\dfrac{1}{z^2}}$$

$$= \frac{1}{z}\sum_{n=0}^{+\infty}\left(\frac{2}{z}\right)^n - \frac{2}{z^2}\sum_{n=0}^{+\infty}\frac{(-1)^n}{z^{2n}}$$

$$= \sum_{n=1}^{+\infty}\frac{2^{n-1}}{z^n} + 2\sum_{n=1}^{+\infty}\frac{(-1)^n}{z^{2n}}$$

即

$$f(z) = \frac{z^2 - 2z + 5}{(z-2)(z^2+1)} = \sum_{n=1}^{+\infty}\frac{2^{n-1} + 2\cos\dfrac{n}{2}\pi}{z^n}, 2 < |z| < +\infty$$

习题 4

1. 讨论下列数列的敛散性，如果收敛，求出它们的极限.

$(1)\, a_n = \dfrac{1+ni}{1-ni}$ $\qquad\qquad$ $(2)\, a_n = \left(1 + \dfrac{i}{2}\right)^{-n}$

$(3)\, a_n = (-1)^n + \dfrac{i}{n+1}$ $\qquad\qquad$ $(4)\, a_n = \dfrac{1}{n}e^{-\frac{n\pi i}{2}}$

2. 判别下列级数敛散性.

$(1)\, \displaystyle\sum_{n=1}^{\infty}\frac{i^n}{n}$ $\qquad\qquad$ $(2)\, \displaystyle\sum_{n=1}^{\infty}\frac{i^n}{\ln n}$

$(3)\, \displaystyle\sum_{n=1}^{\infty}\frac{(6+5i)^n}{8^n}$ $\qquad\qquad$ $(4)\, \displaystyle\sum_{n=1}^{\infty}\frac{\cos in}{2^n}$

3. 求下列级数的收敛半径.

$(1) \sum_{n=0}^{\infty} \frac{n}{2^n} z^n$ $\qquad$ $(2) \sum_{n=0}^{\infty} \frac{z^n}{n!}$ $\qquad$ $(3) \sum_{n=0}^{\infty} \frac{n!}{n^n} z^n$

4. 下列结论是否正确? 为什么?

(1) 每一个幂级数在它的收敛圆内与收敛圆上收敛;

(2) 每一个幂级数收敛于一个解析函数;

(3) 每一个在 z_0 连续的函数一定可以在 z_0 的邻域内展开成 Taylor 级数.

5. 幂级数 $\sum_{n=0}^{\infty} a_n (z-2)^n$ 能否在 $z=0$ 收敛而在 $z=3$ 发散?

6. 如果 $\sum_{n=0}^{\infty} a_n z^n$ 的收敛半径为 R,证明级数 $\sum_{n=0}^{\infty} (\operatorname{Re} a_n) z^n$ 的收敛半径 $\geq R$.

7. 函数 $\frac{1}{1+x^2}$ 当 x 为任何实数时,都有确定的值,但它的 Taylor 展开式:

$$\frac{1}{1+x^2} = 1 - x^2 + x^4 + \cdots$$

却只当 $|x| < 1$ 时成立,试说明其原因.

8. 把下列各函数展成 z 的幂级数,并指出它们的收敛半径.

$(1) \dfrac{1}{1+z^3}$ $\qquad$ $(2) \dfrac{1}{(1+z^2)^2}$ $\qquad$ $(3) \cos z^2$

$(4) \operatorname{sh} z$ $\qquad$ $(5) e^{z^2} \sin z^2$ $\qquad$ $(6) \sin \dfrac{1}{1-z}$

9. 求下列函数在指定点 z_0 处的 Taylor 展开式,并指出它们的收敛半径.

$(1) \dfrac{z-1}{z+1}, z_0 = 1$ $\qquad$ $(2) \dfrac{z}{(z+1)(z+2)}, z_0 = 2$

$(3) \dfrac{1}{z^2}, z_0 = -1$ $\qquad$ $(4) \dfrac{1}{4-3z}, z_0 = 1+i$

$(5) f(z) = \displaystyle\int_0^z e^{\zeta^2} d\zeta, z_0 = 0$ $\qquad$ $(6) \sin(2z - z^2), z_0 = 1$

$(7) e^{z\ln(1+z)}, z_0 = 0$ $\qquad$ $(8) [\ln(1+z)]^2, z_0 = 0$

$(9) \ln z, z_0 = i$ $\qquad$ $(10) e^{\frac{1}{1-z}}, z_0 = 0$

10. 把下列各函数在指定的圆环域内展开成 Laurent 级数.

$(1) \dfrac{1}{(z^2+1)(z-2)}, 1 < |z| < 2$

$(2) \dfrac{1}{z(1-z)^2}, 0 < |z| < 1, 0 < |z-1| < 1$

$(3) \dfrac{1}{(z-1)(z-2)}, 0 < |z-1| < 1, 1 < |z-2| < +\infty$

$(4) e^{\frac{1}{1-z}}, 1 < |z| < +\infty$

$(5) \sin \dfrac{1}{1-z}, 0 < |z-1| < +\infty$

(6) $\dfrac{1}{z(i-z)}, 0 < |z-i| < 1$

(7) $\dfrac{z^2-2z+5}{(z-2)(z^2+1)}, 1 < |z| < 2, z < |z| < +\infty$

(8) $\dfrac{1}{z(z+2)^3}, 0 < |z| < 1$

(9) $\dfrac{e^z}{z(z^2+1)}, 0 < |z| < 1$

11. 问下列各函数有哪些孤立奇点? 各属于哪一种类型? 如果是极点,指出它的级.

(1) $\dfrac{1}{z^3(z^2+1)^2}$ (2) $\dfrac{e^z \cdot \sin z}{z^2}$ (3) $\dfrac{1}{z^3-z^2-z+1}$

(4) $\dfrac{1}{\sin z}$ (5) $\dfrac{z}{(1+z^2)(1+e^z)}$ (6) $\sin\dfrac{1}{1-z}$

(7) $e^{z-\frac{1}{z}}$ (8) $\sin\dfrac{1}{z} + \dfrac{1}{z^2}$ (9) $e^{\frac{z}{1-z}}$

(10) $\dfrac{z^{2n}}{1+z^n}$ (11) $\dfrac{\ln(z+1)}{z}$ (12) $\dfrac{e^{\frac{1}{1-z}}}{e^z-1}$

12. 指出下列函数在无穷远点的性质.

(1) $\dfrac{1}{z-z^3}$ (2) $\dfrac{z^4}{1+z^4}$ (3) $\dfrac{z^6}{(z^2-3)^2}\cos\dfrac{1}{z-2}$

(4) $\dfrac{1}{e^z-1} - \dfrac{1}{z}$ (5) $\dfrac{e^z}{z(1-e^{-z})}$ (6) $e^{-z}\cos\dfrac{1}{z}$

13. 若 $f(z)$ 与 $g(z)$ 分别以 $z=z_0$ 为 m 级与 n 级极点,试问下列函数在 $z=z_0$ 点有何性质?

(1) $f(z)+g(z)$ (2) $f(z) \cdot g(z)$ (3) $\dfrac{f(z)}{g(z)}$

14. 若 $f(z)$ 在 z_0 点解析 $g(z)$ 在 z_0 点有本性奇点,试问:

(1) $f(z)+g(z)$;   (2) $f(z) \cdot g(z)$;   (3) $\dfrac{f(z)}{g(z)}$ 在 z_0 有何性质?

15. 求证:如果 z_0 是 $f(z)$ 是 $m(m \geqslant 2)$ 级零点,那么 z_0 是 $f'(z)$ 的 $m-1$ 级零点.

16. 函数 $f(z) = \dfrac{1}{(z-1)(z-2)^3}$ 在 $z=2$ 处有一个三级极点,这个函数又有如下列的洛朗展开式

$$\dfrac{1}{(z-1)(z-2)^3} = \cdots + \dfrac{1}{(z-2)^6} - \dfrac{1}{(z-2)^5} + \dfrac{1}{(z-2)^4}, \ |z-2| > 1$$

所以"$z=2$ 又是 $f(z)$ 的一个本性奇点",又因为上式不含有 $(z-2)^{-1}$ 项,因此,$\mathrm{Res}[f(z),2] = 0$,这些结论对否?

17. 设幂级数 $\displaystyle\sum_{n=0}^{\infty} a_n z^n$ 的收敛半径 $R > 0$,和函数为 $f(z)$,证明:$|a_n| \leqslant \dfrac{M(r)}{r^n}, n = 0, 1,$ $2, \cdots$. 其中 $0 < r < R, M(r) = \max\limits_{0 \leqslant \theta \leqslant 2\pi} |f(re^{i\theta})|$.

18. 求证如下不等式.

（1）对任意的复数 z 有 $|e^z - 1| \leqslant e^{|z|} - 1 \leqslant |z| e^{|z|}$；

（2）当 $0 < |z| < 1$ 时，证 $\dfrac{1}{4}|z| < |e^z - 1| < \dfrac{7}{4}|z|$．

19. 设 $f(z) = \dfrac{z-a}{z+a}, a \neq 0$，求 $\oint_C \dfrac{f(z)}{z^{n+1}} \mathrm{d}z$，其中 C 为任一条包含原点且落在圆周：$|z| = |a|$ 内的简单闭曲线。

20. 讨论下列各函数在扩充复平面上有哪些孤立奇点？各属于哪一种类型？如果是极点，请指出它的级.

（1）$\sin\dfrac{z}{z+1}$　　　（2）$e^{z+\frac{1}{z}}$　　　（3）$\sin z \cdot \sin\dfrac{1}{z}$　　　（4）$\dfrac{\operatorname{sh} z}{\operatorname{ch} z}$

（5）$\sin\left[\dfrac{1}{\sin\dfrac{1}{z}}\right]$　　（6）$\tan^2 z$　　　（7）$\dfrac{1}{\sin z - \sin a}$　　　（8）$e^{\tan\frac{1}{z}}$

21. 假设解析函数 $f(z)$ 在 z_0 点有 m 级零点，试问函数 $F(z) = \displaystyle\int_{z_0}^z f(\xi)\,\mathrm{d}\xi$ 在点 z_0 的性质如何？

第5章 留数及其应用

本章介绍留数的概念,主要建立了留数定理,它是第 3 章 Cauchy 积分定理和 Cauchy 积分公式的推广,应用它可以把沿闭曲线的复积分的计算问题转化为孤立奇点处的留数计算,此外还可以用于一些实积分的计算,以及用于考察区域内函数的零点分布情况.

5.1 留 数

5.1.1 留数的概念

当 $f(z)$ 在点 z_0 解析时,对 z_0 的某邻域内任意包含 z_0 的围线 C,由定理 3.3 可知,$\oint_C f(z) \mathrm{d}z = 0$;但当 z_0 是 $f(z)$ 的孤立奇点时,对 z_0 的某去心邻域内任意包含 z_0 的围线 C,则积分 $\oint_C f(z) \mathrm{d}z$ 的值,一般说来,不再等于零. 此时给出定义 5.1.

定义 5.1 设 $f(z)$ 在有限孤立奇点 z_0 的某去心邻域 $0 < |z - z_0| < R$ 内解析,C 为圆周:$|z - z_0| = \rho(0 < \rho < R)$,则称积分 $\dfrac{1}{2\pi\mathrm{i}} \oint_C f(z) \mathrm{d}z$ 为 $f(z)$ **在 z_0 处的留数**,记为 $\operatorname*{Res}\limits_{z=z_0} f(z)$ 或 $\operatorname{Res}[f(z), z_0]$.

由定理 3.8 可知,定义 5.1 中留数的值与 $\rho(0 < \rho < R)$ 无关,应用 Laurent 系数公式 (4.14),有

$$\operatorname*{Res}_{z=z_0} f(z) = \frac{1}{2\pi\mathrm{i}} \oint_C f(z) \mathrm{d}z = c_{-1} \tag{5.1}$$

其中 c_{-1} 是 $f(z)$ 在 z_0 的 Laurent 展式中 $\dfrac{1}{z - z_0}$ 这一项的系数. 由此可知 $f(z)$ 在有限可去奇点处的留数等于零.

例 5.1 由于在 $0 < |z| < +\infty$ 内,有

$$z^2 \sin \frac{1}{z} = z^2 \sum_{n=0}^{\infty} (-1)^n \frac{1}{(2n+1)! z^{2n+1}}$$

$$= z - \frac{1}{3!z} + \frac{1}{5!z^3} - \cdots + (-1)^n \frac{1}{(2n+1)!z^{2n-1}} + \cdots$$

所以

$$\operatorname{Res}\left[z^2 \sin \frac{1}{z}, 0\right] = c_{-1} = -\frac{1}{3!} = -\frac{1}{6}$$

5.1.2 留数定理

定理 5.1(留数定理) 设函数 $f(z)$ 在以(复)围线 C 所围的区域 D 内除 $z_1, z_2, \cdots, z_n$ 外解析,在 $\overline{D} = D + C$ 上连续,则

$$\oint_C f(z)\mathrm{d}z = 2\pi\mathrm{i} \sum_{k=1}^n \operatorname{Res}[f(z), z_k] \tag{5.2}$$

证 把 $z_k(k=1,2,\cdots,n)$ 用互不相交、互不包含且完全落在区域 D 内的正向简单闭曲线 $C_k(k=1,2,\cdots,n)$ 围绕起来(图 5.1),那么根据多连通区域上的柯西积分定理(定理 3.8)有

$$\oint_C f(z)\mathrm{d}z = \oint_{C_1} f(z)\mathrm{d}z + \oint_{C_2} f(z)\mathrm{d}z + \cdots + \oint_{C_n} f(z)\mathrm{d}z$$

等式两边同除以 $2\pi\mathrm{i}$,得

$$\frac{1}{2\pi\mathrm{i}}\oint_C f(z)\mathrm{d}z = \operatorname{Res}[f(z), z_1] + \operatorname{Res}[f(z), z_2] + \cdots + \operatorname{Res}[f(z), z_n]$$

即

$$\oint_C f(z)\mathrm{d}z = 2\pi\mathrm{i} \sum_{k=1}^n \operatorname{Res}[f(z), z_k]$$

留数定理表明,沿闭曲线 C 上的积分计算可以转化为被积函数在 C 内各孤立奇点处的留数计算.

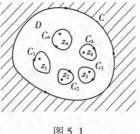

图 5.1

5.1.3 留数的计算

一般地,可以通过求 $f(z)$ 在孤立奇点 z_0 的 Laurent 展式得到 $f(z)$ 在 z_0 的留数 $\operatorname*{Res}_{z=z_0} f(z)$,比如本性奇点处的留数往往用此方法获得,但对于极点,有更简便的方法.

定理 5.2 若 z_0 为 $f(z)$ 的 m 级极点,则

$$\operatorname{Res}[f(z), z_0] = \frac{1}{(m-1)!} \lim_{z \to z_0} \frac{\mathrm{d}^{m-1}}{\mathrm{d}z^{m-1}}[(z - z_0)^m f(z)] \tag{5.3}$$

特别地,当 $m=1$,即 z_0 为 $f(z)$ 的一阶极点时,则

$$\operatorname{Res}[f(z), z_0] = \lim_{z \to z_0} (z - z_0)f(z) \tag{5.4}$$

证 若 z_0 为 $f(z)$ 的 m 级极点,则由定理 4.25 有 $f(z) = \dfrac{\varphi(z)}{(z - z_0)^m}$,其中 $\varphi(z)$ 在 z_0 处解析且 $\varphi(z_0) \neq 0$,于是由定义 5.1 及定理 3.11 得

$$\operatorname{Res}[f(z), z_0] = \frac{1}{2\pi\mathrm{i}}\oint_C f(z)\mathrm{d}z = \frac{1}{2\pi\mathrm{i}}\oint_C \frac{\varphi(z)}{(z - z_0)^m}\mathrm{d}z = \frac{\varphi^{(m-1)}(z_0)}{(m-1)!}$$

$$= \frac{1}{(m-1)!} \lim_{z \to z_0} \varphi^{(m-1)}(z) = \frac{1}{(m-1)!} \lim_{z \to z_0} \frac{\mathrm{d}^{m-1}}{\mathrm{d}z^{m-1}}[(z - z_0)^m f(z)]$$

对于简单极点,还有

定理 5.3 函数 $P(z)$ 及 $Q(z)$ 在 z_0 解析,且 $P(z_0) \neq 0$,$Q(z_0) = 0$,$Q'(z_0) \neq 0$,

则 $\mathrm{Res}[f(z), z_0] = \dfrac{P(z_0)}{Q'(z_0)}$.

证 因为 z_0 为 $f(z) = \dfrac{P(z)}{Q(z)}$ 的一级极点,由式(5.4)则有

$$\mathrm{Res}[f(z), z_0] = \lim_{z \to z_0}(z - z_0)f(z) = \lim_{z \to z_0}(z - z_0)\frac{P(z)}{Q(z)} = \lim_{z \to z_0}\frac{P(z)}{\dfrac{Q(z) - Q(z_0)}{z - z_0}} = \frac{P(z_0)}{Q'(z_0)}$$

应用定理5.2与定理5.3计算函数在一、二级极点处的留数是很方便的,应熟练掌握.

例 5.2 求下列函数 $f(z)$ 在其有限孤立奇点处的留数.

$(1) \dfrac{\mathrm{e}^z}{z^2 + 1}$ $\qquad (2) \dfrac{z}{\cos z}$ $\qquad (3) \dfrac{1 - \mathrm{e}^{2z}}{z^4}$

解 $(1) z = \pm\mathrm{i}$ 为 $f(z)$ 的一级极点,则由定理5.2得

$$\mathrm{Res}[f(z), \mathrm{i}] = \lim_{z \to \mathrm{i}}(z - \mathrm{i}) \cdot \frac{\mathrm{e}^z}{z^2 + 1} = \lim_{z \to \mathrm{i}}\frac{\mathrm{e}^z}{z + \mathrm{i}} = \frac{\mathrm{e}^{\mathrm{i}}}{2\mathrm{i}},$$

$$\mathrm{Res}[f(z), -\mathrm{i}] = \lim_{z \to -\mathrm{i}}(z + \mathrm{i}) \cdot \frac{\mathrm{e}^z}{z^2 + 1} = \lim_{z \to -\mathrm{i}}\frac{\mathrm{e}^z}{z - \mathrm{i}} = \frac{\mathrm{e}^{-\mathrm{i}}}{-2\mathrm{i}};$$

$(2) z_k = k\pi + \dfrac{\pi}{2} (k = 0, \pm 1, \pm 2, \cdots)$ 是 $\cos z$ 的一级零点,所以是 $f(z)$ 的一级极点,则由定理5.3得

$$\mathrm{Res}[f(z), z_k] = \frac{z}{(\cos z)'}\Big|_{z = z_k} = -\frac{k\pi + \dfrac{\pi}{2}}{\sin\left(k\pi + \dfrac{\pi}{2}\right)} = (-1)^{k-1}\left(k\pi + \frac{\pi}{2}\right);$$

$(3) z = 0$ 是分母的四级零点,分子的一级零点,因而是 $f(z)$ 的三级极点,则由定理5.2得

$$\mathrm{Res}[f(z), 0] = \frac{1}{2!}\lim_{z \to 0}\frac{\mathrm{d}^2}{\mathrm{d}z^2}\left[z^3 \cdot \frac{1 - \mathrm{e}^{2z}}{z^4}\right] = \frac{1}{2!}\lim_{z \to 0}\frac{-4z^2\mathrm{e}^{2z} + 4z\mathrm{e}^{2z} - 2\mathrm{e}^{2z} + 2}{z^3} = -\frac{4}{3}$$

例 5.3 计算积分 $\displaystyle\oint_{|z| = 2}\frac{\mathrm{e}^z}{z^2(z^2 - 1)}\mathrm{d}z$.

解 显然被积函数 $f(z) = \dfrac{\mathrm{e}^z}{z^2(z^2 - 1)}$ 在 $|z| = 2$ 内有两个一级极点 $z = \pm 1$ 及一个二级极点 $z = 0$,由定理5.2得

$$\mathop{\mathrm{Res}}_{z = 1}f(z) = \frac{\mathrm{e}^z}{z^2(z + 1)}\Big|_{z = 1} = \frac{\mathrm{e}}{2}, \qquad \mathop{\mathrm{Res}}_{z = -1}f(z) = \frac{\mathrm{e}^z}{z^2(z - 1)}\Big|_{z = -1} = -\frac{\mathrm{e}^{-1}}{2}$$

$$\mathop{\mathrm{Res}}_{z = 0}f(z) = \left(\frac{\mathrm{e}^z}{z^2 - 1}\right)'\Big|_{z = 0} = \frac{\mathrm{e}^z(z^2 - 1) - 2z\mathrm{e}^z}{(z^2 - 1)^2}\Big|_{z = 0} = -1$$

因此,由留数定理5.1得

$$\oint_{|z| = 2}\frac{\mathrm{e}^z}{z^2(z^2 - 1)}\mathrm{d}z = 2\pi\mathrm{i}\left[\mathop{\mathrm{Res}}_{z = 1}f(z) + \mathop{\mathrm{Res}}_{z = -1}f(z) + \mathop{\mathrm{Res}}_{z = 0}f(z)\right] = \frac{\mathrm{e} - \mathrm{e}^{-1}}{2} - 1$$

例 5.4 求 $f(z) = \dfrac{\sin z}{(z - 1)^2(z^2 + 1)}$ 沿闭曲线 C 的积分,其中 C 为 $x^2 + y^2 = 2x + 2y$ 取正向.

解　由于在 C 内 $f(z)$ 有一个一级极点 $z=\mathrm{i}$ 与一个二级极点 $z=1$,且

$$\mathrm{Res}[f(z),\mathrm{i}] = \left(\frac{\sin z}{(z-1)^2(z+\mathrm{i})}\right)_{z=\mathrm{i}} = \frac{\sin\mathrm{i}}{4}$$

$$\mathrm{Res}[f(z),1] = \lim_{z\to1}\frac{\mathrm{d}}{\mathrm{d}z}\left(\frac{\sin z}{z^2+1}\right) = \frac{1}{2}(\cos 1 - \sin 1)$$

则 $\oint_C f(z)\mathrm{d}z = 2\pi\mathrm{i}\mathrm{Res}[f(z),\mathrm{i}] + 2\pi\mathrm{i}\mathrm{Res}[(z),1] = -\frac{\pi}{2}\mathrm{sh}\,1 + \pi\mathrm{i}(\cos 1 - \sin 1)$.

例 5.5　计算积分 $\oint_{|z|=2}\sin\frac{2}{z-1}\mathrm{d}z$.

解　被积函数 $\sin\frac{2}{z-1}$ 在圆周 $|z|=2$ 内只有本性奇点 $z=1$,

因为　　$\sin\dfrac{2}{z-1} = \dfrac{2}{z-1} - \dfrac{8}{3!(z-1)^3} + \dfrac{32}{5!(z-1)^5} - \cdots$　　$(0<|z-1|<+\infty)$

故　　$\oint_{|z|=2}\sin\dfrac{2}{z-1}\mathrm{d}z = 2\pi\mathrm{i}\mathrm{Res}\left(\sin\dfrac{2}{z-1},1\right) = 2\pi\mathrm{i}\cdot2 = 4\pi\mathrm{i}$

5.1.4　无穷远点的留数

定义 5.2　设 ∞ 为 $f(z)$ 的一个孤立奇点,即 $f(z)$ 在 ∞ 的某去心邻域 $0\leqslant r<|z|<+\infty$ 内解析, C 为正向圆周: $|z|=\rho\,(\rho>r)$,则称 $\dfrac{1}{2\pi\mathrm{i}}\oint_{C^-}f(z)\mathrm{d}z$ 为 $f(z)$ **在 ∞ 处的留数**,记为 $\mathrm{Res}_{z=\infty}f(z)$ 或 $\mathrm{Res}[f(z),\infty]$,即

$$\mathrm{Res}_{z=\infty}f(z) = \frac{1}{2\pi\mathrm{i}}\oint_{C^-}f(z)\mathrm{d}z \tag{5.5}$$

这里 C^- 是指顺时针的方向.

设 $f(z)$ 在 $0\leqslant r<|z|<+\infty$ 内的 Laurent 展式为 $f(z) = \sum_{n=-\infty}^{+\infty}c_n z^n$,则由逐项积分定理以及例 3.1,即知

$$\mathrm{Res}_{z=\infty}f(z) = \frac{1}{2\pi\mathrm{i}}\oint_{C^-}f(z)\mathrm{d}z = -c_{-1} \tag{5.6}$$

也就是说, $\mathrm{Res}_{z=\infty}f(z)$ 等于 $f(z)$ 在 ∞ 点的 Laurent 展式中 $\dfrac{1}{z}$ 这一项的系数的相反数.

因此,如果 $f(z)$ 以 ∞ 为可去奇点(解析点),则 $\mathrm{Res}_{z=\infty}f(z)$ 不一定为零,例如 $\mathrm{Res}_{z=\infty}f(z) = -1$ $f(z) = \dfrac{1}{z}$ 以 ∞ 为可去奇点(解析点),但 $f(z)=1$;以 ∞ 为可去奇点(解析点),但 $\mathrm{Res}_{z=\infty}f(z)=0$.

例 5.6　求 $f(z) = \dfrac{5z-2}{z(z-1)}$ 在 ∞ 点的留数.

解　由于在 $1<|z|<+\infty$ 内, $f(z)$ 的 Laurent 展开式为

$$f(z) = \frac{5z-2}{z(z-1)} = \left(\frac{5}{z} - \frac{2}{z^2}\right)\frac{1}{1-\dfrac{1}{z}} = \left(\frac{5}{z} - \frac{2}{z^2}\right)\sum_{n=0}^{\infty}\left(\frac{1}{z}\right)^n = \frac{5}{z} + \frac{3}{z^2} + \cdots$$

所以　$\mathrm{Res}\left[\dfrac{5z-2}{z(z-1)},\infty\right] = -c_{-1} = -5$

下面给出另一计算 $\operatorname*{Res}\limits_{z=\infty}f(z)$ 的公式.

定理 5.4 $\quad \operatorname*{Res}\limits_{z=\infty}f(z) = -\operatorname*{Res}\limits_{t=0}\left[\frac{1}{t^2}f\left(\frac{1}{t}\right)\right].$ (5.7)

证 令 $t=\dfrac{1}{z}$,则 $\varphi(t)=f\left(\dfrac{1}{t}\right)=f(z)$,且

$$N_r(\infty)\setminus\{\infty\}:0\leqslant r<|z|<+\infty \xrightarrow{t=\frac{1}{z}} N_{\frac{1}{r}}(0)\setminus\{0\}:0<|t|<\frac{1}{r}$$

$$C:|z|=\rho>r \xrightarrow{t=\frac{1}{z}} \gamma:|t|=\frac{1}{\rho}<\frac{1}{r}$$

从而可以证明

$$\frac{1}{2\pi i}\oint_C f(z)\,\mathrm{d}z = -\frac{1}{2\pi i}\oint_\gamma f\left(\frac{1}{t}\right)\frac{1}{t^2}\,\mathrm{d}t$$

于是有式(5.8),例如

$$\operatorname{Res}\left[\frac{5z-2}{z(z-1)},\infty\right] = -\operatorname{Res}\left[\frac{1}{t^2}\frac{\dfrac{5}{t}-2}{\dfrac{1}{t}\left(\dfrac{1}{t}-1\right)},0\right]$$

$$= -\operatorname{Res}\left[\frac{5-2t}{t(1-t)},0\right]$$

$$= -\lim_{t\to0}t\frac{5-2t}{t(1-t)} = -5$$

定理 5.5(留数总和定理) 设 $f(z)$ 在 $\overline{\mathbb{C}}$ 上只有有限个孤立奇点(包括无穷远点),设为 $z_1,z_2,\cdots,z_n,\infty$,则 $f(z)$ 在各孤立奇点的留数总和为零,即

$$\sum_{k=1}^n \operatorname{Res}[f(z),z_k] + \operatorname{Res}[f(z),\infty] = 0$$ (5.8)

证 作圆周 C ,使 $z_1,z_2,\cdots,z_n$ 皆含于 C 的内部,则由留数定理得

$$\oint_C f(z)\,\mathrm{d}z = 2\pi i\sum_{k=1}^n \operatorname{Res}[f(z),z_k]$$

两边同除以 $2\pi i$,并移项得

$$\sum_{k=1}^n \operatorname{Res}[f(z),z_k] + \frac{1}{2\pi i}\oint_C f(z)\,\mathrm{d}z = 0$$

故(5.9)成立.

例 5.7 计算积分 $I = \oint_{|z|=\frac{3}{2}}\dfrac{1}{(z-3)(z^5-1)}\mathrm{d}z.$

解 被积函数在 $\overline{\mathbb{C}}$ 上一共有 7 个孤立奇点: $z_k=\sqrt[5]{1}$ ($K=0,1,2,3,4$), $z=3$ 以及 $z=\infty$. 其中前 5 个奇点在 $|z|=\dfrac{3}{2}$ 内部.

要计算 $|z|=\dfrac{3}{2}$ 内部 5 个奇点的留数和时十分麻烦的,因此,应用定理 5.5 以及留数定

理得

$$I = 2\pi i\left(-\operatorname*{Res}_{z=3}f(z) - \operatorname*{Res}_{z=\infty}f(z)\right)$$

而

$$\operatorname*{Res}_{z=3}f(z) = \lim_{z\to3}(z-3)\frac{1}{(z-3)(z^5-1)} = \frac{1}{z^5-1}\bigg|_{z=3} = \frac{1}{242}$$

再由

$$f(z) = \frac{1}{z\left(1-\dfrac{3}{z}\right)z^5\left(1-\dfrac{1}{z^5}\right)} = \frac{1}{z^6}\cdot\frac{1}{1-\dfrac{3}{z}}\cdot\frac{1}{1-\dfrac{1}{z^5}}$$

$$= \frac{1}{z^6}\left(1+\frac{3}{z}+\frac{9}{z^2}+\cdots\right)\left(1+\frac{1}{z^5}+\cdots\right)$$

$$= \frac{1}{z^6}+\frac{3}{z^7}+\cdots \quad (3<|z|<+\infty)$$

可得 $\operatorname*{Res}_{z=\infty}f(z)=0$，故 $I = -\dfrac{\pi i}{121}$.

例 5.8　计算 $\displaystyle\oint_{|z|=1}\frac{1}{e^{\frac{1}{z}}-1}dz.$

解　由于 $e^{\frac{1}{z}}-1$ 以 $z_k=\dfrac{1}{2k\pi i}(k=\pm1,\pm2,\cdots)$ 为零点，故 $f(z)=\dfrac{1}{e^{\frac{1}{z}}-1}$ 以 z_k 为极点，且它

们都在 $|z|=1$ 内(无限个孤立奇点). 又 $\lim\limits_{k\to\infty}z_k=0$，所以 $z=0$ 为 $f(z)$ 的非孤立奇点，故不能应用留数定理 5.1 和定理 5.5. 但 $z=\infty$ 为 $f(z)$ 的极点，因此，可用定义 5.2 计算此积分.

$$\frac{1}{e^{\frac{1}{z}}-1} = \frac{1}{\dfrac{1}{z}+\dfrac{1}{2!z^2}+\dfrac{1}{3!z^3}+\cdots} = \frac{z}{1+\dfrac{1}{2z}+\dfrac{1}{6z^2}+\cdots}$$

$$= z\left(1-\frac{1}{2z}+\frac{1}{12z^2}+\cdots\right) = z-\frac{1}{2}+\frac{1}{12z}+\cdots$$

$$\frac{1}{2\pi i}\oint_{C^-}f(z)dz = \operatorname{Res}(f(z),\infty) = -\frac{1}{12},(C:|z|=1)$$

于是 $\displaystyle\oint_C f(z)dz = 2\pi i\cdot\frac{1}{12} = \frac{\pi i}{6}.$

5.2　应用留数计算实积分

应用留数定理计算某些实积分，常是一个有效的方法，其基本思想是通过恰当的手段，把所考虑的实积分化归为复变函数的围线积分.

5.2.1　$\displaystyle\int_0^{2\pi}R(\cos\theta,\sin\theta)d\theta$ 型积分

定理 5.6　设 $R(\cos\theta,\sin\theta)$ 为 $\cos\theta$ 与 $\sin\theta$ 的有理函数，且在 $[0,2\pi]$ 上连续，则

$$\int_0^{2\pi}R(\cos\theta,\sin\theta)d\theta = 2\pi i\sum_{|z_k|<1}\operatorname{Res}\left[\frac{1}{iz}R\left(\frac{z+z^{-1}}{2},\frac{z-z^{-1}}{2i}\right),z_k\right] \tag{5.9}$$

其中 z_k 为 $f(z) = \dfrac{1}{iz}R\left(\dfrac{z+z^{-1}}{2}, \dfrac{z-z^{-1}}{2i}\right)$ 在单位圆 $|z| < 1$ 内的孤立奇点.

证 令 $z = e^{i\theta}$，则 $dz = ie^{i\theta}d\theta$，从而

$$\cos\theta = \frac{z+z^{-1}}{2}, \sin\theta = \frac{z-z^{-1}}{2i}, d\theta = \frac{dz}{iz}$$

当 θ 从 0 变到 2π，z 沿圆周 $|z| = 1$ 的正方向绕行一周，并由已知 $f(z) = \dfrac{1}{iz}R\left(\dfrac{z+z^{-1}}{2}, \dfrac{z-z^{-1}}{2i}\right)$ 在 $|z| = 1$ 上无奇点，应用留数定理便可得式(5.9).

例 5.9 计算积分 $I = \displaystyle\int_0^{2\pi} \dfrac{1}{5 + 3\sin\theta}d\theta$.

解 令 $z = e^{i\theta}$，则 $\sin\theta = \dfrac{z-z^{-1}}{2i}, d\theta = \dfrac{dz}{iz}$，代入原式得

$$I = \oint_{|z|=1} \frac{2}{3z^2 + 10iz - 3}dz = \oint_{|z|=1} \frac{2dz}{3\left(z + 3i\right)\left(z + \dfrac{i}{3}\right)}$$

被积函数在 $|z| = 1$ 内只有一个一级极点 $z = -\dfrac{i}{3}$，而

$$\text{Res}\left(\frac{2}{3\left(z+3i\right)\left(z+\dfrac{i}{3}\right)}, -\frac{i}{3}\right) = \lim_{z \to -\frac{i}{3}} \frac{2}{3(z+3i)} = -\frac{i}{4}$$

于是由式(5.9) 得

$$I = 2\pi i \text{Res}\left(\frac{2}{3\left(z+3i\right)\left(z+\dfrac{i}{3}\right)}, -\frac{i}{3}\right) = 2\pi i \cdot \left(-\frac{i}{4}\right) = \frac{\pi}{2}.$$

例 5.10 计算积分 $I = \displaystyle\int_0^{2\pi} \cos^{2n}\theta d\theta$，$n$ 为正整数.

解 令 $z = e^{i\theta}$，则 $\cos\theta = \dfrac{z+z^{-1}}{2}, d\theta = \dfrac{dz}{iz}$，代入得

$$I = \oint_{|z|=1} \left(\frac{z+z^{-1}}{2}\right)^{2n} \frac{dz}{iz} = \frac{1}{2^{2n}i} \oint_{|z|=1} \frac{(z^2+1)^{2n}}{z^{2n+1}}dz$$

$$= \frac{1}{2^{2n}i} \cdot 2\pi i \cdot \frac{1}{(2n)!} \lim_{z \to 0} \frac{d^{2n}}{dz^{2n}}\left[(z^2+1)^{2n}\right]$$

$$= \frac{\pi}{2^{2n-1}(2n)!} \lim_{z \to 0} \frac{d^{2n}}{dz^{2n}}\left[\sum_{k=0}^{2n} C_{2n}^k (z^2)^{2n-k}\right]$$

$$= \frac{\pi}{2^{2n-1}(2n)!} \cdot (2n)! C_{2n}^n = \frac{\pi}{2^{2n-1}} C_{2n}^n.$$

若 $R(\cos\theta, \sin\theta)$ 为 θ 的偶函数，则 $\displaystyle\int_0^{\pi} R(\cos\theta, \sin\theta)d\theta$ 型积分亦可由上述方法求解，因为 $\displaystyle\int_0^{\pi} R(\cos\theta, \sin\theta)d\theta = \frac{1}{2}\int_{-\pi}^{\pi} R(\cos\theta, \sin\theta)d\theta$.

5.2.2 $\int_{-\infty}^{+\infty} \dfrac{P(x)}{Q(x)} \mathrm{d}x$ 型积分

定理 5.7　设

①$P(x)$ 与 $Q(x)$ 为互质多项式;

②$Q(x)$ 的次数比 $P(x)$ 的次数至少高二次;

③$Q(x)$ 在实轴上无零点.

则
$$\int_{-\infty}^{+\infty} \frac{P(x)}{Q(x)} \mathrm{d}x = 2\pi \mathrm{i} \sum_{\mathrm{Im}\, z_k > 0} \mathrm{Res}\left[\frac{P(z)}{Q(z)}, z_k\right]. \tag{5.10}$$

证　设 $P(z) = z^m + a_1 z^{m-1} + \cdots + a_m$ 与 $Q(z) = z^n + b_1 z^{n-1} + \cdots + b_n$ 为互质多项式,且 $n - m \geqslant 2$,由条件 3 可知,$\dfrac{P(z)}{Q(z)}$ 在实轴上没有孤立奇点.

取积分路径如图 5.2 所示,其中 C_R 是以原点为中心,R 为半径的上半圆周. 取 R 足够大,使 $\dfrac{P(z)}{Q(z)}$ 在上半平面内的所有极点 z_k 都包含在该积分路径所围区域内.

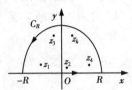

图 5.2

根据留数定理 5.1 可得
$$\int_{-R}^{R} \frac{P(x)}{Q(x)} \mathrm{d}x + \int_{C_R} \frac{P(z)}{Q(z)} \mathrm{d}z = 2\pi \mathrm{i} \sum_{\mathrm{Im}\, z_k > 0}\left[\frac{P(z)}{Q(z)}, z_k\right] \tag{5.11}$$

因为
$$\left|\frac{P(z)}{Q(z)}\right| = \frac{1}{|z|^{n-m}} \cdot \frac{|1 + a_1 z^{-1} + \cdots + a_m z^{-m}|}{|1 + b_1 z^{-1} + \cdots + b_n z^{-n}|} \leqslant \frac{1}{|z|^{n-m}} \cdot \frac{1 + |a_1 z^{-1} + \cdots + a_m z^{-m}|}{1 - |b_1 z^{-1} + \cdots + b_n z^{-n}|}$$

而当 $|z|$ 充分大时,总可使
$$|a_1 z^{-1} + \cdots + a_m z^{-m}| < \frac{1}{3} \qquad |b_1 z^{-1} + \cdots + b_n z^{-n}| < \frac{1}{3}$$

由于 $n - m \geqslant 2$,所以 $\left|\dfrac{P(z)}{Q(z)}\right| < \dfrac{1}{|z|^{n-m}} \cdot \dfrac{1 + \dfrac{1}{3}}{1 - \dfrac{1}{3}} < \dfrac{2}{|z|^2}$.

从而,在 C_R 上(注意 $|z| = R$)有
$$\left|\int_{C_R} \frac{P(z)}{Q(z)} \mathrm{d}z\right| \leqslant \int_{C_R} \left|\frac{P(z)}{Q(z)}\right| |\mathrm{d}z| \leqslant \int_{C_R} \frac{2}{|z|^2} \mathrm{d}s \leqslant \frac{2}{R^2} \cdot \pi R = \frac{2\pi}{R}$$

故当 $R \to +\infty$ 时,$\int_{C_R} \dfrac{P(z)}{Q(z)} \mathrm{d}z \to 0$,于是由式(5.11)得式(5.10).

例 5.11　计算积分 $I = \displaystyle\int_0^{+\infty} \dfrac{x^2}{x^4 + 1} \mathrm{d}x$.

解　由于 $\dfrac{x^2}{x^4 + 1}$ 是偶函数,所以 $I = \displaystyle\int_0^{+\infty} \dfrac{x^2}{x^4 + 1} \mathrm{d}x = \dfrac{1}{2} \int_{-\infty}^{+\infty} \dfrac{x^2}{x^4 + 1} \mathrm{d}x$.

取 $\dfrac{P(z)}{Q(z)} = \dfrac{z^2}{z^4 + 1}$,显然它在上半平面内只有两个一级极点 $\mathrm{e}^{\mathrm{i}\frac{\pi}{4}}$ 与 $\mathrm{e}^{\mathrm{i}\frac{3\pi}{4}}$,而 $Q(z)$ 在实轴上没有零点,且分母的次数比分子的次数高二次,由公式(5.11)得
$$\int_{-\infty}^{+\infty} \frac{x^2}{x^4 + 1} \mathrm{d}x = 2\pi \mathrm{i}\left[\mathrm{Res}\left(\frac{z^2}{z^4 + 1}, \mathrm{e}^{\mathrm{i}\frac{\pi}{4}}\right) + \mathrm{Res}\left(\frac{z^2}{z^4 + 1}, \mathrm{e}^{\mathrm{i}\frac{3\pi}{4}}\right)\right]$$

$$= 2\pi \mathrm{i} \frac{z^2}{(z^4 + 1)'}\Big|_{z = \mathrm{e}^{\frac{\pi}{4}\mathrm{i}}} + 2\pi \mathrm{i} \frac{z^2}{(z^4 + 1)'}\Big|_{z = \mathrm{e}^{\frac{3\pi}{4}\mathrm{i}}}$$

$$= \frac{\pi}{2}\mathrm{i}(\mathrm{e}^{-\frac{\pi}{4}\mathrm{i}} + \mathrm{e}^{-\frac{3\pi}{4}\mathrm{i}}) = \pi \sin\frac{\pi}{4} = \frac{\sqrt{2}}{2}\pi$$

于是
$$I = \int_0^{+\infty} \frac{x^2}{x^4 + 1}\mathrm{d}x = \frac{\sqrt{2}}{4}\pi.$$

5.2.3 $\displaystyle\int_{-\infty}^{+\infty} \frac{P(x)}{Q(x)}\mathrm{e}^{\mathrm{i}mx}\mathrm{d}x$ 型积分

定理 5.8 设

①$P(x)$ 与 $Q(x)$ 为互质多项式；

②$Q(x)$ 的次数比 $P(x)$ 的次数至少高一次；

③$Q(x)$ 在实轴上无零点；

④ $m > 0$.

则有

$$\int_{-\infty}^{+\infty} \frac{P(x)}{Q(x)}\mathrm{e}^{\mathrm{i}mx}\mathrm{d}x = 2\pi \mathrm{i} \sum_{\mathrm{Im}\, z_k > 0} \mathrm{Res}\Big[\frac{P(z)}{Q(z)}\mathrm{e}^{\mathrm{i}mz}, z_k\Big]. \tag{5.12}$$

证 类似于定理 5.7 中的处理法,容易得知:对于充分大的 $|z|$,有 $\left|\dfrac{P(z)}{Q(z)}\right| < \dfrac{2}{|z|}$. 因此,在半径充分大的 C_R 上,有

$$\left|\int_{C_R} \frac{P(z)}{Q(z)}\mathrm{e}^{\mathrm{i}mz}\mathrm{d}z\right| \le \int_{C_R} \left|\frac{P(z)}{Q(z)}\right| |\mathrm{e}^{\mathrm{i}mz}| |\mathrm{d}z| \le \int_{C_R} \frac{2}{|z|}\mathrm{e}^{-my}\mathrm{d}s \ (\text{注意}\ |z| = R, z = x + \mathrm{i}y)$$

$$= \frac{2}{R}\int_0^\pi \mathrm{e}^{-mR\sin\theta}R\mathrm{d}\theta = 4\int_0^{\frac{\pi}{2}} \mathrm{e}^{-mR\sin\theta}\mathrm{d}\theta \le 4\int_0^{\frac{\pi}{2}} \mathrm{e}^{-mR\frac{2\theta}{\pi}}\mathrm{d}\theta$$

$$= \frac{2\pi}{mR}(1 - \mathrm{e}^{-mR}). \ (\text{注意}\ \mathrm{d}s = R\mathrm{d}\theta, \text{且当}\ 0 \le \theta \le \frac{\pi}{2}\ \text{时}, \sin\theta \ge \frac{2\theta}{\pi})$$

于是,当 $R \to +\infty$ 时,$\displaystyle\int_{C_R} \frac{P(z)}{Q(z)}\mathrm{e}^{\mathrm{i}mz}\mathrm{d}z \to 0$,从而有式(5.12).

特别地,取式(5.12)的实部和虚部,分别有

$$\int_{-\infty}^{+\infty} \frac{P(x)}{Q(x)}\cos mx\mathrm{d}x = \mathrm{Re}\Big(2\pi \mathrm{i} \sum_{\mathrm{Im}\, z_k > 0} \mathrm{Res}\Big[\frac{P(z)}{Q(z)}\mathrm{e}^{\mathrm{i}mz}, z_k\Big]\Big) \tag{5.13}$$

$$\int_{-\infty}^{+\infty} \frac{P(x)}{Q(x)}\sin mx\mathrm{d}x = \mathrm{Im}\Big(2\pi \mathrm{i} \sum_{\mathrm{Im}\, z_k > 0} \mathrm{Res}\Big[\frac{P(z)}{Q(z)}\mathrm{e}^{\mathrm{i}mz}, z_k\Big]\Big) \tag{5.14}$$

例 5.12 计算积分 $I = \displaystyle\int_0^{+\infty} \frac{\cos ax - \cos bx}{x^2 + 1}\mathrm{d}x\ (a > 0, b > 0).$

解 因为被积函数为偶函数,所以

$$I = \frac{1}{2}\int_{-\infty}^{+\infty} \frac{\cos ax - \cos bx}{x^2 + 1}\mathrm{d}x = \frac{1}{2}\int_{-\infty}^{+\infty} \frac{\cos ax}{x^2 + 1}\mathrm{d}x - \frac{1}{2}\int_{-\infty}^{+\infty} \frac{\cos bx}{x^2 + 1}\mathrm{d}x$$

由公式(5.14)得

$$I = \frac{1}{2}\mathrm{Re}\Big(2\pi \mathrm{i}\mathrm{Res}\Big[\frac{1}{z^2 + 1}\mathrm{e}^{\mathrm{i}az}, \mathrm{i}\Big]\Big) - \frac{1}{2}\mathrm{Re}\Big(2\pi \mathrm{i}\mathrm{Res}\Big[\frac{1}{z^2 + 1}\mathrm{e}^{\mathrm{i}bz}, \mathrm{i}\Big]\Big)$$

$$= \frac{1}{2}\mathrm{Re}\left(2\pi\mathrm{i}\frac{\mathrm{e}^{\mathrm{i}az}}{2z}\Big|_{z=\mathrm{i}}\right) - \frac{1}{2}\mathrm{Re}\left(2\pi\mathrm{i}\frac{\mathrm{e}^{\mathrm{i}bz}}{2z}\Big|_{z=\mathrm{i}}\right) = \frac{\pi}{2}(\mathrm{e}^{-a} - \mathrm{e}^{-b}).$$

5.2.4　积分路径上有奇点的积分

例 5.13　计算积分 $I = \displaystyle\int_0^{+\infty} \frac{\sin x}{x}\mathrm{d}x$.

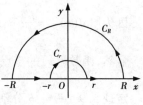

解　令 $f(z) = \dfrac{\mathrm{e}^{\mathrm{i}z}}{z}$, 由于该函数在实轴上有一个极点 $z=0$, 积分路径必须避开这个点. 因此, 以足够小的 $r>0$ 及足够大的 $R>0$ 为半径分别作半圆周: $C_r : z = r\mathrm{e}^{\mathrm{i}\theta}, 0 \le \theta \le \pi$ 及 $C_R : z = R\mathrm{e}^{\mathrm{i}\theta}, 0 \le \theta \le \pi$. 取如图 5.3 所示的闭曲线为积分路径, 由 Cauchy 积分定理, 有

图 5.3

$$\int_{C_R} \frac{\mathrm{e}^{\mathrm{i}z}}{z}\mathrm{d}z + \int_{-R}^{-r} \frac{\mathrm{e}^{\mathrm{i}x}}{x}\mathrm{d}x + \int_{C_r^-} \frac{\mathrm{e}^{\mathrm{i}z}}{z}\mathrm{d}z + \int_r^R \frac{\mathrm{e}^{\mathrm{i}x}}{x}\mathrm{d}x = 0$$

由于　　　$\displaystyle\int_{-R}^{-r} \frac{\mathrm{e}^{\mathrm{i}x}}{x}\mathrm{d}\underline{x = -u}\int_R^r \frac{\mathrm{e}^{-\mathrm{i}u}}{u}\mathrm{d}u = -\int_r^R \frac{\mathrm{e}^{-\mathrm{i}x}}{x}\mathrm{d}x$

所以　　　$\displaystyle\int_{-R}^{-r} \frac{\mathrm{e}^{\mathrm{i}x}}{x}\mathrm{d}x + \int_r^R \frac{\mathrm{e}^{\mathrm{i}x}}{x}\mathrm{d}x = \int_r^R \frac{\mathrm{e}^{\mathrm{i}x} - \mathrm{e}^{-\mathrm{i}x}}{x}\mathrm{d}x = 2\mathrm{i}\int_r^R \frac{\sin x}{x}\mathrm{d}x$

故　　　$\displaystyle\int_{C_R} \frac{\mathrm{e}^{\mathrm{i}z}}{z}\mathrm{d}z + \int_{C_r^-} \frac{\mathrm{e}^{\mathrm{i}z}}{z}\mathrm{d}z + 2\mathrm{i}\int_r^R \frac{\sin x}{x}\mathrm{d}x = 0$　　　　　　　　(5.15)

而　　　$\left|\displaystyle\int_{C_R} \frac{\mathrm{e}^{\mathrm{i}z}}{z}\mathrm{d}z\right| \le \int_{C_R} \left|\frac{\mathrm{e}^{\mathrm{i}z}}{z}\right||\mathrm{d}z| = \frac{1}{R}\int_{C_R} \mathrm{e}^{-y}\mathrm{d}s = \int_0^{\pi} \mathrm{e}^{-R\sin\theta}\mathrm{d}\theta = 2\int_0^{\frac{\pi}{2}} \mathrm{e}^{-R\sin\theta}\mathrm{d}\theta$

$$\le 2\int_0^{\frac{\pi}{2}} \mathrm{e}^{-\frac{2\theta R}{\pi}}\mathrm{d}\theta = \frac{\pi}{R}(1 - \mathrm{e}^{-R})$$

则　　　$\displaystyle\lim_{R\to\infty}\int_{C_R} \frac{\mathrm{e}^{\mathrm{i}z}}{z}\mathrm{d}z = 0$　　　　　　　　　　(5.16)

又因

$$\frac{\mathrm{e}^{\mathrm{i}z}}{z} = \frac{1}{z} + \mathrm{i} + \frac{\mathrm{i}^2 z}{2!} + \cdots + \frac{\mathrm{i}^n z^{n-1}}{n!} + \cdots = \frac{1}{z} + \varphi(z)$$

其中 $\varphi(z) = \mathrm{i} + \dfrac{\mathrm{i}^2 z}{2!} + \cdots + \dfrac{\mathrm{i}^n z^{n-1}}{n!} + \cdots$, 在 $z=0$ 处解析, 且 $\varphi(0) = \mathrm{i}$, 故当 $|z|$ 充分小时, 可使 $|\varphi(z)| \le 2$. 因此,

$$\int_{C_r^-} \frac{\mathrm{e}^{\mathrm{i}z}}{z}\mathrm{d}z = \int_{C_r^-} \frac{1}{z}\mathrm{d}z + \int_{C_r^-} \varphi(z)\mathrm{d}z, \left|\int_{C_r^-} \varphi(z)\mathrm{d}z\right| \le \int_{C_r^-} |\varphi(z)|\mathrm{d}s \le 2\int_{C_r^-} \mathrm{d}s = 2\pi r$$

但

$$\int_{C_r^-} \frac{\mathrm{d}z}{z} = \int_{\pi}^0 \frac{\mathrm{i}r\mathrm{e}^{\mathrm{i}\theta}}{r\mathrm{e}^{\mathrm{i}\theta}}\mathrm{d}\theta = -\mathrm{i}\pi$$

故

$$\lim_{r\to 0}\int_{C_r^-} \frac{\mathrm{e}^{\mathrm{i}z}}{z}\mathrm{d}z = -\mathrm{i}\pi$$　　　　　　　　(5.17)

所以当 $r\to 0$ 和 $R\to\infty$ 时, 由式(5.16), 式(5.17)与式(5.18)可得

$$2\mathrm{i}\int_0^{+\infty} \frac{\sin x}{x}\mathrm{d}x = \mathrm{i}\pi \quad \text{即} \quad I = \int_0^{+\infty} \frac{\sin x}{x}\mathrm{d}x = \frac{\pi}{2}.$$

5.3　辐角原理及其应用

5.3.1　对数留数

因为 $[\ln f(z)]' = \dfrac{f'(z)}{f(z)}$，所以称积分 $\dfrac{1}{2\pi i}\oint_C \dfrac{f'(z)}{f(z)}\mathrm{d}z$ 为 $f(z)$ 关于曲线 C 的**对数留数**.

显然，函数 $f(z)$ 的零点和奇点都可能是 $\dfrac{f'(z)}{f(z)}$ 的奇点.

定理 5.9　设 a,b 分别是 $f(z)$ 的 m 级零点和 n 级极点，则 a,b 都是 $\dfrac{f'(z)}{f(z)}$ 的一级极点，且

$$\mathrm{Res}\left[\frac{f'(z)}{f(z)},a\right] = m,\ \mathrm{Res}\left[\frac{f'(z)}{f(z)},b\right] = -n.$$

证　因 a 是 $f(z)$ 的 m 级零点，则在 a 点的某邻域内有

$$f(z) = (z-a)^m \varphi(z)$$

其中 $\varphi(z)$ 在 a 点的邻域内解析，且 $\varphi(a)\neq 0$. 于是

$$\frac{f'(z)}{f(z)} = \frac{m}{z-a} + \frac{\varphi'(z)}{\varphi(z)}$$

由于 $\varphi(a)\neq 0$，故 $\dfrac{\varphi'(z)}{\varphi(z)}$ 在 a 点解析，从而 a 是 $\dfrac{f'(z)}{f(z)}$ 的一级极点，且

$$\mathrm{Res}\left[\frac{f'(z)}{f(z)},a\right] = m \tag{5.18}$$

因为 b 是 $f(z)$ 的 n 级极点，故在 b 点的某去心邻域内有

$$f(z) = \frac{g(z)}{(z-b)^n}$$

其中 $g(z)$ 在 b 点的邻域内解析，且 $g(b)\neq 0$，于是

$$\frac{f'(z)}{f(z)} = \frac{-n}{z-b} + \frac{g'(z)}{g(z)}$$

由于 $g(b)\neq 0$，故 $\dfrac{g'(z)}{g(z)}$ 在 b 点解析，从而 b 是 $\dfrac{f'(z)}{f(z)}$ 的一级极点，且

$$\mathrm{Res}\left[\frac{f'(z)}{f(z)},b\right] = -n \tag{5.19}$$

关于对数留数，我们有下面的重要定理.

定理 5.10（对数留数定理）　设 $f(z)$ 在简单正向闭曲线 C 上解析且不为零，在 C 内除去有限个极点外处处解析，则

$$\frac{1}{2\pi i}\oint_C \frac{f'(z)}{f(z)}\mathrm{d}z = N - P \tag{5.20}$$

其中 N 与 P 分别表示 $f(z)$ 在 C 的内部的零点与极点的总个数（一个 m 级零点算作 m 个零点，一个 n 级极点算作 n 个极点）.

证　设 $f(z)$ 在 C 内有 m 个不同的零点 $a_1,a_2,\cdots,a_m$ 和 n 个不同的极点 $b_1,b_2,\cdots,b_n$，它们

的级数分别为 $\alpha_1,\alpha_2,\cdots,\alpha_m$ 和 $\beta_1,\beta_2\cdots,\beta_n$. 由定理 5.3, 这 $m+n$ 个点都是 $\dfrac{f'(z)}{f(z)}$ 的一级极

点,且

$$\mathrm{Res}\left[\frac{f'(z)}{f(z)},a_k\right]=\alpha_k(k=1,\cdots,m),\mathrm{Res}\left[\frac{f'(z)}{f(z)},b_l\right]=-\beta_l(l=1,\cdots,n)$$

故由留数定理,得

$$\frac{1}{2\pi\mathrm{i}}\oint_C\frac{f'(z)}{f(z)}\mathrm{d}z=\sum_{k=1}^m\alpha_k-\sum_{l=1}^n\beta_l=N-P$$

例 5.14　利用对数留数定理计算下列积分:

$(1)\oint_{|z|=3}\tan z\mathrm{d}z$　　　　　　$(2)\oint_{|z|=4}\dfrac{6z^2-14}{z^3-7z+6}\mathrm{d}z$

解　(1) 令 $f(z)=\cos z$,则 $f'(z)=-\sin z,N=2(z=\pm\dfrac{\pi}{2}$ 为一级零点 $),P=0$

所以　　　　　　　　　　$\oint_{|z|=3}\tan z\mathrm{d}z=-2\pi\mathrm{i}(2-0)=-4\pi\mathrm{i}$

(2) 令 $f(z)=z^3-7z+6,f'(z)=3z^2-7,N=3(z=1,2,-3),P=0$

所以　　　　　　　　$\oint_{|z|=4}\dfrac{6z^2-14}{z^3-7z+6}\mathrm{d}z=2\cdot2\pi\mathrm{i}(3-0)=12\pi\mathrm{i}$

5.3.2　辐角原理

为了说明定理 5.10 的几何意义,先引进辐角改变量的概念. 设在 $\mathbb{C}$ 平面上有一条起点为 z_0,终点为 z_1 的曲线 C. 如果选定 z_0 点的辐角 $\arg z_0$,当 z 从 z_0 沿 C 向 z_1 运动时,辐角也将从 $\arg z_0$ 开始连续变化,从而得到 z_1 点辐角的一个特定值 $\arg z_1=\arg z_0+\theta$(图5.4),称 $\theta=\arg z_1-\arg z_0$ 为 z 沿 C 从 z_0 到 z_1 的辐角改变量.

　　下面讨论定理 5.10 的几何意义. 我们知道,当 z 沿 $\mathbb{C}$ 平面上的简单闭曲线 C 的正向绕行一周时,$w=f(z)$ 就相应地在 w 平面上画出一条不经过原点(因为在 C 上 $f(z)\neq0$)的有向闭曲线 Γ. 但 Γ 不一定是简单的,它可能按正向绕原点若干圈,也可能按负向绕原点若干圈,如图 5.5 所示.

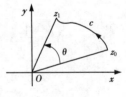

图5.4

　　由前面的定义易可知,当点 w 从 Γ 上一点 w_0 出发,依 Γ 的方向走遍 Γ 回到 w_0 时,如果 Γ 不包含原点,那么其辐角改变量 $\Delta_\Gamma\arg w=0$(图5.5);如果 Γ 包含原点,其辐角改变量 $\Delta_\Gamma\arg w=\pm2k\pi$($k$ 为 w 沿 Γ 绕原点的圈数). 例如,对于图 5.5 中所画的有向闭曲线 $\Gamma,\Delta_\Gamma\arg w=4\pi$.

　　设 Γ 的方程为 $w=f(z)=\rho(\varphi)\mathrm{e}^{\mathrm{i}\varphi}$,则 $\rho(\varphi)=|f(z)|,\varphi=\arg w=\arg f(z)$,于是

$$\frac{1}{2\pi\mathrm{i}}\oint_C\frac{f'(z)}{f(z)}\mathrm{d}z=\frac{1}{2\pi\mathrm{i}}\oint_\Gamma\frac{\mathrm{d}w}{w}=\frac{1}{2\pi\mathrm{i}}\left(\oint_\Gamma\frac{\mathrm{d}\rho}{\rho}+\mathrm{i}\oint_\Gamma\mathrm{d}\varphi\right)=\frac{1}{2\pi}\oint_\Gamma\mathrm{d}\varphi$$

$$=\frac{1}{2\pi}\Delta_\Gamma\arg w=\frac{1}{2\pi}\Delta_C\arg f(z)=\frac{1}{2\pi}\cdot(\pm2k\pi)=\pm k$$

这里,$\Delta_C\arg f(z)$ 表示 z 绕 C 的正向一周后 $\arg f(z)$ 的改变量,即 w 沿相应曲线 Γ 的辐角的改变量.

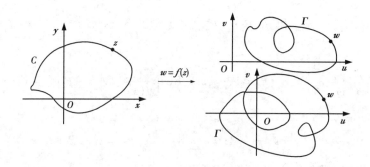

图 5.5

由此可见,对数留数的几何意义是 Γ 绕原点的圈数 k,总是一个整数.

综合上述讨论及定理 5.10,得定理 5.11.

定理 5.11 (辐角原理)在定理 5.10 的条件下,有

$$N - P = \frac{1}{2\pi}\Delta_C \arg f(z) \tag{5.21}$$

特别地,如果 $f(z)$ 在 C 上及 C 之内部均解析,且 $f(z)$ 在 C 上不为零,则 $P = 0$,从而 $N = \frac{1}{2\pi}\Delta_C \arg f(z)$. 我们可以借此研究在一个指定区域内多项式零点的个数问题.

定理 5.12 (Rouché 定理)设 $f(z)$ 与 $g(z)$ 在简单闭曲线 C 及其内部解析,且在 C 上满足条件 $|f(z)| > |g(z)|$,则在 C 内 $f(z)$ 与 $f(z) + g(z)$ 的零点个数相同.

证 由于在 C 上 $|f(z)| > |g(z)| \geq 0$,$|f(z) + g(z)| \geq |f(z)| - |g(z)| > 0$,故 $f(z)$ 与 $f(z) + g(z)$ 在 C 上都无零点. 如果用 N 与 N' 分别表示 $f(z)$ 与 $f(z) + g(z)$ 在 C 的内部的零点个数,由于 $f(z)$ 与 $f(z) + g(z)$ 在 C 的内部解析,因此,根据辐角原理,有

$$N = \frac{1}{2\pi}\Delta_C \arg f(z)$$

$$N' = \frac{1}{2\pi}\Delta_C \arg(f(z) + g(z)) = \frac{1}{2\pi}\Delta_C \arg\left[f(z)\left(1 + \frac{g(z)}{f(z)}\right)\right]$$

$$= \frac{1}{2\pi}\Delta_C \arg f(z) + \frac{1}{2\pi}\Delta_C \arg\left(1 + \frac{g(z)}{f(z)}\right) = N + \frac{1}{2\pi}\Delta_C \arg\left(1 + \frac{g(z)}{f(z)}\right)$$

由上可知,要证明 $N = N'$,只需证明 $\Delta_C \arg\left(1 + \frac{g(z)}{f(z)}\right) = 0$.

事实上,由于在 C 上 $|f(z)| > |g(z)|$,令 $w = 1 + \frac{g(z)}{f(z)}$,则 $|w - 1| = \left|\frac{g(z)}{f(z)}\right| < 1$,即 w 落在以 1 为心的单位圆内,所以 C 的像曲线 $w = 1 + \frac{g(z)}{f(z)}(z \in C)$ 不围绕原点,从而有 $\Delta_C \arg(1 + \frac{g(z)}{f(z)}) = 0$.

由 Rouché 定理与零点孤立性定理容易得到**单叶解析函数**的一个重要性质,它在共形映射理论中有着十分重要的应用. 所谓区域 D 内的单叶解析函数,是指对 $\forall z_1, z_2 \in D, z_1 \neq z_2$,都有 $f(z_1) \neq f(z_2)$,此时也称区域 D 为 $f(z)$ 的**单叶性区域**.

定理 5.13 若 $f(z)$ 在 D 内单叶解析函数,则对 $\forall z \in D$ 有 $f'(z) \neq 0$.

例 5.15　求多项式 $P(z) = z^8 - z^5 - 5z^3 + 2$ 在圆 $|z| < 1$ 内有多少个零点?

解　取 $f(z) = -5z^3, g(z) = z^8 - z^5 + 2$. 在圆周 $|z| = 1$ 上, $|f(z)| = |-5z^3| = 5$, 且 $|g(z)| \leqslant |z^8| + |z^5| + 2 = 4$, 故 $|f(z)| > |g(z)|$. 于是, 由 Rouché 定理知, $P(z) = f(z) + g(z)$ 与 $f(z)$ 在圆 $|z| < 1$ 内的零点个数相同. 而 $f(z)$ 在圆 $|z| < 1$ 内只有一个 3 级零点 $z = 0$, 所以 $P(z)$ 在圆 $|z| < 1$ 内有 3 个零点.

例 5.16　证明代数学基本定理: 任一 n 次方程 $a_0 z^n + a_1 z^{n-1} + \cdots + a_{n-1} z + a_n = 0 (n \geqslant 1, a_0 \neq 0)$ 有且只有 n 个根.

证　令 $f(z) = a_0 z^n, g(z) = a_1 z^{n-1} + \cdots + a_{n-1} z + a_n$. 因为 $\lim\limits_{z \to \infty} \dfrac{g(z)}{f(z)} = 0$, 故当 R 充分大时, 在圆周 $|z| = R$ 上, 有 $\left| \dfrac{g(z)}{f(z)} \right| < 1$, 即 $|f(z)| > |g(z)|$. 于是, 根据路西定理 $f(z) + g(z)$ 与 $f(z)$ 在圆 $|z| < R$ 内的零点个数相同. 而 $f(z)$ 在圆 $|z| < R$ 内只有一个 n 级零点, 故 $f(z) + g(z) = a_0 z^n + a_1 z^{n-1} + \cdots + a_{n-1} z + a_n$ 在圆 $|z| < R$ 内有 n 个零点, 即方程 $a_0 z^n + a_1 z^{n-1} + \cdots + a_{n-1} z + a_n = 0$ 在圆 $|z| < R$ 内有 n 个根.

又由于当 $|z| > R$ 时, 有 $|f(z)| > |g(z)|$. 所以在圆周 $|z| = R$ 上和圆外有
$$|f(z) + g(z)| \geqslant |f(z)| - |g(z)| > 0$$
即原方程在圆周 $|z| = R$ 上和圆外都没有根. 故原方程在 $\mathbb{C}$ 平面上有且仅有 n 个根.

习题 5

1. 求下列各函数 $f(z)$ 在孤立奇点的留数(不考虑无穷远点).

(1) $\dfrac{1}{z^3 - z^5}$
　　　　(2) $\dfrac{z^2}{(1 + z^2)^2}$
　　　　(3) $\dfrac{z^{2n}}{1 + z^n}$ (n 为自然数)

(4) $\dfrac{1 - e^{2z}}{z^4}$
　　　　(5) $\dfrac{1}{\sin z}$
　　　　(6) $\tan z$

2. 计算下列各积分(利用留数)

(1) $\displaystyle\oint_C \frac{z \mathrm{d}z}{(z-1)(z-2)^2}, C: |z - 2| = \frac{1}{2}$

(2) $\displaystyle\oint_C \frac{\mathrm{d}z}{1 + z^4}, C: x^2 + y^2 = 2x$

(3) $\displaystyle\oint_C \frac{\sin z}{z} \mathrm{d}z, C: |z| = \frac{3}{2}$

(4) $\displaystyle\oint_C \frac{3z^3 + 2}{(z-1)(z^2 + 9)} \mathrm{d}z, C: |z| = 4$

(5) $\displaystyle\oint_C \frac{e^{2z}}{(z-1)^2} \mathrm{d}z, C: |z| = 2$

(6) $\displaystyle\oint_C \frac{1 - \cos z}{z^m} \mathrm{d}z, C: |z| = \frac{3}{2}, m$ 为整数

3. 求 $\text{Res}[f(z),\infty]$ 的值,如果

$(1)f(z)=\dfrac{\mathrm{e}^z}{z^2-1}$ $\qquad(2)f(z)=\dfrac{1}{z(z+1)^4(z-4)}$ $\qquad(3)f(z)=\dfrac{2z}{3+z^2}$

4. 设函数 $f(z)$ 在 $z=\infty$ 有可去奇点,求 $\text{Res}[f(z),\infty]$.

5. 计算下列各积分,C 为正向圆周。

$(1)\displaystyle\oint_C\frac{\mathrm{d}z}{z^3(z^{10}-2)},C:\mid z\mid=2$

$(2)\displaystyle\oint_C\frac{z^3}{1+z}\mathrm{e}^{\frac{1}{z}}\mathrm{d}z,C:\mid z\mid=2$

$(3)\dfrac{1}{2\pi\mathrm{i}}\displaystyle\oint_C\frac{\mathrm{e}^{zt}}{1+z^2}\mathrm{d}z,C:\mid z\mid=2$

$(4)\displaystyle\oint_C\tan(\pi z)\mathrm{d}z,C:\mid z\mid=n$

$(5)\displaystyle\oint_C z^n\mathrm{e}^{\frac{2}{z}}\mathrm{d}z,C:\mid z\mid=r,n$ 为整数

$(6)\displaystyle\oint_C\text{th}\,z\mathrm{d}z,C:\mid z-2\mathrm{i}\mid=1$

6. 试求下列各积分的值.

$(1)\displaystyle\int_0^{2\pi}\frac{\mathrm{d}\theta}{a+\cos\theta}\quad(a<1)$ $\qquad(2)\displaystyle\int_0^{\pi}\frac{\cos2\theta}{1-2a\cos\theta+a^2}\mathrm{d}\theta\quad(a^2<1)$

$(3)\displaystyle\int_{-\infty}^{\infty}\frac{\mathrm{d}x}{x^2+2x+2}$ $\qquad(4)\displaystyle\int_{-\infty}^{\infty}\frac{x\mathrm{d}x}{(1+x^2)(x^2+2x+2)}$

$(5)\displaystyle\int_0^{+\infty}\frac{x\sin x}{1+x^2}\mathrm{d}x$ $\qquad(6)\displaystyle\int_{-\infty}^{\infty}\frac{(1+x^2)\cos ux}{1+x^2+x^4}\mathrm{d}x$

$(7)\displaystyle\int_0^{\infty}\frac{\sin x}{x(1+x^2)}\mathrm{d}x$ $\qquad(8)\displaystyle\int_0^{\pi}\frac{\mathrm{d}\theta}{a^2+\sin^2\theta}\quad(a>0)$

$(9)\displaystyle\int_{-\infty}^{\infty}\frac{\mathrm{d}x}{(x^2+a^2)(x^2+b^2)}\quad(a>0,b>0)$

$(10)\displaystyle\int_0^{\infty}\frac{\cos x}{(x^2+a^2)(x^2+b^2)}\mathrm{d}x\quad(a>0,b>0)$

$(11)\displaystyle\int_0^{\infty}\frac{x^2-b^2}{x^2+b^2}\cdot\frac{\sin ax}{x}\mathrm{d}x\quad(a>0)$

7. 设 $f(z)$ 在 z 平面上解析,$f(z)=\displaystyle\sum_{n=0}^{\infty}\alpha_n z^n$,则对任一正数 k,求 $\text{Res}\left[\dfrac{f(z)}{z^k},0\right]$.

8. 若 $f(z)$ 和 $g(z)$ 在点 z_0 处解析,而且 $f(z_0)\neq0$,$g(z)$ 以 z_0 为二级零点,证明:$\text{Res}\left[\dfrac{f(z)}{g(z)},z_0\right]=\dfrac{a_1b_2-a_0b_3}{b_2^2}$,其中 $a_k=\dfrac{1}{k!}f^{(k)}(z_0)$,$b_k=\dfrac{1}{k}g^{(k)}(z_0)$.

9. 若 $f(z)$ 在 $|z|\leqslant1$ 上解析且 $|f(z)|<1$,试问方程 $f(z)=z$ 在 $|z|<1$ 内有几个根.

10. 试证明若在简单闭曲线 C 上有

$|a_kz^k|>|a_0+a_1z+\cdots+a_{k-1}z^{k-1}+a_{k+1}z^{k+1}+\cdots+a_nz^n|$ 则当 $z=0$ 位于 C 内时多项式 $a_0+a_1z+\cdots+a_nz^n$ 在 C 内有 k 个零点,又问当 $z=0$ 位于 c 的外部时,将有什么结论?

11. 证明方程 $z^7-z^3+12=0$ 的根都在圆环域 $1\leqslant|z|\leqslant2$ 内.

12. 证明若 $|a| > e$,则方程 $e^z = az^n$ 在圆 $|z| < 1$ 内有 n 个根.

13. 若 $|a_k| < 1(k = 1,2,\cdots,n)$,$|b| < 1$,且

$$f(z) = \prod_{k=1}^{n} \left[\frac{z - a_k}{1 - \bar{a}_k z} \right]$$

则方程 $f(z) = b$ 在圆 $|z| < 1$ 内有 n 个根;若 $|b| > 1$,则方程 $f(z) = b$ 在圆 $|z| > 1$ 内恰有 n 个根.

第 **6** 章
共形映射

我们已知道,复变函数 $w = f(z)$ 在几何上可以看成是 z 平面上一个点集到 w 平面上一个点集的映射,自然地,单叶解析函数也是两个平面点集之间的映射,被称为共形映射. 理论上或实际中,往往可通过建立恰当的共性映射,把复杂区域上的问题转化到简单区域上去讨论,这种思想方法在数学本身以及在流体力学、弹性力学、电学和地球物理学等学科中都有着非常重要的应用.

6.1 共形映射的概念

6.1.1 导数的几何意义

在实分析中,$f'(x_0)$ 表示曲线 $C = \{(x, y) : y = f(x), x \in I\}$ 上过点 (x_0, y_0) 处的切线斜率. 人们自然会问,在复分析中 $f'(z)$ 表示什么?

设函数 $w = f(z)$ 在区域 D 内解析,点 $z_0 \in D$ 且 $f'(z_0) \neq 0$. 在 D 内通过 z_0 任意引一条有向光滑曲线

$$C : z = z(t) = x(t) + iy(t) \quad (a \leq t \leq b)$$

记 $z_0 = z(t_0), t_0 \in [a, b]$,如果 $z'(t_0) \neq 0$,则 C 在 z_0 点有切线,切向量为 $z'(t_0) = x'(t_0) + iy'(t_0)$,它与 z 平面上 x(实)轴的夹角为 $\theta = \arg z'(t_0)$.

函数 $w = f(z)$ 把 z 平面上的曲线 C 变为 w 平面上过点 $w_0 = f(z_0)$ 的曲线

$$\Gamma : w = f(z(t)) \quad (a \leq t \leq b)$$

因为 $w'(t_0) = f'(z_0)z'(t_0) \neq 0$,故曲线 Γ 在点 w_0 也有切线,切向量为 $w'(t_0)$,它与 w 平面上 u(实)轴的夹角为

$$\varphi = \arg w'(t_0) = \arg f'(z_0) + \arg z'(t_0)$$

于是
$$\arg f'(z_0) = \arg w'(t_0) - \arg z'(t_0) = \varphi - \theta \tag{6.1}$$

如果把 z 平面与 w 平面叠放在一起,使点 z_0 与点 w_0 重合,使两实轴同向平行,则 C 在点 z_0 的切线与 Γ 在点 w_0 的切线之间的夹角 $\varphi - \theta$ 就是 $\arg f'(z_0)$(图 6.1). 换句话说,就是 Γ 在点 w_0 的切线可由 C 在点 z_0 的切线转动一个角 $\arg f'(z_0)$ 后得到. 显然 $\arg f'(z_0)$ 仅与 z_0 有关,而

与过 z_0 的曲线 C 的形状和方向无关,这种性质称为**转动角的不变性**. 而**导数辐角** $\arg f'(z_0)$ 称为映射 $w = f(z)$ 在 z_0 **处的转动角**. 这也就是导数辐角的几何意义.

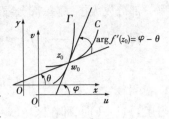

图 6.1

下面讨论区域 D 内过点 z_0 的两条有向光滑曲线 C 及 C' 的情形:设 C 及 C' 在 w 平面的像曲线分别为 Γ 及 Γ',以 α 及 α' 分别记 C 及 C' 在 z_0 点的切线与 x 轴正方向的夹角,而用 β 及 β' 分别表示 Γ 及 Γ' 在 w_0 点的切线与 u 轴正方向的夹角. 于是有

$$\beta = \alpha + \arg f'(z_0), \beta' = \alpha' + \arg f'(z_0).$$

故
$$\beta' - \beta = \alpha' - \alpha \tag{6.2}$$

其中 $\alpha' - \alpha$ 是 C 和 C' 在点 z_0 的夹角(经过 z_0 的两条有向曲线 C 与 C' 的切线方向所构成的角,称为两曲线在该点的**夹角**)(反时针方向为正),$\beta' - \beta$ 是 Γ 和 Γ' 在点 $w_0 = f(z_0)$ 的夹角(反时针方向为正). 式(6.2)表明映射 $w = f(z)$ 在点 z_0 既保持了夹角的大小,又保持夹角的方向(图6.2). 这种性质称为映射的**保角性**.

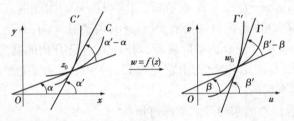

图 6.2

其次,我们讨论导数的模 $|f'(z_0)|$ 的几何意义. 由于 $|\Delta z|$ 和 $|\Delta w|$ 分别是向量 Δz 和 Δw 的长度,故 $|f'(z_0)| = \lim\limits_{z \to z_0} \dfrac{|\Delta w|}{|\Delta z|}$. 这说明像点间的无穷小距离与原像点间的无穷小距离之比的极限是 $|f'(z_0)|$,这可以看成是曲线 C 经 $w = f(z)$ 映射后在 z_0 点的**伸缩系数**或**伸缩率**. 它仅与 z_0 有关,而与曲线 C 的形状和方向无关,这个性质称为映射 $w = f(z)$ 在 z_0 点的**伸缩率的不变性**. 当 $|f'(z_0)| > 1$ 时,从 z_0 点出发的任意无穷小距离经 $w = f(z)$ 映射后都被伸长了;当 $|f'(z_0)| < 1$ 时,从 z_0 点出发的任意无穷小距离经 $w = f(z)$ 映射后都被压缩了.

综上所述,我们得出定理6.1.

定理 6.1 设函数 $w = f(z)$ 在区域 D 内解析,点 $z_0 \in D$ 且 $f'(z_0) \neq 0$,则映射 $w = f(z)$ 在 z_0 点具有以下两个性质:

①保角性:过 z_0 的任意两条曲线间的夹角在映射 $w = f(z)$ 下,既保持大小,又保持方向.

②伸缩率不变性.

由此可见,若 $w = f(z)$ 在区域 D 内解析,$z_0 \in D$ 且 $f'(z_0) \neq 0$,$w_0 = f(z_0)$,则 $w = f(z)$ 把某 $N_\delta(z_0)$ 内的无穷小曲边三角形映射为某 $N_\varepsilon(w_0)$ 内的一个无穷小曲边三角形,由于保持了曲线间的夹角大小和方向,故这两个小三角形近似地"相似".

此外,由于近似地有 $|f'(z_0)| \approx \left| \dfrac{w - w_0}{z - z_0} \right|$,则 $w = f(z)$ 把某 $N_\delta(z_0)$ 内的一个半径充分小的圆周 $|z - z_0| = \delta$ 近似地映射为 w 平面上某 $N_\varepsilon(w_0)$ 内的圆周 $|w - w_0| = |f'(z_0)|\delta$.

例 6.1 试求映射 $f(z) = \ln(z-1)$ 在点 $z_0 = -1 + 2i$ 处的旋转角,并说明映射将 z 平面的

哪一部分放大了,哪一部分缩小了.

解　$f'(z) = \dfrac{1}{z-1}$, $|f'(z)| = \dfrac{1}{\sqrt{(x-1)^2+y^2}}$, 在 $z_0 = -1+2\mathrm{i}$ 处有

$$f'(-1+2\mathrm{i}) = -\frac{1}{4}(1+\mathrm{i}), \quad \arg\left[-\frac{1}{4}(1+\mathrm{i})\right] = -\frac{3}{4}\pi$$

当 $|f'(z)| < 1$ 时,即在区域 $(x-1)^2+y^2 > 1$ 内时图形缩小,当 $|f'(z)| > 1$ 时,即在区域 $(x-1)^2+y^2 < 1$ 内时图形放大.

6.1.2　共形映射的概念

定义 6.1　设 $w = f(z)$ 在 $N_\delta(z_0)$ 内是一一对应的,且在 z_0 具有保角性和伸缩率不变性,则称映射 $w = f(z)$ 在 z_0 点是共形的,或称 $w = f(z)$ 在 z_0 点是**共形映射**. 如果映射 $w = f(z)$ 在区域 D 内的每一点都是共形的,则称 $w = f(z)$ 是区域 D 内的**共形映射**.

于是结合 6.1.1 节的讨论,可得到定理 6.2.

定理 6.2　如果函数 $w = f(z)$ 在 z_0 点解析,且 $f'(z_0) \neq 0$,则映射 $w = f(z)$ 在 z_0 点是共形的;如果函数 $w = f(z)$ 在 D 内解析且处处有 $f'(z) \neq 0$,则映射 $w = f(z)$ 是 D 内的共形映射.

定理 6.3　如果 $w = f(z)$ 在 D 内单叶解析,则 $w = f(z)$ 是 D 内的共形映射.

证　若 $f(z)$ 在区域 D 内单叶解析,由定理 5.13,对 $\forall z \in D$ 有 $f'(z) \neq 0$,则由定理 6.2 知, $w = f(z)$ 在区域 D 内是共形的.

由定理 6.1 及复合函数的求导公式立即可得:

定理 6.4(保复合性)　两个共形映射的复合仍然是一个共形映射.

定理 6.4 说明,如果 $\xi = g(z)$ 把 z 平面上的区域 D 共形映射成 ξ 平面上的区域 E,而 $w = f(\xi)$ 把区域 E 共形映射成 w 平面上的区域 G,则复合函数 $w = f[g(z)]$ 是一个把 D 映射为 G 的共形映射. 这一事实在求具体的共形映射时将经常用到.

解析函数所确定的映射还具有保域性,即下面的定理(证明从略).

定理 6.5(保域性)　设 $w = f(z)$ 在区域 D 内解析,且不恒为常数,则 D 的像 $G = f(D)$ 也是一个区域.

定义 6.2　具有伸缩率不变性与保角性的共形映射称为第一类共形映射;如果映射 $w = f(z)$ 具有伸缩率不变性,但只保持夹角的大小不变而方向相反,则称映射为第二类共形映射.

例 6.2　函数 $f(z) = z^2 + 2z$ 在 z 平面处处解析, $f'(z) = 2z + 2$, 显然当 $z \neq -1$ 时, $f'(z) \neq 0$,因此,映射 $f(z) = z^2 + 2z$ 在 z 平面上除 $z = -1$ 外处处是共形的.

例 6.3　证明:映射 $w = z + \dfrac{1}{z}$ 把圆周 $|z| = R$ 映为椭圆: $u = \left(R + \dfrac{1}{R}\right)\cos\theta$, $v = \left(R - \dfrac{1}{R}\right)\sin\theta$.

证　设 $z = r(\cos\theta + \mathrm{i}\sin\theta)$, $w = u + \mathrm{i}v$, 由于 $|z| = R$, 所以 $r = R$. 又因为

$$\begin{aligned}
w &= z + \frac{1}{z} = r(\cos\theta + \mathrm{i}\sin\theta) + \frac{1}{r(\cos\theta + \mathrm{i}\sin\theta)} \\
&= r(\cos\theta + \mathrm{i}\sin\theta) + \frac{1}{r}(\cos\theta - \mathrm{i}\sin\theta) = \left(r + \frac{1}{r}\right)\cos\theta + \mathrm{i}\left(r - \frac{1}{r}\right)\sin\theta \\
&= \left(R + \frac{1}{R}\right)\cos\theta + \mathrm{i}\left(R - \frac{1}{R}\right)\sin\theta
\end{aligned}$$

故　　　　　　$u = \left(R + \dfrac{1}{R}\right)\cos\theta, v = \left(R - \dfrac{1}{R}\right)\sin\theta$，即 $\dfrac{u^2}{\left(R + \dfrac{1}{R}\right)^2} + \dfrac{v^2}{\left(R - \dfrac{1}{R}\right)^2} = 1$

不少实际问题要求将一个指定的区域共形映射成另一个区域予以处理,由定理 6.3 和定理 6.5 可知,一个单叶解析函数能够将其单叶性区域共形映射成另一个区域. 相反地,在扩充复平面上任意给定两个单连通区域 D 与 G,是否存在一个单叶解析函数,使 D 共形映射成 G? 下述的黎曼存在与唯一性定理和边界对应定理(证明从略)肯定地回答了此问题.

定理 6.6(黎曼存在与唯一性定理)　如果扩充复平面上的单连通区域 D,其边界点不止一点,则存在一个在 D 内的单叶解析函数 $w = f(z)$,它将 D 共形映射成单位圆 $|w| < 1$,且当合条件 $f(a) = 0, f'(a) > 0, (a \in D)$ 时,$f(z)$ 是唯一的.

定理 6.7(边界对应定理)　设 $w = f(z)$ 在单连通区域 D 内解析,在 $\overline{D}$ 上连续,且把区域 D 的边界 C 保持相同绕行方向、一一对应地映射为单连通区域 G 的边界 Γ,则 $w = f(z)$ 将 D 共形映射为 G.

应用定理 6.7 我们可以求已给区域 D 在映射 $w = f(z)$ 下的像域 $G = f(D)$. 首先,将已知区域 D 的边界 C 的表达式代入 $w = f(z)$,可得到像曲线 Γ；其次,在 C 上按一定绕向取三点 $a \to b \to c$,它们的像在 Γ 上依次为 $a' \to b' \to c'$,如果区域 D 位于 $a \to b \to c$ 绕向的左侧(或右侧),则由 Γ 所围成的象区域 G 应落在 $a' \to b' \to c'$ 绕向的左侧(或右侧),如图 6.3 所示,这样我们就确定了像域 $G = f(D)$. 通常把这种确定映射区域的方法称为**绕向确定法**.

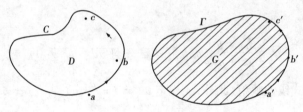

图 6.3

例 6.4　试求区域 D：$0 < \arg z < \dfrac{5\pi}{6}$ 在映射 $w = z^2$ 下的像.

解　D 的边界为 $C = \left\{z : \arg z = 0 \text{ 或 } \arg z = \dfrac{5\pi}{6}\right\}$,由于 $\arg w = \arg z^2 = 2\arg z$,故 C 的像 $\Gamma = \left\{w : \arg w = 0 \text{ 或 } \arg w = \dfrac{5\pi}{3}\right\}$,如图 6.4 所示. 此时在 w 平面上区域 G 及区域 G' 都以 Γ 为边界,那么,所求像域是 G 还是 G'? 为此,应用边界对应定理,在 C 上依次取 $z_1 \to z_2 \to z_3$,比如,$z_1 = \mathrm{e}^{\frac{5\pi}{6}\mathrm{i}} = -\dfrac{\sqrt{3}}{2} + \mathrm{i}\dfrac{1}{2}, z_2 = 0, z_3 = 1$,则它们的像在 Γ 上依次为：$w_1 = \mathrm{e}^{\frac{5\pi}{3}\mathrm{i}} = \dfrac{\sqrt{3}}{2} - \mathrm{i}\dfrac{1}{2}, w_2 = 0, w_3 = 1$. 由于区域 D 落在 $z_1 \to z_2 \to z_3$ 绕向的左侧,因而像区域应落在 $w_1 \to w_2 \to w_3$ 绕向的左侧,故所求像区域为 G：$0 < \arg w < \dfrac{5\pi}{3}$.

由于区域 D 和 G 的多样性与复杂性,要直接找出 D 和 G 之间的映射是比较困难的,但由定理 6.6 可先将 D 共形映射成单位圆,然后再将此单位圆共形映射成 G,两者复合起来即可将 D 共形映射成 G. 一般而言,是利用共形映射的保复合性,可复合若干基本的共形映射而得到 D 和 G 之间的共形映射,其基本方法如下述框图所示.

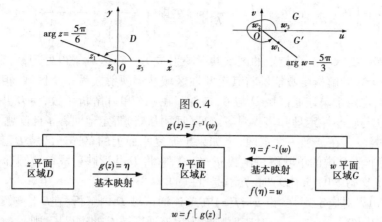

图 6.4

为此,这里介绍分式线性映射及一些初等函数所构成的映射.

6.2 分式线性映射

6.2.1 分式线性映射的概念

定义 6.3 由

$$w = \frac{az + b}{cz + d}, (a, b, c, d \in \mathbb{C} \text{ 且 } ad - bc \neq 0) \tag{6.3}$$

所确定的函数称为**分式线性映射**. 此外,还规定 $w(\infty) = \frac{a}{c}, w\left(-\frac{d}{c}\right) = \infty \ (c \neq 0)$.

条件 $ad - bc \neq 0$ 是必要的. 否则,若 $ad - bc = 0$,则 $w \equiv$ 常数.

易知分式线性映射式(6.3)的逆映射 $z = \frac{-dw + b}{cw - a}$ 也是一个分式线性映射. 两个分式线性映射的复合仍是一个分式线性映射.

分式线性映射式(6.3)是由下述 3 种简单映射复合而成:

① $w = z + h$; ② $w = kz$; ③ $w = \frac{1}{z}$.

事实上,当 $c = 0$ 时,式(6.3)即为 $w = \frac{a}{d}z + \frac{b}{d}$,它是由①、②复合而成;

当 $c \neq 0$ 时,式(6.3)可改写为

$$w = \frac{a}{c} + \frac{bc - ad}{c} \cdot \frac{1}{cz + d}$$

它即为下述形如①,②,③的映射

$$\xi = cz + d, \eta = \frac{1}{\xi}, w = \frac{bc - ad}{c}\eta + \frac{a}{c}$$

的复合.

下面我们来考察上述 3 种映射的几何意义. 为叙述方便起见,把 w 平面与 z 平面的实轴、虚轴分别重合,用同一平面上的点表示 w 和 z.

①$w = z + h$. 由于复数相加可以化为向量相加,所以 $w = z + h$ 就是将 z 沿向量 h 的方向平行移动 $|h|$ 个单位(图6.5).因此把映射 $w = z + h$ 称为**平移**.

②$w = kz$. 设 $z = re^{i\theta}$,$k = te^{i\varphi}$,那么 $w = rte^{i(\theta + \varphi)}$,这说明只要将 z 先旋转一个角度 φ,再将 $|z|$ 伸缩 t 倍,所得向量的终点就是 w(图6.6).因此把映射 $w = kz$ 称为**旋转与伸缩**.

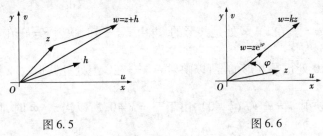

图6.5   图6.6

③$w = \dfrac{1}{z}$ 称作**反演变换**,它可以看作是由 $w_1 = \dfrac{1}{\bar{z}}$,$w = \bar{w}_1$ 复合而成.

为了从几何上方便的作出像点 w,我们先给出关于单位圆周对称点的定义.

定义6.4 设单位圆周 $C : |z| = 1$,如果 p 与 p' 同时位于以圆心为起点的射线上,且满足 $|op| \cdot |op'| = 1^2$,则称 p 与 p' 为关于单位圆周的**对称点**. 规定:无穷远点 ∞ 与圆心 O 是关于单位圆周的对称点.

设 p 在圆周 C 内,则过点 p 作 Op 的垂线交圆周 C 于 A,再过 A 作圆周 C 的切线交射线 Op 于 p',那么 p 与 p' 即互为对称点(图6.7(a)).

设 $z = re^{i\vartheta}$,则 $w_1 = \dfrac{1}{\bar{z}} = \dfrac{1}{r}e^{i\theta}$,$w = \bar{w}_1 = \dfrac{1}{r}e^{-i\theta}$,即有 $\arg z = \arg w_1$,$|w_1| \cdot |z| = 1^2$,$\arg w = -\arg w_1$,$|w| = |w_1|$. 表明 z 与 w_1 是关于单位圆周 $|z| = 1$ 的对称点,w_1 与 w 是关于实轴的对称点. 这样我们就可以很容易地从 z 出发作出 $w = \dfrac{1}{z}$ 来(图6.7(b)).通常我们将 $w = \dfrac{1}{z}$ 称为关于单位圆周的**对称变换**,而把 $w = \bar{z}$ 称为关于实轴的**对称变换**.

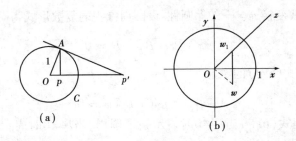

(a)   (b)

图6.7

6.2.2 分式线性映射的性质

(1)保角性

首先讨论映射 $w = \dfrac{1}{z}$,由于 $\dfrac{dw}{dz} = -\dfrac{1}{z^2}$,因此映射在 $z \neq 0$ 与 $z \neq \infty$ 的各处是共形的,从而具有保角性。至于在 $z = 0$ 与 $z = \infty$ 处映射是否保角就需要先对两曲线在无穷远点处的夹角进行定义.

定义 6.5 两曲线在无穷远点处的夹角,就是指它们在反演变换下的像曲线在原点处的夹角.

按照这样的定义,由于映射 $w = \dfrac{1}{z} = \zeta$ 在 $\zeta = 0$ 处解析,且 $\dfrac{\mathrm{d}w}{\mathrm{d}\zeta}\big|_{\zeta=0} = 1 \neq 0$,所以映射 $w = \zeta$ 在 $\zeta = 0$ 处,即映射 $w = \dfrac{1}{z}$ 在 $z = \infty$ 处是共形的. 再由 $z = \dfrac{1}{w}$ 知,映射 $z = \dfrac{1}{w}$ 在 $w = \infty$ 处是共形的,即映射 $w = \dfrac{1}{z}$ 在 $z = 0$ 处也是共形的. 所以映射 $w = \dfrac{1}{z}$ 在 $\overline{\mathbb{C}}$ 上处处共形.

下面讨论复合映射 $w = kz + h(k \neq 0)$,由于 $\dfrac{\mathrm{d}w}{\mathrm{d}z} = k \neq 0$,所以当 $z \neq \infty$ 时,映射是共形的,从而具有保角性. 为了证明映射在 $z = \infty$(像点 $w = \infty$)处保角,引入两个反演变换:$\zeta = \dfrac{1}{z}$,$\eta = \dfrac{1}{w}$,将映射 $w = kz + h$ 转化为映射 $\eta = \dfrac{\zeta}{k + h\zeta}$,显然它在 $\zeta = 0$ 处解析,且有

$$\frac{\mathrm{d}\eta}{\mathrm{d}\zeta}\Big|_{\zeta=0} = \frac{k}{(k + h\zeta)^2}\Big|_{\zeta=0} = \frac{1}{k} \neq 0$$

因此,映射在 $\zeta = 0$ 处是共形的,即映射 $w = kz + h(k \neq 0)$ 在 $z = \infty$ 处是共形的. 所以映射 $w = kz + h$ 在 $\overline{\mathbb{C}}$ 上处处共形.

由上面的讨论可得到下面的结论.

定理 6.8 分式线性映射式(6.3)在 $\overline{\mathbb{C}}$ 上处处具有保角性,且为共形映射.

(2)保圆性

由于映射 $w = kz + h(k \neq 0)$ 是将扩充 z 平面上的点 z 经过平移、旋转与伸缩而得到像点 w 的. 因此,扩充 z 平面上的一个圆周或一条直线经过映射 $w = kz + h$ 所得的像曲线仍然是一个圆周或一条直线. 如果在扩充 z 平面上,将直线视为经过无穷远点的圆周,这说明映射 $w = kz + h$ 在扩充 z 平面上把圆周映射成圆周. 此时也称映射 $w = kz + h$ 具有**保圆性**.

下面我们讨论反演变换 $w = \dfrac{1}{z}$ 的保圆性. 设圆周方程的复数形式为

$$Az\bar{z} + \bar{\beta}z + \beta\bar{z} + D = 0 \tag{6.4}$$

在映射 $w = \dfrac{1}{z}$ 下,圆周式(6.4)的像为

$$A + \bar{\beta}\bar{w} + \beta w + D\bar{w}w = 0 \tag{6.5}$$

与式(6.4)相比,方程式(6.5)当 $D \neq 0$ 时表示一个圆周;当 $D = 0$ 时表示一条直线. 从而映射 $w = \dfrac{1}{z}$ 具有保圆性. 所以可得到定理 6.9.

定理 6.9 分式线性映射式(6.3)将扩充 z 平面上的圆周映射成扩充 w 平面上的圆周. 如果给定的圆周(包括直线)上没有点映射成无穷远点,那么它的像就是半径为有限的圆周;如果有一个点映射成无穷远点,那么它的像就是直线.

(3)保对称点性

类似于定义 6.4,可定义 z_1, z_2 关于圆周 $C: |z - a| = R$ 对称,是指 z_1, z_2 都在过圆心 a 的同一条射线上,且 $|z_1 - a||z_2 - a| = R^2$. 此外,规定圆心 a 与点 ∞ 关于圆周 C 对称.

由此可知,z_1,z_2 关于圆周 $C:|z-a|=R$ 对称,当且仅当 $z_2-a=\dfrac{R^2}{\overline{z_1-a}}$.

下面的定理从几何的角度说明了对称点的重要特性.

定理 6.10 $\overline{\mathbb{C}}$ 上两点 z_1,z_2 关于圆周 C 对称的充要条件是:通过 z_1,z_2 的任何圆周 Γ 都与圆周 C 正交(图 6.8(a)).

该定理由平面几何知识及对称点的定义不难证明,故证明从略.

定理 6.11 如果 $\overline{\mathbb{C}}$ 上两点 z_1 与 z_2 关于圆周 C 对称,那么在分式线性映射(6.3)下,z_1 与 z_2 的像 w_1 与 w_2 关于 C 的像 C' 也对称(图 6.8(b)).

证 设过 w_1 与 w_2 的任一圆周 Γ' 是过 z_1 与 z_2 的圆周 Γ 在分式线性映射下的像,由于 z_1 与 z_2 关于圆周 C 对称,由定理 6.10 知 Γ 与 C 正交,而分式线性映射具有保角性,所以 Γ' 与 C' 也必正交,因此由定理 6.10,w_1 与 w_2 关于 C 的像曲线 C' 也对称.

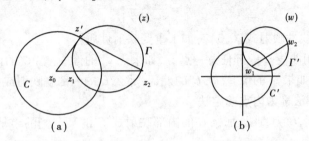

图 6.8

(4)保交比性

定义 6.6 $\overline{\mathbb{C}}$ 上有顺序的 4 个相异点 z_1,z_2,z_3,z_4 构成下面的量,称为它们的**交比**,记为 (z_1,z_2,z_3,z_4)

$$(z_1,z_2,z_3,z_4)=\frac{z_4-z_1}{z_4-z_2}:\frac{z_3-z_1}{z_3-z_2}$$

当 4 点中有一点为 ∞ 时,应将包含此点的项用 1 代替. 例如 $z_1=\infty$ 时,即有

$$(\infty,z_2,z_3,z_4)=\frac{1}{z_4-z_2}:\frac{1}{z_3-z_2}$$

亦即可先视 z_1 为有限,再令 $z_1\to\infty$ 取极限而得.

定理 6.12 在分式线性映射式(6.3)下,4 点的交比不变.

证 设 $w_k=\dfrac{az_k+b}{cz_k+d},(k=1,2,3,4)$,则 $w_i-w_j=\dfrac{(ad-bc)(z_i-z_j)}{(cz_i+d)(cz_j+d)}$

因此有

$$(w_1,w_2,w_3,w_4)=\frac{w_4-w_1}{w_4-w_2}:\frac{w_3-w_1}{w_3-w_2}=\frac{z_4-z_1}{z_4-z_2}:\frac{z_3-z_1}{z_3-z_2}=(z_1,z_2,z_3,z_4)$$

在分式线性映射式(6.3)中含有 4 个复参数 a,b,c,d. 由于 $ad-bc\neq0$,可知这些参数中至少有一个不为零,如果我们用它去除分子和分母,就可将分式中的 4 个参数化为 3 个参数. 所以分式线性映射式(6.3)中实质上只有 3 个独立的复参数. 因此,只需给定 3 个条件,就能唯一确定一个分式线性映射.

事实上,假设在 z 平面上任意给定 3 个相异的点 z_1,z_2,z_3,并指定变为 w 平面上的点 w_1,w_2,w_3,由定理 6.12 易知:

$$\frac{w - w_1}{w - w_2} : \frac{w_3 - w_1}{w_3 - w_2} = \frac{z - z_1}{z - z_2} : \frac{z_3 - z_1}{z_3 - z_2} \tag{6.6}$$

就是将 $z_k(k = 1, 2, 3)$ 依次映射成 $w_k(k = 1, 2, 3)$ 的唯一分式线性映射. 即 3 对对应点唯一确定一个分式线性映射.

例 6.5 求把 $z_1 = 1, z_2 = \infty, z_3 = i$ 分别映射为 $w_1 = 0, w_2 = 1, w_3 = -1$ 的分式线性映射.

解 由公式 (6.6) 有

$$\frac{w - 0}{w - 1} : \frac{-1 - 0}{-1 - 1} = \frac{z - 1}{z - z_2} : \frac{i - 1}{i - z_2}$$

由此得

$$\frac{2w}{w - 1} = \frac{z - 1}{i - 1} \cdot \frac{-\dfrac{1}{z_2} + 1}{-\dfrac{z}{z_2} + 1}, \text{ 令 } z_2 \to \infty, \text{ 则有 } \frac{2w}{w - 1} = \frac{z - 1}{i - 1}$$

化简得

$$w = \frac{z - 1}{z - 2i + 1}$$

综上所述, 分式线性映射式 (6.3) 有如下重要映射性质:

①设 z_0 是简单闭曲线 C 内部任意一点 z_0, 如果点 z_0 的像 w_0 在 C' 的内部, 那么 C 的内部就映射成 C' 的内部; 如果 z_0 的像 w_0 在 C' 的外部, 那么 C 的内部就映射成 C' 的外部. 通常把这种确定映射区域的方法称为**内点确定法**.

②如果 C 为圆周, C' 为直线, 那么 C 的内部映射成 C' 的某一侧的半平面. 至于是哪一侧, 可由绕向确定.

③当两圆周上没有点映射成无穷远点时, 则两圆周的弧所围成的区域映射成两圆弧所围成的区域.

④当两圆周上有一个点(非交点)映射成无穷远点时, 则两圆周的弧所围成的区域映射成一圆弧与一直线所围成的区域.

⑤当两圆周交点中的一个点映射成无穷远点时, 则两圆周的弧所围成的区域映射成角形区域.

6.2.3 分式线性映射的应用

在处理边界为圆周、圆弧、直线及直线段的区域的共形映射中, 分式线性映射起着极为重要的作用.

例 6.6 设映射分式线性映射 $w = \dfrac{az + b}{cz + d}$ 将圆周 $|z| = 1$ 映射为直线, 那么它的参数应满足什么条件?

解 首先, 分式线性映射应满足 $ad - bc \neq 0$. 由于映射把圆周 $|z| = 1$ 映为直线, 因此圆周上必有某点被映为 ∞, 即 $w = \dfrac{az + b}{cz + d} = \infty$, 从而 $cz + d = 0$, 所以应有 $\left| -\dfrac{d}{c} \right| = |z| = 1$, 因此参数应满足 $ad - bc \neq 0$ 且 $|c| = |d|$.

例 6.7 若 a, b, c, d 都是实数, 且 $ad - bc > 0$, 则 $w = \dfrac{az + b}{cz + d}$ 将下半平面 $\text{Im } z < 0$ 共形映射成下半平面 $\text{Im } w < 0$.

证 因 a, b, c, d 都是实数, 所以 $w = \dfrac{az + b}{cz + d}$ 也将实数变为实数, 故它将 z 平面的实轴 $\text{Im } z =$

0 映射为 w 平面实轴 $\text{Im } w = 0$. 而它将下半 z 平面映射成 w 平面上的哪一部分呢? 为此,在下半 z 平面内取 $z_0 = -\text{i}$,它的像为

$$w_0 = \frac{-a\text{i} + b}{-c\text{i} + d} = \frac{(b - a\text{i})(d + c\text{i})}{c^2 + d^2} = \frac{bd + ac}{c^2 + d^2} + \frac{bc - ad}{c^2 + d^2}\text{i}.$$

由于 $ad - bc > 0$,故 z_0 的像点 w_0 位于下半平面 $\text{Im } w < 0$ 内.

又对下半 z 平面内的任一点 z,都有 $\dfrac{\mathrm{d}w}{\mathrm{d}z} = \dfrac{ad - bc}{(cz + d)^2} \neq 0$,因此 $w = \dfrac{az + b}{cz + d}$ 确将下半平面 $\text{Im } z < 0$ 共形映射成下半平面 $\text{Im } w < 0$.

注:满足例 6.7 条件的 $w = \dfrac{az + b}{cz + d}$ 也是将上半 z 平面映射成上半 w 平面的共形映射.

例 6.8　试求将下半平面 $\text{Im } z < 0$ 映射成下半平面 $\text{Im } w < 0$ 的分式线性映射,且使 $w(-\text{i}) = 1 - \text{i}, w(0) = 0$(图 6.9).

图 6.9

解　设所求分式线性映射为 $w = \dfrac{az + b}{cz + d}$,其中 a, b, c, d 都是实数,且 $ad - bc > 0$.

由于 $w(0) = 0$,故 $b = 0, a \neq 0$,用 a 除分子分母,有 $w = \dfrac{z}{mz + n}$,其中 $m = \dfrac{c}{a}, n = \dfrac{d}{a}$ 都是常数.

又因为 $w(-\text{i}) = 1 - \text{i}$,所以 $1 - \text{i} = \dfrac{-\text{i}}{-m\text{i} + n}$,即 $(n - m) - (n + m)\text{i} = -\text{i}$,从而 $n - m = 0$, $n + m = 1$,解之得 $n = m = \dfrac{1}{2}$,故所求映射为 $w = \dfrac{2z}{z + 1}$.

例 6.9　求将上半平面 $\text{Im } z > 0$ 映射为单位圆 $|w| < 1$ 的共形映射,且使 $z = a(\text{Im } a > 0)$ 变为 $w = 0$(图 6.10).

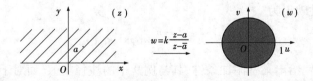

图 6.10

解　根据边界对应定理,只要寻求到将区域边界映为另一区域边界的共形映射即可,为此,就应考虑将实轴 $\text{Im } z = 0$ 映为单位圆周 $|w| = 1$ 的映射,而这正是从分式线性映射中可以寻求到的.

题中要求将点 $z = a(\text{Im } a > 0)$ 变为 $w = 0$. 由于关于实轴 $\text{Im } z = 0$ 与 a 对称的点是 $\bar{a}$,关于单位圆周 $|w| = 1$ 与 0 对称的点是 ∞. 根据分式线性映射的保对称点性,点 $z = \bar{a}$ 应映为 $w = \infty$.

因此所求映射应具有形式：$w = k\dfrac{z-a}{z-\bar{a}}$，其中 k 为待定常数.

因为 $z = 0$ 的像点 $w = k\dfrac{a}{\bar{a}}$ 必在单位圆周 $|w| = 1$ 上，故 $|k| = 1$. 如果令 $k = e^{i\theta}$，则所求分式线性映射为

$$w = e^{i\theta}\frac{z-a}{z-\bar{a}} \tag{6.7}$$

注：由于式(6.7)中的实参数 θ 并不确定，所以映射不唯一. 为使映射唯一，尚需附加条件，或者指出映射在实轴上一点与单位圆周上某点的对应关系，或者指出映射在 $z = a$ 处的转动角 $\arg w'(a)$. 对于映射式(6.7)，易知 $\arg w'(a) = \theta - \dfrac{\pi}{2}$.

例 6.10 求将单位圆 $|z| < 1$ 映射成单位圆 $|w| < 1$ 的分式线性映射，且使一点 $z = a(|a| < 1)$ 映射为 $w = 0$(图 6.11).

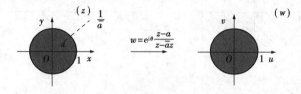

图 6.11

解 根据分式线性映射保对称点的性质，点 $z = a$(不妨假设 $a \neq 0$)关于单位圆周 $|z| = 1$ 的对称点 $w = \dfrac{1}{\bar{a}}$，应该映射成 $w = 0$ 关于单位圆周 $|w| = 1$ 的对称点 $w = \infty$，因此，所求映射应具有形式

$$w = k\frac{z-a}{z-\dfrac{1}{\bar{a}}} = -k\bar{a}\frac{z-a}{1-\bar{a}z} = k_1\frac{z-a}{1-\bar{a}z}$$

为了确定 k_1，取 $z = 1$，它的像点必在单位圆周 $|w| = 1$ 上，于是，$\left| k_1\dfrac{1-a}{1-\bar{a}} \right| = 1$，又 $|1-a| = |1-\bar{a}|$，所以 $|k| = 1$.

故所求分式线性映射为

$$w = e^{i\theta}\frac{z-a}{1-\bar{a}z}(|a| < 1) \tag{6.8}$$

同样，要确定 θ 还需要给出某些附加条件，其与例 9 中的注释类似. 而对于映射式(6.8)，易知 $\arg w'(a) = \theta$.

例 6.11 求将单位圆 $|z| < 1$ 映射成单位圆 $|w| < 1$ 的分式线性映射，且满足 $w\left(\dfrac{i}{2}\right) = 0$，$\arg w'\left(\dfrac{i}{2}\right) = \dfrac{\pi}{2}$.

解 由式(6.8)式及 $w\left(\dfrac{i}{2}\right) = 0$ 有，$w = e^{i\theta}\dfrac{z-\dfrac{i}{2}}{1+\dfrac{i}{2}z} = e^{i\theta}\dfrac{2z-i}{2+iz}$

由此得　　　　$w'\left(\dfrac{\mathrm{i}}{2}\right) = \mathrm{e}^{\mathrm{i}\theta}\dfrac{3}{(2+\mathrm{i}z)^2}\Big|_{z=\frac{\mathrm{i}}{2}} = \mathrm{e}^{\mathrm{i}\theta}\dfrac{4}{3}$，所以 $\theta = \arg w'\left(\dfrac{\mathrm{i}}{2}\right) = \dfrac{\pi}{2}$

故所求映射为　　　　　　　　　　　$w = \mathrm{e}^{\frac{\pi}{2}\mathrm{i}}\dfrac{2z-\mathrm{i}}{2+\mathrm{i}z} = \dfrac{2z-\mathrm{i}}{z-2\mathrm{i}}$

例 6.12　求将圆 $|z| < r$ 映射成圆 $|w| < R$ 的分式线性映射，且满足 $w(z_0) = w_0$，$\arg w'(z_0) = \theta$.

解　这个映射不能直接求得，而需要分几步来完成.

① 作映射 $w_1 = \dfrac{z}{r}$ 将圆 $|z| < r$ 映为单位圆 $|w_1| < 1$，将点 z_0 映射为 $\dfrac{z_0}{r}$；

② 作映射 $\eta = \mathrm{e}^{\mathrm{i}\theta_1}\dfrac{w_1 - \dfrac{z_0}{r}}{1 - w_1\dfrac{\bar{z}_0}{r}} = r\mathrm{e}^{\mathrm{i}\theta_1}\dfrac{z - z_0}{r^2 - z\bar{z}_0}$，把单位圆 $|w_1| < 1$ 映为单位圆 $|\eta| < 1$，并将点 $\dfrac{z_0}{r}$

映射为 $\eta = 0$；

③ 作映射 $w_2 = \dfrac{w}{R}$ 将圆 $|w| < R$ 映为单位圆 $|w_2| < 1$，将点 w_0 映射为 $\dfrac{w_0}{R}$；

④ 作映射 $\eta = \mathrm{e}^{\mathrm{i}\theta_2}\dfrac{w_2 - \dfrac{w_0}{R}}{1 - w_2\dfrac{\bar{w}_0}{R}} = R\mathrm{e}^{\mathrm{i}\theta_2}\dfrac{w - w_0}{R^2 - \bar{w}w_0}$，把单位圆 $|w_2| < 1$ 映为单圆 $|\eta| < 1$，并将点 $\dfrac{w_0}{R}$

映射为 $\eta = 0$（图 6.12）.

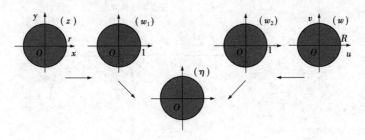

图 6.12

于是复合（2）与（4）得所求映射为：$R\mathrm{e}^{\mathrm{i}\theta_2}\dfrac{w - w_0}{R^2 - w\,\bar{w}_0} = r\mathrm{e}^{\mathrm{i}\theta_1}\dfrac{z - z_0}{r^2 - z\,\bar{z}_0}$

即　　　　　　　　　$\dfrac{w - w_0}{R^2 - w\,\bar{w}_0} = \mathrm{e}^{\mathrm{i}\theta}\dfrac{r(z - z_0)}{R(r^2 - z\,\bar{z}_0)}$，$(\theta = \theta_1 - \theta_2)$

6.3　某些初等函数所构成的共形映射

初等函数构成的共形映射是研究复杂区域间的共形映射的基础.

6.3.1　幂函数与根式函数

首先，对于幂函数

$$w = z^n \qquad (6.9)$$

其中 $n > 1$ 为整数,由于 $\dfrac{\mathrm{d}w}{\mathrm{d}z} = nz^{n-1}$,在 $z \neq 0$,$z \neq \infty$ 的任何点处具有不为零的导数,所以映射 $w = z^n$ 在这些点处是共形的.

令 $z = r\mathrm{e}^{\mathrm{i}\theta}$,$w = \rho \mathrm{e}^{\mathrm{i}\varphi}$,则由式(6.9)得 $\rho = r^n$,$\varphi = n\theta$. 由此可见,在映射 $w = z^n$ 下,z 平面上的圆周 $|z| = r(r > 0)$、正实轴 $\theta = 0$ 及射线 $\theta = \theta_0$ 分别被映射成 w 平面上的圆周 $|z| = r^n$、正实轴 $\varphi = 0$ 及射线 $\varphi = n\theta_0$.

由解析函数的保域性及边界对应定理可知,$w = z^n$ 把角形区域 D:$0 < \arg z < \alpha \left(0 < \alpha < \dfrac{2\pi}{n}\right)$ 映射成角形区域 G:$0 < \arg w < n\alpha$(图 6.13).

图 6.13

特别地,$w = z^n$ 把角形区域 D:$0 < \arg z < \dfrac{2\pi}{n}$ 映射成 w 平面上除去原点及正实轴的区域,它的一边 $\theta = 0$ 映射成正实轴的上岸 $\varphi = 0$,而另一边 $\theta = \dfrac{2\pi}{n}$ 映射成正实轴的下岸 $\varphi = 2\pi$(图 6.14).

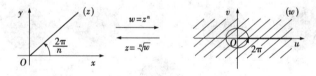

图 6.14

作为 $w = z^n$ 的逆映射

$$z = \sqrt[n]{w} \qquad (6.10)$$

将 w 平面上的角形区域 G:$0 < \arg w < n\alpha (0 < \alpha \leqslant \dfrac{2\pi}{n})$ 映射成 z 平面上角形区域 D:$0 < \arg z < \alpha$,其中 $\sqrt[n]{w}$ 是 G 内的一个单值解析分支,其值完全由区域 D 确定.

从上面的讨论可知,幂函数 $w = z^n$ 及根式函数 $z = \sqrt[n]{w}$ 把以原点为顶点的角形区域映射成以原点为顶点的角形区域,前者将角形区域的"顶角"扩大,后者将角形区域的"顶角"缩小. 因此,如果要在给定的角形区域与角形区域之间建立共形映射,就可以考虑运用幂函数与根式函数.

例 6.13 试求一个把角形区域 $-\dfrac{\pi}{8} < \arg z < \dfrac{\pi}{8}$ 映射成单位圆 $|w| < 1$ 的共形映射.

解 分式线性映射式(6.7)将上半平面共形映射成单位圆,而幂函数可以把角形区域映射成特殊的角形区域半平面,复合起来就有可能得到所求的映射.

①幂函数 $\zeta = z^4$ 把角形区域 $-\dfrac{\pi}{8} < \arg z < \dfrac{\pi}{8}$ 映射成右半平面 ζ.

②旋转映射 $\eta = e^{\frac{\pi}{2}i}\zeta = i\zeta$ 把右半平面 ζ 映射成上半平面 η.

③分式线性映射 $w = \dfrac{\eta - i}{\eta + i}$(此时相当于在式(6.7)中取 $\arg w'(i) = -\dfrac{\pi}{2}$)把上半平面 η 映射成单位圆 $|w| < 1$(图 6.15).

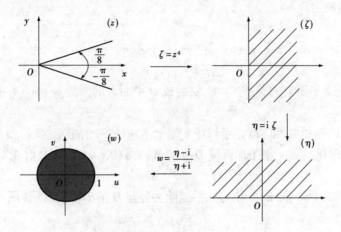

图 6.15

将①,②,③复合起来即得所求的一个共形映射为

$$w = \frac{\eta - i}{\eta + i} = \frac{i\zeta - i}{i\zeta + i} = \frac{\zeta - 1}{\zeta + 1} = \frac{z^4 - 1}{z^4 + 1}$$

例 6.14　求一个把具有割痕 $\mathrm{Re}\,z = 0, 0 \leqslant \mathrm{Im}\,z \leqslant h$ 的上半平面映射成上半平面的共形映射.

解　①用 $\zeta = z^2$ 将所给区域映射为一个具有割痕：$-h^2 \leqslant \mathrm{Re}\,\zeta < +\infty$，$\mathrm{Im}\,\zeta = 0$ 的 ζ 平面;

②用 $\eta = \zeta + h^2$ 把 ζ 平面上的区域映射为 η 平面上去掉了正实轴的区域;

③用 $w = \sqrt{\eta}$(取单值分支)把沿正实轴有割痕的角形区域映射成上平面(图 6.16).

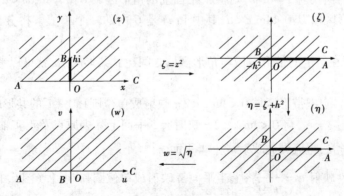

图 6.16

将上述映射复合即得所求的一个共形映射为 $w = \sqrt{\eta} = \sqrt{\zeta + h^2} = \sqrt{z^2 + h^2}$.

6.3.2 指数函数与对数函数

由于 $w = e^z$ 在 z 平面内处处解析,且 $\dfrac{dw}{dz} = e^z \neq 0$,因而由指数函数 $w = e^z$ 所确定的映射是一个 z 平面上的共形映射.

如果令

$$w = \rho e^{i\varphi}, z = x + iy \quad (-\pi < y < \pi, -\infty < x < +\infty)$$

则

$$|w| = \rho = e^x, \arg w = \varphi = y$$

由此可见,$w = e^z$ 把 z 平面上的直线 $x = x_0$ 映射成 w 平面上的圆周 $|w| = e^{x_0}$;把直线 $y = y_0$ 映射成射线 $\varphi = y_0$.

指数函数 $w = e^z$ 的单叶性区域是平行于实轴宽不超过 2π 的带形区域,如 $D: 0 < \text{Im } z < a(0 < a \leqslant 2\pi)$ 是单叶的. 因此,$w = e^z$ 把带形区域 $D: 0 < \text{Im } z < a(0 < a \leqslant 2\pi)$ 映射成 w 平面上的角形区域 $G: 0 < \arg w < a$.

特别地,它将 $0 < \text{Im } z < 2\pi$ 映射成 w 平面除去原点及正实轴的区域(图 6.17).

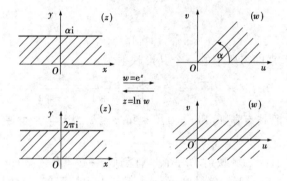

图 6.17

作为 $w = e^z$ 的逆映射 $z = \ln w$,则将 w 平面上的角形区域 $G: 0 < \arg w < a(0 < a \leqslant 2\pi)$ 映射成 z 平面上的带形区域 $D: 0 < \text{Im } z < a$,其中 $\ln w$ 是 G 内的一个单值解析分支,它的值完全由区域 D 确定.

于是,如果要在给定的带形区域与角形区域之间建立共形映射,就可以考虑运用指数函数和对数函数.

例 6.15 求一个把带形区域 $0 < \text{Im } z < 2\pi$ 映射成单位圆 $|w| < 1$ 的共形映射.

解 ①作映射 $\zeta = e^z$,将 $0 < \text{Im } z < 2\pi$ 映射成 ζ 平面上除去原点及正实轴的区域 ζ;

②作映射 $\eta = \sqrt{\zeta}$,将区域 ζ 映射成上半平面 η;

③作分式线性映射 $w = \dfrac{\eta - i}{\eta + i}$ 将上半平面 η 映射成单位圆 $|w| < 1$. (图 6.18)复合①,②,③即得所求映射为

$$w = \frac{\eta - i}{\eta + i} = \frac{\sqrt{\zeta} - i}{\sqrt{\zeta} + i} = \frac{\sqrt{e^z} - i}{\sqrt{e^z} + i}.$$

下面介绍两个有关二角形区域的映射问题.

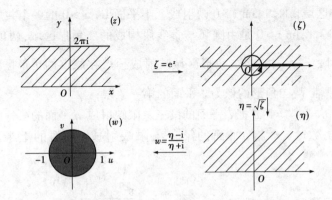

图 6.18

把过 a,b 两点(两个顶点)的两圆弧(其中一个可以是直线段)围成的区域称为二角形区域. 二角形的"内角"自然理解为过二角形顶点处两圆弧切线的夹角(图 6.19(a)).

由分式线性映射的结论易知,将二角形区域映射成角形区域的分式线性映射为

$$w = k\frac{z-a}{z-b} \tag{6.11}$$

它将 $z=a$ 映为 $w=0$,而将 $z=b$ 映为 $w=\infty$. 由于 $\dfrac{\mathrm{d}w}{\mathrm{d}z}\Big|_{z=a} = \dfrac{k}{a-b} \neq 0$($a\neq b, k\neq 0$). 所以式 (6.11)在 $z=a$ 点是共形的,从而它将内角为 α 的二角形区域映射成以原点为顶角张角为 α 的角形区域(图 6.19(b)).

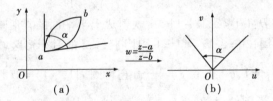

图 6.19

特别地,当两圆周内切于点 a 时,两圆周所围的月牙形区域也是一个二角形区域(两顶点合二为一). 取分式线性映射

$$w = \frac{pz+q}{z-a} \tag{6.12}$$

便可将切点 a 变成 ∞,而把月牙形区域变成一个带形区域(图 6.20),如果适当地选取 p,q,就可得到标准的带形区域 $0 < \operatorname{Im} z < \pi$.

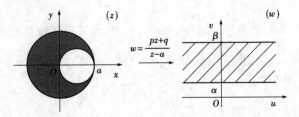

图 6.20

105

例6.16 求将区域 $|z| < 1, \mathrm{Im}\, z > 0$ 映射成上半平面 $\mathrm{Im}\, w > 0$ 的一个共形映射.

解 ①区域 $|z| < 1, \mathrm{Im}\, z > 0$ 是由圆弧与直线段构成的二角形区域,两顶点为 -1 和 1,因此,作分式线性映射 $\zeta = \dfrac{z+1}{z-1}$,它将二角形区域映射成顶点在原点的角形区域,直线段映成负实轴,圆弧映成负虚轴. 故二角形的像为 ζ 平面的第三象限;

②用旋转映射 $\eta = \mathrm{e}^{\mathrm{i}\pi}\zeta = -\zeta$ 把 ζ 平面的第三象限映射成 η 平面的第一象限;

③最后用幂函数 $w = \eta^2$ 将 η 平面的第一象限映射成 w 平面的上半平面 $\mathrm{Im}\, w > 0$(图 6.21).

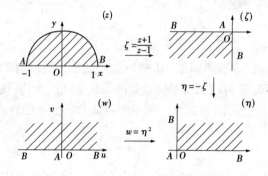

图 6.21

复合上述 3 个映射,即得所求映射为

$$w = \eta^2 = (-\zeta)^2 = \left(\frac{z+1}{z-1}\right)^2.$$

例6.17 求把区域 $D: |z| < 2, |z-1| > 1$ 映射成上半平面的共形映射.

解 区域 D 是两圆周 $|z| = 2, |z-1| = 1$ 相切于 $z = 2$ 的月牙形区域.

①在式(6.12)中取 $p = 1, q = 0$,得 $\xi = \dfrac{z}{z-2}$,它将圆周 $|z-1| = 1$ 上的点 $0, 1-\mathrm{i}, 2$ 分别映射为 ξ 平面上的点 $0, \mathrm{i}, \infty$,因此,把圆周 $|z-1| = 1$ 映为虚轴,把 $|z-1| > 1$ 映为右半平面. 另外,它将圆周 $|z| = 2$ 上的点 $-2, -2\mathrm{i}, 2$ 分别映射为 ξ 平面上的点 $\dfrac{1}{2}, \dfrac{1}{2}+\dfrac{\mathrm{i}}{2}, \infty$,从而把圆周 $|z| = 2$ 映为直线 $\mathrm{Re}\,\xi = \dfrac{1}{2}$,把 $|z| < 2$ 映为左半平面 $\mathrm{Re}\,\xi < \dfrac{1}{2}$. 所以映射 $\xi = \dfrac{z}{z-2}$ 将区域 D 映为带形区域 $0 < \mathrm{Re}\,\xi < \dfrac{1}{2}$.

②作旋转映射 $\eta = \mathrm{e}^{\frac{\pi}{2}\mathrm{i}}\xi = \mathrm{i}\xi$,将带形区域 $0 < \mathrm{Re}\,\xi < \dfrac{1}{2}$ 变为带形区域 $0 < \mathrm{Im}\,\eta < \dfrac{\mathrm{i}}{2}$.

③作伸缩映射 $\zeta = 2\pi\eta$,把带形区域 $0 < \mathrm{Im}\,\eta < \dfrac{\mathrm{i}}{2}$ 变为带形区域 $0 < \mathrm{Im}\,\zeta < \pi\mathrm{i}$.

④作指数映射 $w = \mathrm{e}^{\zeta}$,将带形区域 $0 < \mathrm{Im}\,\zeta < \pi\mathrm{i}$ 映为上半平面 $\mathrm{Im}\, w > 0$.

复合上述映射得(图 6.22)

$$w = \mathrm{e}^{\zeta} = \mathrm{e}^{2\pi\eta} = \mathrm{e}^{2\pi\mathrm{i}\xi} = \mathrm{e}^{\frac{2\pi\mathrm{i}z}{z-2}}.$$

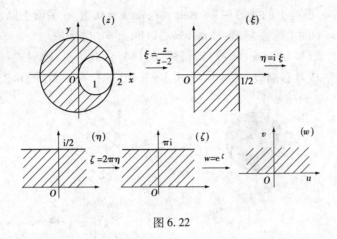

图 6.22

6.3.3　儒可夫斯基函数

函数

$$w = \frac{1}{2}\left(z + \frac{1}{z}\right) \tag{6.13}$$

称为**儒可夫斯基函数**. 这种函数首先被儒可夫斯基用来解决将机翼剖面的绕流问题转化为圆柱面的绕流问题. 由于直接按机翼剖面形状计算飞机飞行时所受的阻力、上升力,难度非常大,但如果通过共形映射将其变到圆周外部,则可使问题大为简化. 因此,式(6.13)也称为**机翼剖面函数**.

显然,在除点 $z=0$ 和 $z=\infty$ 外的任何点处儒可夫斯基函数解析. 由于

$$w' = \frac{1}{2}\left(1 - \frac{1}{z^2}\right)$$

因此,在除 $z=0$ 和 $z=\pm1$ 外,它是处处共形的.

由式(6.13)得 $2zw = z^2 + 1$,从而 $(z+1)^2 = 2z(w+1)$,$(z-1)^2 = 2z(w-1)$. 所以式(6.13)变形为

$$\left(\frac{z+1}{z-1}\right)^2 = \frac{w+1}{w-1} \tag{6.14}$$

我们知道分式线性映射

$$\zeta = \frac{z+1}{z-1} \tag{6.15}$$

把单位圆周 $|z|=1$ 上的点 $-1,-i,1$ 分别映射成 $0,i,\infty$,因此,它把 $|z|=1$ 映射成 ζ 平面的虚轴. 由绕向确定法,可见它把 z 平面上单位圆的外部 $|z|>1$ 映射成 ζ 平面的右半平面. 显然,幂函数

$$\eta = \zeta^2 \tag{6.16}$$

把 ζ 平面的右半平面映射成 η 平面上除去负实轴(包括原点)的区域.

另一方面,分式线性映射

$$w = \frac{\eta+1}{\eta-1}\left(\text{或者 } \eta = \frac{w+1}{w-1}\right) \tag{6.17}$$

把 η 平面上的点 $0,-1,\infty$ 分别一映射为 w 平面上的点 $-1,0,1$,因此,它把 η 平面上的负实轴

（包括原点）映射为 w 平面上的线段 $-1 \leqslant \mathrm{Re}\, w \leqslant 1$，$\mathrm{Im}\, w = 0$. 把 η 平面上除去负实轴（包括原点）的区域映射为 w 平面上除去割痕 $-1 \leqslant \mathrm{Re}\, w \leqslant 1$，$\mathrm{Im}\, w = 0$ 的区域.

复合式(6.15)、式(6.16)、式(6.17)即得式(6.14). 由此可见，映射式(6.13)把单位圆的外部 $|z| > 1$ 共形映射成具有割痕 $-1 \leqslant \mathrm{Re}\, w \leqslant 1$，$\mathrm{Im}\, w = 0$ 的扩充平面（图 6.23）.

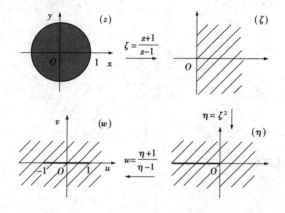

图 6.23

容易验证，式(6.15)、式(6.16)、及式(6.17)把 z 平面上过 $z = \pm 1$ 两点的圆（圆心在上半虚轴上），映射为 ζ 平面上的直线及 η 平面上的射线，最后映射成 w 平面上过 $w = \pm 1$ 的圆弧 $\overset{\frown}{A'B'}$（圆心在下半虚轴上）. 于是 z 平面上围绕圆 C、且与其相切于 1 的圆 Γ，被映射成 w 平面上围绕圆弧 $\overset{\frown}{A'B'}$、且在 B' 点处有一尖点的闭曲线 Γ'. 曲线 Γ' 的形状就像一机翼剖面的轮廓线（图 6.24）.

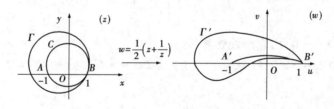

图 6.24

习题 6

1. 求 $w = 3z^2$ 在 $z = \mathrm{i}$ 处的伸缩率和旋转角，问 $w = 3z^2$ 将经过点 $z = \mathrm{i}$ 且平行于实轴正向的曲线的切线方向映射成 w 平面上哪一个方向？并作图.

2. 求映射 $w = \mathrm{i}z$ 下，下列图形映射成什么图形？

(1)以 $z_1 = \mathrm{i}, z_2 = -1, z_3 = 1$ 为顶点的三角形.

(2)闭圆域：$|z - 1| \leqslant 1$.

3. 证明映射 $w = z + \dfrac{1}{z}$ 把圆周 $|z| = c\,(>0)$ 映射成椭圆：$u = \left(c + \dfrac{1}{c}\right)\cos\theta, v = \left(c - \right.$

$\frac{1}{c})\sin\theta$.

4. 证明在映射 $w=e^{iz}$下,互相正交的直线簇 $\mathrm{Re}z=c_1$ 与 $\mathrm{Im}\,z=c_2$ 依次映射成互相正交的直线簇 $v=u\tan c_1$ 与圆簇 $u^2+v^2=e^{-2c_2}$.

5. 映射 $w=z^2$ 把上半个圆域:$|z|<R,\mathrm{Im}\,z>0$,映射成什么?

6. 求下列区域在指定的映射下的像域.

(1) $\mathrm{Re}z>0,w=iz+i$　　(2) $\mathrm{Im}\,z>0,w=(1+i)z$

(3) $0<\mathrm{Im}\,z<\frac{1}{2},w=\frac{1}{z}$　　(4) $\mathrm{Re}z>1,\mathrm{Im}\,z>0,w=\frac{1}{z}$

7. 求把上半平面 $\mathrm{Im}\,z>0$ 映射为单位圆 $|w|<1$ 的分式线性映射 $w=f(z)$,并满足条件:

(1) $f(i)=0,f(-1)=1$　　(2) $f(i)=0,\arg f'(i)=0$

8. 求把单位圆映射成单位圆的分式线性映射,并满足条件:

(1) $f\left(\frac{1}{2}\right)=0,f(-1)=1$　　(2) $f\left(\frac{1}{2}\right)=0,\arg f'\left(\frac{1}{2}\right)=\frac{\pi}{2}$

9. 把点 $z=1,i,-i$ 分别映射成点 $w=1,0,-1$ 的分式线性映射把单位圆 $|z|<1$ 映射成什么?并求出这个映射.

10. 把图6.25 阴影部分所示(边界为直线段或圆弧)的域 D 保形地且互为单值地映射成上半平面 G,求出实现各该映射的任一函数.

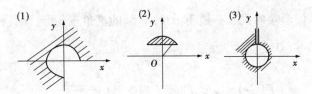

(1)
y
x
|z|>2,0<arg z<3/2 π
(2)
y
x
O
Im z>1,|z|<2
(3)
y
x
单位圆外部，且沿虚轴
由i到∞有割痕
(4)
y
ai
x
沿连结点z=0和z=ai的
线段有割痕的上半平面
(5)
y
x
{z:|z|} = {z:0<z<1}
(6)
y
x
|z|<2且|z−1|>1

图6.25

11. 设 $w=f(z)$ 是单位圆盘到自身的分式线性映射,证明对于单位圆内任意两点 z_1,z_2 有

$$\left|\frac{z_1-z_2}{1-\bar{z}_1z_2}\right|=\left|\frac{w_1-w_2}{1-\bar{w}_1w_2}\right|,w_k=f(z_k)\quad(k=1,2)$$

12. 求出一个把右半平面 $\mathrm{Re}z>0$ 映射成单位圆 $|w|<1$ 的保形映射.

13. 求出一个单位圆到自身的分式线性映射,使得 $\frac{1}{2}$,2 为不变点,$(5+3i)/4$ 变为无穷远点.

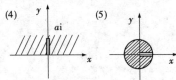

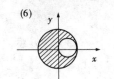

14. 求 $w = \mathrm{i}\dfrac{z+2}{z-2}$ 将 $|z| > 2$ 映射成的区域.

15. 求把 z 平面上的区域 $0 < \arg z < \dfrac{\pi}{2}$ 映射成 w 平面上的区域 $\operatorname{Im} w > 0$,且把点 $z_1 = \sqrt{2}\mathrm{i}$, $z_2 = 0$,$z_3 = 1$ 依次映射成 $w_1 = 0$,$w_2 = \infty$,$w_3 = -1$ 的保形映射.

16. 试将 $\operatorname{Im} z > 0$ 保形映射成等腰直角三角形,而且使 $z = 0,1,\infty$ 分别于 $w = 0, a, a+a\mathrm{i}(a > 0)$ 相对应.

17. 求把上半 z 平面映射成 w 平面中如图 6.26 所示的阴影部分的保形映射,并使 $x = 0$ 对应于 A 点,$x = -1$ 对应于 B 点。

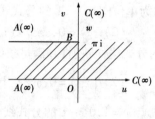

图 6.26

18. 试证明函数 $w = \displaystyle\int_0^z \dfrac{\mathrm{d}z}{\sqrt{z(1-z^2)}}$ 将上半平面 $\operatorname{Im} z > 0$ 映射成为一个边长等于 $\dfrac{1}{2}\dfrac{1}{\sqrt{2\pi}}\Gamma^2\left(\dfrac{1}{4}\right)$ 的正方形内部.

19. 试将 $\operatorname{Im} z > 0$ 保形映射成具有锐角 $\pi/6$,$\pi/3$,的直角三角形,而且使 $z = 0,1,\infty$ 分别与 $w = 0, a, a+\dfrac{a}{\sqrt{3}}\mathrm{i}$,对应$(a > 0)$.

$$\Gamma\left(\frac{1}{2}\right) = \sqrt{\pi};\ \Gamma(a)\Gamma(1-a) = \frac{\pi}{\sin a\pi}$$

第 **7** 章
Fourier 变换

在数学中,往往可以通过适当的变换把一个复杂的运算转化为一个简单的运算. 如对数变换可以把方幂运算转化为乘除运算,把乘除运算转化为加减运算,再通过取反对数得原来数量的方幂或积商. 积分变换(Fourier 变换、Laplace 变换等)也属于这种情况. 所谓**积分变换**,就是通过积分运算,把一个函数变成另一个函数的变换,一般是含参积分

$$F(\alpha) = \int_a^b f(t) K(t,\alpha) \mathrm{d}t,$$

其中 $K(t,\alpha)$ 是一个确定的二元函数,称为积分变换的**核**。当选取不同的积分域和变换核时,就得到不同名称的积分变换. $f(t)$ 称为 **(象) 原函数**,$F(\alpha)$ 称为 $f(t)$ 的**象函数**,在一定条件下,它们是一一对应的,而变换是可逆的.

本章从 Fourier 级数出发,引出在电学、力学、控制论等许多工程和科学领域中有广泛应用的一个积分变换——Fourier 积分变换,讨论它们的基本性质和一些简单的应用.

7.1 Fourier 积 分

在微积分中已学过 Fourier 级数,若 $f_T(t)$ 是以 T 为周期的周期函数,在 $\left[-\dfrac{T}{2}, \dfrac{T}{2} \right]$ 上满足 Dirichlet 条件,则 $f_T(t)$ 可展成 Fourier 级数

$$f_T(t) \sim \frac{a_0}{2} + \sum_{n=1}^{+\infty} (a_n \cos n\omega t + b_n \sin n\omega t)$$

其中

$$\omega = \frac{2\pi}{T},$$

$$a_n = \frac{2}{T} \int_{-\frac{T}{2}}^{\frac{T}{2}} f_T(t) \cos n\omega t \mathrm{d}t \quad (n = 0,1,2,3,\cdots)$$

$$b_n = \frac{2}{T} \int_{-\frac{T}{2}}^{\frac{T}{2}} f_T(t) \sin n\omega t \mathrm{d}t \quad (n = 1,2,3,\cdots)$$

在 $f_T(t)$ 的连续点 t 处有

$$f_T(t) = \frac{a_0}{2} + \sum_{n=1}^{+\infty} (a_n \cos n\omega t + b_n \sin n\omega t) \tag{7.1}$$

利用 Euler 公式 $e^{i\theta} = \cos\theta + i\sin\theta$ 可将 Fourier 级数的三角形式化为复指数形式

$$f_T(t) = \frac{a_0}{2} + \sum_{n=1}^{\infty} \left[a_n \cdot \frac{1}{2}(e^{in\omega t} + e^{-in\omega t}) - b_n \cdot \frac{i}{2}(e^{in\omega t} - e^{-in\omega t}) \right]$$

$$= \frac{a_0}{2} + \sum_{n=1}^{+\infty} \left(\frac{a_n - ib_n}{2}e^{in\omega t} + \frac{a_n + ib_n}{2}e^{-in\omega t} \right)$$

$$= C_0 + \sum_{n=1}^{\infty} (C_n e^{in\omega t} + C_{-n} e^{-in\omega t}) = \sum_{n=-\infty}^{n=+\infty} C_n e^{in\omega t} \tag{7.2}$$

其中

$$C_0 = \frac{a_0}{2} = \frac{1}{T}\int_{-\frac{T}{2}}^{\frac{T}{2}} f_T(t)\,dt$$

$$C_n = \frac{a_n - ib_n}{2} = \frac{1}{T}\int_{-\frac{T}{2}}^{\frac{T}{2}} f_T(t) e^{-in\omega t}\,dt \tag{7.3}$$

$$C_{-n} = \frac{a_n + ib_n}{2} = \frac{1}{T}\int_{-\frac{T}{2}}^{\frac{T}{2}} f_T(t) e^{in\omega t}\,dt$$

将式(7.3)代入式(7.2),得到

$$f_T(t) = \frac{1}{T}\sum_{n=-\infty}^{n=+\infty} \left[\int_{-\frac{T}{2}}^{\frac{T}{2}} f_T(\tau) e^{-in\omega\tau}\,d\tau \right] e^{in\omega t} \tag{7.4}$$

如果 $f(t)$ 是定义在 $(-\infty, +\infty)$ 上的非周期函数,则不能用 Fourier 级数表示,但任何一个非周期函数 $f(t)$ 都可以看成是由某个周期为 T 的周期函数 $f_T(t)$ 当 $T \to \infty$ 时转化而来的. 为此,作周期为 T 的函数 $f_T(t)$:它在 $\left[-\frac{T}{2}, \frac{T}{2} \right]$ 上等于 $f(t)$ 而在 $\left[-\frac{T}{2}, \frac{T}{2} \right]$ 之外按周期 T 进行延拓,可知 T 越大,$f_T(t)$ 与 $f(t)$ 相等的范围也越大,即有

$$\lim_{T \to \infty} f_T(t) = f(t) \tag{7.5}$$

记 $\omega_n = n\omega$,$\Delta\omega_n = \omega_n - \omega_{n-1} = \frac{2\pi}{T}$,则当 $T \to \infty$ 时,有 $\Delta\omega_n \to 0$,由式(7.5)、式(7.4)知

$$f(t) = \lim_{T \to \infty} f_T(t) = \lim_{T \to \infty} \frac{1}{T}\sum_{n=-\infty}^{n=+\infty} \left[\int_{-\frac{T}{2}}^{\frac{T}{2}} f_T(\tau) e^{-i\omega_n\tau}\,d\tau \right] e^{i\omega_n t}$$

$$= \lim_{\Delta\omega_n \to 0} \frac{1}{2\pi}\sum_{n=-\infty}^{n=+\infty} \left[\int_{-\frac{T}{2}}^{\frac{T}{2}} f_T(\tau) e^{-i\omega_n\tau}\,d\tau \right] e^{i\omega_n t} \Delta\omega_n$$

$$= \frac{1}{2\pi}\int_{-\infty}^{+\infty} \left[\int_{-\infty}^{+\infty} f(\tau) e^{-i\omega_n\tau}\,d\tau \right] e^{i\omega_n t}\,d\omega_n$$

即

$$f(t) = \frac{1}{2\pi}\int_{-\infty}^{+\infty} \left[\int_{-\infty}^{+\infty} f(\tau) e^{-i\omega\tau}\,d\tau \right] e^{i\omega t}\,d\omega \tag{7.6}$$

式(7.6)称为 $f(t)$ 的 Fourier 积分公式. 应该指出,上式的推导并不严格,至于一个非周期函数在什么条件下,可用 Fourier 积分公式来表式,有下面的定理.

定理 7.1　(Fourier 积分定理)　若 $f(t)$ 在区间 $(-\infty, +\infty)$ 上有定义且

①$f(t)$ 在任何有限区间上满足 Dirichlet 条件;

②$f(t)$ 在区间 $(-\infty, +\infty)$ 上绝对可积,即

$$\int_{-\infty}^{+\infty} \mid f(t) \mid \mathrm{d}t < +\infty$$

则

$$\frac{1}{2\pi}\int_{-\infty}^{+\infty}\left[\int_{-\infty}^{+\infty}f(\tau)\mathrm{e}^{-\mathrm{i}\omega\tau}\mathrm{d}\tau\right]\mathrm{e}^{\mathrm{i}\omega t}\mathrm{d}\omega = \begin{cases} f(t) & \text{当 } t \text{ 为 } f(t) \text{ 的连续点时}; \\ \dfrac{f(t-0)+f(t+0)}{2} & \text{当 } t \text{ 为 } f(t) \text{ 的间断点时}. \end{cases} \quad (7.7)$$

这个定理的证明要用到较多的基础理论,这里从略.

7.2　Fourier 变换

7.2.1　Fourier 变换的概念

定义 7.1　设函数 $f(t)$ 满足 Fourier 积分定理的条件,记

$$F(\omega) = \int_{-\infty}^{+\infty}f(t)\mathrm{e}^{-\mathrm{i}\omega t}\mathrm{d}t \quad (7.8)$$

称函数 $F(\omega)$ 为 $f(t)$ 的 Fourier **变换**,记为 $F(\omega) = F[f(t)]$,由式(7.7)知,在 $f(t)$ 的连续点处有

$$f(t) = \frac{1}{2\pi}\int_{-\infty}^{+\infty}F(\omega)\mathrm{e}^{\mathrm{i}\omega t}d\omega \quad (7.9)$$

称函数 $f(t)$ 为 $F(\omega)$ 的 Fourier **逆变换**,记为 $f(t) = F^{-1}[F(\omega)]$. $F(\omega)$ 也称为 $f(t)$ 的 Fourier 变换的象函数,$f(t)$ 称为 $F(\omega)$ 的象原函数,因此,象函数 $f(t)$ 与象原函数 $F(\omega)$ 构成了一个 Fourier 变换对,即 $f(t)$ 与 $F(\omega)$ 可通过相应的积分相互表示.

顺便指出,Fourier 变换及其逆变换的定义可采用不同的形式,如

$$f(t) = \int_{-\infty}^{+\infty}F(\omega)\mathrm{e}^{\mathrm{i}\omega t}d\omega \text{ 和 } F(\omega) = \frac{1}{2\pi}\int_{-\infty}^{+\infty}f(t)\mathrm{e}^{-\mathrm{i}\omega t}\mathrm{d}t \quad (7.10)$$

$$f(t) = \frac{1}{\sqrt{2\pi}}\int_{-\infty}^{+\infty}F(\omega)\mathrm{e}^{\mathrm{i}\omega t}d\omega \text{ 和 } F(\omega) = \frac{1}{\sqrt{2\pi}}\int_{-\infty}^{+\infty}f(t)\mathrm{e}^{-\mathrm{i}\omega t}\mathrm{d}t \quad (7.11)$$

在实际应用中,可根据具体问题选用,本书采用式(7.8)和式(7.9)定义的形式.

例 7.1　求矩形脉冲函数

$$f(t) = \begin{cases} 0, t < -T \\ h, \ -T \leqslant t \leqslant T \\ 0 \quad t > T \end{cases}$$

的 Fourier 变换及其积分表达式.

解　由式(7.8)知 $f(t)$ 的 Fourier 变换为

$$F(\omega) = \int_{-\infty}^{+\infty}f(t)\mathrm{e}^{-\mathrm{i}\omega t}\mathrm{d}t = h\int_{-T}^{T}\mathrm{e}^{-\mathrm{i}\omega t}\mathrm{d}t = \frac{h}{-\mathrm{i}\omega}\mathrm{e}^{-\mathrm{i}\omega t}\Big|_{-T}^{T} = 2h\frac{\sin\omega T}{\omega}$$

由式(7.9)知 $f(t)$ 的积分表达式为

$$f(t) = \frac{1}{2\pi}\int_{-\infty}^{+\infty}F(\omega)\mathrm{e}^{\mathrm{i}\omega t}d\omega = \frac{h}{\pi}\int_{-\infty}^{+\infty}\frac{\sin\omega T}{\omega}\mathrm{e}^{\mathrm{i}\omega t}d\omega(t \text{ 为 } f(t) \text{ 的连续点})$$

$$= \frac{h}{\pi} \int_{-\infty}^{+\infty} \frac{\sin \omega T \cos \omega t + \mathrm{i} \sin \omega T \sin \omega t}{\omega} \mathrm{d}\omega$$

$$= \frac{2h}{\pi} \int_{0}^{+\infty} \frac{\sin \omega T \cos \omega t}{\omega} \mathrm{d}\omega$$

由此得到一个含参量广义积分的结果：

$$\int_{0}^{+\infty} \frac{\sin \omega T \cos \omega t}{\omega} \mathrm{d}\omega = \begin{cases} \dfrac{\pi f(t)}{2h} & (t \text{ 为 } f(t) \text{ 的连续点}) \\ \dfrac{\pi}{2h} \dfrac{f(t-0) + f(t+0)}{2} & (t \text{ 为 } f(t) \text{ 的间断点}) \end{cases} = \begin{cases} 0, & |t| > T \\ \dfrac{\pi}{2} & |t| < T \\ \dfrac{\pi}{4} & |t| = T \end{cases}$$

特别地，当 $T=1$，$t=0$ 时，有 $\int_{0}^{+\infty} \dfrac{\sin \omega}{\omega} \mathrm{d}\omega = \dfrac{\pi}{2}$，这是微积分中已得的 Dirichlet 积分.

例 7.2 求指数衰减函数

$$f(t) = \begin{cases} 0, & t < 0 \\ \mathrm{e}^{-\beta t}, & t \geqslant 0 \end{cases} \quad (\beta > 0)$$

的 Fourier 变换及其积分表达式.

解 由定义知 $f(t)$ 的 Fourier 变换为

$$F(\omega) = \int_{-\infty}^{+\infty} f(t) \mathrm{e}^{-\mathrm{i}\omega t} \mathrm{d}t = \int_{0}^{+\infty} \mathrm{e}^{-\beta t} \mathrm{e}^{-\mathrm{i}\omega t} \mathrm{d}t = \int_{0}^{+\infty} \mathrm{e}^{-(\beta + \mathrm{i}\omega)t} \mathrm{d}t = \frac{1}{\beta + \mathrm{i}\omega} = \frac{\beta - \mathrm{i}\omega}{\beta^2 + \omega^2}$$

据式(7.10)并注意利用奇偶函数的积分性质，知 $f(t)$ 的积分表达式为

$$f(t) = \frac{1}{2\pi} \int_{-\infty}^{+\infty} F(\omega) \mathrm{e}^{\mathrm{i}\omega t} \mathrm{d}\omega = \frac{1}{2\pi} \int_{-\infty}^{+\infty} \frac{\beta - \mathrm{i}\omega}{\beta^2 + \omega^2} (\cos \omega t + \mathrm{i} \sin \omega t) \mathrm{d}\omega$$

$$= \frac{1}{2\pi} \int_{-\infty}^{+\infty} \frac{\beta \cos \omega t + \omega \sin \omega t}{\beta^2 + \omega^2} \mathrm{d}\omega = \frac{1}{\pi} \int_{0}^{+\infty} \frac{\beta \cos \omega t + \omega \sin \omega t}{\beta^2 + \omega^2} \mathrm{d}\omega$$

由此我们得到一个含参量广义积分的结果：

$$\int_{0}^{+\infty} \frac{\beta \cos \omega t + \omega \sin \omega t}{\beta^2 + \omega^2} \mathrm{d}\omega = \pi f(t) = \begin{cases} 0, & t < 0 \\ \dfrac{\pi}{2}, & t = 0 \\ \pi \mathrm{e}^{-\beta t}, & t > 0 \end{cases}$$

经常用到 Fourier 正弦和余弦变换. 当 $f(t)$ 是奇函数时，利用欧拉公式及积分的性质，式(7.8)变为

$$F(\omega) = -2\mathrm{i} \int_{0}^{+\infty} f(t) \sin \omega t \mathrm{d}t \tag{7.12}$$

且 $F(-\omega) = -F(\omega)$，从而式(7.9)变为

$$f(t) = \frac{1}{2\pi} \int_{-\infty}^{+\infty} F(\omega) \mathrm{e}^{\mathrm{i}\omega t} \mathrm{d}\omega = \frac{1}{2\pi} \int_{0}^{+\infty} F(\omega) (\mathrm{e}^{\mathrm{i}\omega t} - \mathrm{e}^{-\mathrm{i}\omega t}) \mathrm{d}\omega$$

$$= \frac{\mathrm{i}}{\pi} \int_{0}^{+\infty} F(\omega) \sin \omega t \mathrm{d}\omega \tag{7.13}$$

将式(7.12)代入式(7.13)有

$$f(t) = \frac{2}{\pi} \int_{0}^{+\infty} \sin \omega t \mathrm{d}\omega \int_{0}^{+\infty} f(\xi) \sin \omega \xi \mathrm{d}\xi \tag{7.14}$$

根据式(7.14)我们得定义 7.2.

定义 7.2　若函数 $f(t)$ 在 $(0,+\infty)$ 有定义,则 $f(t)$ 的 Fourier 正弦变换为

$$F_s(\omega) = F_s(f(t)) = \int_0^{+\infty} f(t)\sin\omega t\mathrm{d}t$$

其反演公式为

$$f(t) = \frac{2}{\pi}\int_0^{+\infty} F_s(\omega)\sin\omega t\mathrm{d}\omega$$

同理可定义 Fourier 余弦变换为

$$F_c(\omega) = F_c(f(t)) = \int_0^{+\infty} f(t)\cos\omega t\mathrm{d}t$$

其反演公式为

$$f(t) = \frac{2}{\pi}\int_0^{+\infty} F_c(\omega)\cos\omega t\mathrm{d}\omega$$

7.2.2　δ 函数及其 Fourier 变换

(1) δ 函数的定义

由 Fourier 变换的定义可知,$f(t)$ 要在 $(-\infty,+\infty)$ 上绝对可积,才存在 Fourier 变换,这样的条件很强,使许多常见的函数如 $1,t,\sin t$ 等都不能进行 Fourier 变换. 为了扩充 Fourier 变换的概念及其应用范围,我们引入 δ 函数,它是一个非常重要的函数. 从物理学上看,δ 函数的提出是十分自然的.

例 7.3　设某一电路中原来的电流为 0,某一瞬时(设 $t=0$ 时)进入一单位电量的脉冲,求电路上的电流 $i(t)$.

解　由已知,电路中的电量 $q(t) = \begin{cases} 0, & t\neq 0 \\ 1, & t=0 \end{cases}$,由于电流强度是电量函数对时间的变化

率,即 $i(t) = \dfrac{\mathrm{d}q(t)}{\mathrm{d}t} = \lim\limits_{\Delta t\to 0}\dfrac{q(t+\Delta t)-q(t)}{\Delta t} = \begin{cases} 0, & t\neq 0; \\ \lim\limits_{\Delta t\to 0}\left(-\dfrac{1}{\Delta t}\right)=\infty, & t=0. \end{cases}$

因此,$i(t) = \begin{cases} 0, & t\neq 0 \\ \infty, & t=0 \end{cases}$,且 $q(t) = \int_{-\infty}^{+\infty} i(t)\mathrm{d}t = 1$. 显然 $i(t)$ 与普通意义下的函数完全不同.

例 7.4　设 x 轴表示一根弦,质量分布函数为 $m(x) = \begin{cases} 1 & x=0 \\ 0 & x\neq 0 \end{cases}$,求线密度函数 $\rho(x)$.

解　任取 $x\in(-\infty,+\infty)$,当 $x\neq 0$ 且 $\delta>0$ 充分小时,$(x-\delta,x+\delta)$ 上分布的质量 $m_\delta(x)=0$,故 $x\neq 0$ 处的密度

$$\rho(x) = \lim_{\delta\to 0^+}\frac{m_\delta(x)}{2\delta} = 0$$

当 $x=0$ 时,$(x-\delta,x+\delta)=(-\delta,\delta)$ 上分布的质量 $m_\delta(0)=1$,故 $x=0$ 处的密度

$$\rho(0) = \lim_{\delta\to 0^+}\frac{m_\delta(0)}{2\delta} = \lim_{\delta\to 0^+}\frac{1}{2\delta} = \infty$$

从而 $\rho(x) = \begin{cases} 0, & x\neq 0 \\ \infty, & x=0 \end{cases}$,且 x 轴上的总质量应为 $M = \int_{-\infty}^{+\infty}\rho(x)\mathrm{d}x = 1$.

定义 7.3 在区间 $(-\infty, +\infty)$ 内具有如下性质

$$\delta(t-t_0) = \begin{cases} 0, & t \neq t_0 \\ \infty, & t = t_0 \end{cases}, \quad \int_{-\infty}^{+\infty} \delta(t-t_0)\,dt = 1 \tag{7.15}$$

的函数称为 δ 函数.

特别当 $t_0 = 0$ 时,式(7.16)即可表示例式(7.3),式(7.4)中的电流函数或密度函数.

由上可见,δ 函数不是一个普通函数,一方面,没有普通意义下的"函数值",它是一个广义函数. 另一方面,对普通函数而言,只改变函数在一点的值不影响该函数的积分值,然而 δ 函数在整个 x 轴上除 $t=t_0$ 外处处为 0,它的积分值却不为 0.

δ 函数在物理学中具有重要作用,它最先是由狄拉克在量子力学中引入的,所以也叫**狄拉克(Dirac)函数**,或**单位脉冲函数**. 其实,它在经典物理学中也极为有用,它反映了诸如点质量、点电荷、点热源等集中分布的物理量的客观实际. 它是将集中分布的量当作连续分布的量来处理的重要工具.

从定义 7.3 出发,不太容易把握 δ 函数的运算性质. 实际上,δ 函数还可以看成是普通函数序列的弱收敛极限.

定义 7.4 对于任何一个无穷次可微函数 $f(t)$,如果满足

$$\lim_{\varepsilon \to 0} \int_{-\infty}^{+\infty} \delta_\varepsilon(t-t_0)f(t)\,dt = \int_{-\infty}^{+\infty} \delta(t-t_0)f(t)\,dt \tag{7.16}$$

则称 $\delta_\varepsilon(t-t_0)$ 弱收敛于 $\delta(t-t_0)$,记为 $\delta_\varepsilon(t-t_0) \underset{\varepsilon\to 0}{\overset{\text{弱}}{\Rightarrow}} \delta(t-t_0)$,并称此极限为 δ 函数,其中

$$\delta_\varepsilon(t-t_0) = \begin{cases} \dfrac{1}{2\varepsilon}, & t_0-\varepsilon < t < t_0+\varepsilon \\ 0, & t < t_0-\varepsilon \text{ 或 } t > t_0+\varepsilon \end{cases}$$

$\delta_\varepsilon(t-t_0)$ 也可取成其他函数序列.

(2)δ 函数的性质

性质 1 对于任何一个无穷次可微函数 $f(t)$,有

$$\int_{-\infty}^{+\infty} \delta(t-t_0)f(t)\,dt = f(t_0) \tag{7.17}$$

当 $t_0 = 0$ 时,即为

$$\int_{-\infty}^{+\infty} \delta(t)f(t)\,dt = f(0)$$

证 利用定义 7.4 及积分中值定理,我们有

$$\int_{-\infty}^{+\infty} \delta(t-t_0)f(t)\,dt = \lim_{\varepsilon\to 0}\int_{-\infty}^{+\infty} \delta_\varepsilon(t-t_0)f(t)\,dt = \lim_{\varepsilon\to 0}\int_{t_0-\varepsilon}^{t_0+\varepsilon} \frac{f(t)}{2\varepsilon}\,dt$$

$$= \lim_{\varepsilon\to 0} f(\xi) = f(t_0) \quad (t_0-\varepsilon \leq \xi \leq t_0+\varepsilon)$$

性质1也称为δ函数的**筛选性**,即对任何一个无穷次可微函数$f(t)$都对应着一个确定的数$f(t_0)$或$f(0)$,这一性质使得δ函数在近代物理和工程技术中有着广泛的应用.

为了证明δ函数的其他性质,为此引入函数弱相等的概念.

定义 7.5 设 $\varphi(t)$ 与 $\psi(t)$ 都是定义在区间 (a,b) 上的函数,若对于区间 (a,b) 上的任意连续函数 $f(t)$,都有

$$\int_a^b f(t)\varphi(t)\,dt = \int_a^b f(t)\psi(t)\,dt$$

则称 $\varphi(t)$ 与 $\psi(t)$ 弱相等,记为 $\varphi(t) \overset{弱}{=} \psi(t)$.

函数弱相等是函数通常意义下相等概念的推广,在上述定义中若 $\varphi(t)$ 与 $\psi(t)$ 都在 (a,b) 上连续,则由 $\varphi(t)$ 与 $\psi(t)$ 弱相等可推出 $\varphi(t)$ 与 $\psi(t)$ 在通常意义下相等.

有了上面判断函数弱相等的定义后,不难验证下列各式的正确性.

性质 2　①$\delta(t) = \delta(-t)$;　②$t\delta(t) = 0$;　③$\delta(t-a)f(t) = \delta(t-a)f(a)$.

证　此处只证①成立,②、③式的证明留给读者.

根据式(7.17)可知,对于 $(-\infty, +\infty)$ 上的任意连续函数 $f(t)$ 有

$$\int_{-\infty}^{+\infty} \delta(t)f(t)\,dt = f(0)$$

令 $-t = u$,则

$$\int_{-\infty}^{+\infty} \delta(-t)f(t)\,dt = -\int_{+\infty}^{-\infty} \delta(u)f(-u)\,du$$

$$= \int_{-\infty}^{+\infty} \delta(u)f(-u)\,du = f(0)$$

即

$$\int_{-\infty}^{+\infty} \delta(t)f(t)\,dt = \int_{-\infty}^{+\infty} \delta(-t)f(t)\,dt$$

由定义 7.5 知 $\delta(t) = \delta(-t)$.

性质 3　设 $a \neq 0$ 为实数,则

①$\delta(at) = \dfrac{\delta(t)}{|a|}$;　②$\delta(t^2 - a^2) = \dfrac{\delta(t+a)}{2|a|} + \dfrac{\delta(t-a)}{2|a|}$.

我们仅证①,事实上只要证对于 $(-\infty, +\infty)$ 上的任意连续函数 $f(t)$ 有

$$\int_{-\infty}^{+\infty} \delta(at)f(t)\,dt = \int_{-\infty}^{+\infty} \frac{\delta(t)}{|a|}f(t)\,dt$$

即可. 下面区分两种情况:

当 $a > 0$ 时,令 $x = at$,则

$$\int_{-\infty}^{+\infty} \delta(at)f(t)\,dt = \frac{1}{a}\int_{-\infty}^{+\infty} \delta(x)f\left(\frac{x}{|a|}\right)dx = \frac{1}{a}f(0)$$

而

$$\int_{-\infty}^{+\infty} \frac{\delta(t)}{|a|}f(t)\,dt = \frac{1}{a}\int_{-\infty}^{+\infty} \delta(t)f(t)\,dt = \frac{1}{a}f(0)$$

可知①成立.

当 $a < 0$ 时,令 $x = at$,则

$$\int_{-\infty}^{+\infty} \delta(at)f(t)\,dt = \frac{1}{a}\int_{+\infty}^{-\infty} \delta(x)f\left(\frac{x}{a}\right)dx = -\frac{1}{a}f(0)$$

而

$$\int_{-\infty}^{+\infty} \frac{\delta(t)}{|a|}f(t)\,dt = -\frac{1}{a}\int_{-\infty}^{+\infty} \delta(t)f(t)\,dt = -\frac{1}{a}f(0)$$

于是

$$\delta(at) = \frac{\delta(t)}{|a|}$$

证毕.

定义 7.6 设 $f(t)$ 是具有连续导数的函数,若函数 $\varphi(t)$ 满足

$$\int_{-\infty}^{+\infty} \varphi(t) f(t) \mathrm{d}t = -\int_{-\infty}^{+\infty} \delta(t) f'(t) \mathrm{d}t \tag{7.18}$$

则称 $\varphi(t)$ 为函数 $\delta(t)$ 的导数,记为 $\varphi(t) = \delta'(t)$.

性质 4 δ 函数的导数性质:

① $t\delta'(t) = -\delta(t)$; ② $(t-t_0)\delta'(t-t_0) = -\delta(t-t_0)$.

证 由式 (7.18),对具有任意连续导数的函数 $f(t)$ 有

$$\int_{-\infty}^{+\infty} t\delta'(t) f(t) \mathrm{d}t = \int_{-\infty}^{+\infty} \delta'(t)(tf(t)) \mathrm{d}t = -\int_{-\infty}^{+\infty} \delta(t)(tf(t))' \mathrm{d}t$$

$$= -(tf(t))'\big|_{t=0} = -f(0)$$

$$\int_{-\infty}^{+\infty} -\delta(t) f(t) \mathrm{d}t = \int_{-\infty}^{+\infty} \delta(t)(-f(t)) \mathrm{d}t = -f(0)$$

故

$$\int_{-\infty}^{+\infty} (t\delta'(t)) f(t) \mathrm{d}t = \int_{-\infty}^{+\infty} (-\delta(t)) f(t) \mathrm{d}t$$

所以 $t\delta'(t) = -\delta(t)$. 第二个等式的证明留给读者.

(3) δ 函数的 Fourier 变换

利用 δ 函数的筛选性知

$$F(\omega) = F(\delta(t)) = \int_{-\infty}^{+\infty} \delta(t) \mathrm{e}^{-\mathrm{i}\omega t} \mathrm{d}t = \mathrm{e}^{-\mathrm{i}\omega t}\big|_{t=0} = 1$$

即 δ 函数的 Fourier 变换为常数 1,利用定义 7.5 可以证明

$$\delta(t) = F^{-1}[1] = \frac{1}{2\pi} \int_{-\infty}^{+\infty} 1 \cdot \mathrm{e}^{\mathrm{i}\omega t} \mathrm{d}\omega$$

可见函数 $\delta(t)$ 与常数 1 构成一个广义 Fourier 变换对. 从而有积分等式

$$\int_{-\infty}^{+\infty} \mathrm{e}^{\mathrm{i}\omega t} \mathrm{d}\omega = 2\pi\delta(t) \tag{7.19}$$

一般地 $\delta(t-t_0)$ 与 $\mathrm{e}^{-\mathrm{i}\omega t_0}$ 构成一个 Fourier 变换对,且

$$\int_{-\infty}^{+\infty} \mathrm{e}^{\mathrm{i}\omega(t-t_0)} \mathrm{d}\omega = 2\pi\delta(t-t_0). \tag{7.20}$$

由式 (7.19) 得

$$F[1] = \int_{-\infty}^{+\infty} \mathrm{e}^{-\mathrm{i}\omega t} \mathrm{d}t = 2\pi\delta(-\omega) = 2\pi\delta(\omega)$$

再由 δ 函数的筛选性得

$$F^{-1}[2\pi\delta(\omega)] = \frac{1}{2\pi} \int_{-\infty}^{+\infty} 2\pi\delta(\omega) \mathrm{e}^{\mathrm{i}\omega t} \mathrm{d}\omega = \mathrm{e}^{\mathrm{i}\omega t}\big|_{\omega=0} = 1$$

即 1 与 $2\pi\delta(\omega)$ 构成一个广义 Fourier 变换对,同理,$\mathrm{e}^{\mathrm{i}\omega_0 t}$ 与 $2\pi\delta(\omega-\omega_0)$ 构成一个广义 Fourier 变换对.

例 7.5 求正弦函数 $f(t) = \sin at$ 的 Fourier 变换.

解 利用正弦函数的定义及式 (7.20) 得

$$F(\omega) = F[\sin at] = \int_{-\infty}^{+\infty} \sin at \cdot \mathrm{e}^{-\mathrm{i}\omega t} \mathrm{d}t = \int_{-\infty}^{+\infty} \frac{\mathrm{e}^{\mathrm{i}at} - \mathrm{e}^{-\mathrm{i}at}}{2\mathrm{i}} \cdot \mathrm{e}^{-\mathrm{i}\omega t} \mathrm{d}t$$

$$= \frac{1}{2\mathrm{i}} \int_{-\infty}^{+\infty} \left[\mathrm{e}^{-\mathrm{i}(\omega-a)t} - \mathrm{e}^{-\mathrm{i}(\omega+a)t} \right] \mathrm{d}t$$

$$= \frac{1}{2\mathrm{i}} \left[2\pi\delta(\omega - a) - 2\pi\delta(\omega + a) \right]$$

$$= \mathrm{i}\pi \left[\delta(\omega + a) - \delta(\omega - a) \right]$$

同理可得余弦函数 $f(t) = \cos at$ 的 Fourier 变换为

$$F(\omega) = F[\cos at] = \pi[\delta(\omega - a) + \delta(\omega + a)]$$

例 7.6　证明 Heaviside 函数(也称为单位阶跃函数)

$$H(x) = \begin{cases} 0, & x < 0 \\ 1, & x > 0 \end{cases}$$

的 Fourier 变换为 $\frac{1}{\mathrm{i}\omega} + \pi\delta(\omega)$.

证　用 Fourier 逆变换来推证函数 $H(x)$ 的 Fourier 变换为 $\frac{1}{\mathrm{i}\omega} + \pi\delta(\omega)$.

$$F^{-1}\left[\frac{1}{\mathrm{i}\omega} + \pi\delta(\omega) \right] = \frac{1}{2\pi}\int_{-\infty}^{+\infty} \left[\frac{1}{\mathrm{i}\omega} + \pi\delta(\omega) \right] \mathrm{e}^{\mathrm{i}\omega x} \mathrm{d}\omega$$

$$= \frac{1}{2}\int_{-\infty}^{+\infty} \delta(\omega) \mathrm{e}^{\mathrm{i}\omega x} \mathrm{d}\omega + \frac{1}{2\pi}\int_{-\infty}^{+\infty} \frac{\cos \omega x + \mathrm{i} \sin \omega x}{\mathrm{i}\omega} \mathrm{d}\omega$$

$$= \frac{1}{2} + \frac{1}{2\pi}\int_{-\infty}^{+\infty} \frac{\sin \omega x}{\omega} \mathrm{d}\omega = \frac{1}{2} + \frac{1}{\pi}\int_{0}^{+\infty} \frac{\sin \omega x}{\omega} \mathrm{d}\omega$$

利用 Dirichlet 积分得

$$\int_{0}^{+\infty} \frac{\sin \omega x}{\omega} \mathrm{d}\omega = \begin{cases} \frac{\pi}{2}, & x > 0 \\ -\frac{\pi}{2}, & x < 0 \end{cases}$$

于是有　　$\frac{1}{2} + \frac{1}{\pi}\int_{0}^{+\infty} \frac{\sin \omega x}{\omega} \mathrm{d}\omega = \begin{cases} \frac{1}{2} + \frac{1}{\pi} \cdot \left(-\frac{\pi}{2}\right) = 0, & x < 0 \\ \frac{1}{2} + \frac{1}{\pi} \cdot \frac{\pi}{2} = 1, & x > 0 \end{cases}$　即

$F^{-1}\left[\frac{1}{\mathrm{i}\omega} + \pi\delta(\omega) \right] = H(x)$, 所以 $H(x)$ 的 Fourier 变换为 $\frac{1}{\mathrm{i}\omega} + \pi\delta(\omega)$.

需要指出的是,这里为了方便,将 δ 函数的 Fourier 变换仍旧写成古典的形式,所不同的是,此处的广义积分是按式(7.16)来定义的,而不是普通意义下的积分值,所以 $\delta(t)$ 的 Fourier 变换是一种广义 Fourier 变换. 许多重要的函数,如常数函数、符号函数、单位阶跃函数、正弦函数等不满足 Fourier 变换定理中的绝对可积条件,但它们的广义 Fourier 变换存在.

7.2.3　Fourier 变换的物理意义——频谱

Fourier 变换和频谱概念有着非常密切的关系. 随着无线电技术、声学的蓬勃发展,频谱理论也相应得到了发展. 通过对频谱的分析,可以了解周期函数和非周期函数的一些性质. 在这里只简单介绍一下频谱的基本概念.

已经知道,如果 $f(t)$ 是以 T 为周期的周期函数,且满足 Dirichlet 条件就可展成 Fourier 级数

$$f(t) \sim \frac{a_0}{2} + \sum_{n=1}^{+\infty} (a_n \cos \omega_n t + b_n \sin \omega_n t)$$

其中 $\omega_n = n\omega = \frac{2n\pi}{T}$. 将 $a_n \cos \omega_n t + b_n \sin \omega_n t = A_n \sin(\omega_n t + \varphi_n)$ 称为 $f(t)$ 的第 n 次谐波,ω_n 称为第 n 次谐波的频率,$\varphi_n = \arctan \frac{a_n}{b_n}$ 称为初相,$\sqrt{a_n^2 + b_n^2}$ 称为频率是 ω_n 的第 n 谐波的振幅,记为 A_n,即 $A_n = \sqrt{a_n^2 + b_n^2} (n = 1, 2, \cdots)$,$A_0 = \left| \frac{a_0}{2} \right|$.

若 $f(t)$ 的 Fourier 级数表示为复数形式,即

$$f(t) \sim \sum_{n=-\infty}^{+\infty} C_n e^{i\omega_n t}$$

其中 $C_n = \frac{a_n - ib_n}{2}$,$C_{-n} = \frac{a_n + ib_n}{2}$,并且 $|C_n| = |C_{-n}| = \frac{A_n}{2} = \frac{1}{2}\sqrt{a_n^2 + b_n^2}$. 所以,以 T 为周期的周期函数 $f(t)$ 的第 n 次谐波的振幅为 $A_n = 2|C_n| (n = 0, 1, 2, \cdots)$,它描述了各次谐波的振幅随频率变化的分布情况. 所谓频谱图是指频率和振幅的关系图,即用横坐标表示频率 ω_n,纵坐标表示振幅 A_n,把点 (ω_n, A_n) 用图形表示出来,这样的图形称为频谱图,所以 A_n 称为 $f(t)$ 的**振幅频谱**(简称**频谱**). 由于 $n = 0, 1, 2, \cdots$,所以频谱 A_n 的图形是不连续的,称之为**离散频谱**.

对于非周期函数 $f(t)$,当它满足 Fourier 积分定理中的条件时,$f(t)$ 的 Fourier 变换 $F(\omega)$ 称为 $f(t)$ 的**频谱函数**,而频谱函数的模 $|F(\omega)|$ 称为 $f(t)$ 的**振幅频谱**(简称**频谱**). 由于 $|F(\omega)|$ 是 ω 的连续函数,所以称之为**连续频谱**.

可以证明,频谱 $|F(\omega)|$ 是频率 ω 的偶函数,在作频谱图时,只要作出 $(0, +\infty)$ 上的图形,根据对称性即可得到 $(-\infty, 0)$ 上的图形.

例 7.7 作出图 7.1 所示的单个矩形脉冲的频谱图.

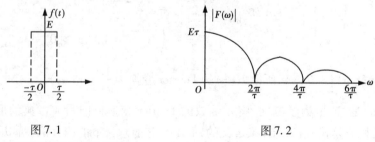

图 7.1   图 7.2

解 单个矩形脉冲的频谱函数为

$$F(\omega) = \int_{-\infty}^{+\infty} f(t) e^{-i\omega t} dt = \int_{-\frac{\tau}{2}}^{\frac{\tau}{2}} E e^{-i\omega t} dt = \frac{2E}{\omega} \sin \frac{\omega\tau}{2}.$$

注意 $|F(\omega)|$ 是偶函数,故频谱图如图 7.2 所示(这里只画出了 $\omega \geqslant 0$ 的部分).

7.3　Fourier 变换的性质

本节将介绍 Fourier 变换的几个重要性质,为了简洁,假定在这些性质中,凡是需要求 Fourier 变换的函数都满足 Fourier 积分定理中的条件.

(1) 线性性质

设 $F_1(\omega) = F[f_1(t)]$,$F_2(\omega) = F[f_2(t)]$,α,β 是常数,则

$$F[\alpha f_1(t) + \beta f_2(t)] = \alpha F[f_1(t)] + \beta F[f_2(t)] = \alpha F_1(\omega) + \beta F_2(\omega)$$

这个性质用 Fourier 变换的定义即可证. 它表明了函数线性组合的 Fourier 变换等于各函数 Fourier 变换后的线性组合. 同样 Fourier 逆变换也具有类似的线性性质,即

$$F^{-1}[\alpha F_1(\omega) + \beta F_2(\omega)] = \alpha f_1(t) + \beta f_2(t)$$

(2) 原函数的位移性质

$$F[f(t \pm t_0)] = e^{\pm i\omega t_0} F[f(t)]$$

它表明时间函数 $f(t)$ 沿 t 轴向右或向左位移 t_0 的 Fourier 变换等于 $f(t)$ 的 Fourier 变换乘以因子 $e^{i\omega t_0}$ 或 $e^{-i\omega t_0}$.

证　由 Fourie 变换定义可得

$$F[f(t \pm t_0)] = \int_{-\infty}^{+\infty} f(t \pm t_0) e^{-i\omega t} dt \underline{\underline{t \pm t_0 = u}} \int_{-\infty}^{+\infty} f(u) e^{-i\omega(u \mp t_0)} du = e^{\pm i\omega t_0} \int_{-\infty}^{+\infty} f(u) e^{-i\omega u} du$$

$$= e^{\pm i\omega t_0} F[f(t)]$$

例如,因为 $F[\delta(t)] = 1$,则由原函数的位移性质知

$$F[\delta(t - t_0)] = e^{-i\omega t_0} F[\delta(t)] = e^{-i\omega t_0}.$$

(3) 象函数的位移性质

设 $F[f(t)] = F(\omega)$,则 $F^{-1}[F(\omega \mp \omega_0)] = e^{\pm i\omega_0 t} f(t)$,或写成 $F[e^{\pm i\omega_0 t} f(t)] = F(\omega \mp \omega_0)$ (也称为位移定理或频移定理). 证明略去.

例如,因为 $F[1] = 2\pi\delta(\omega)$,则由象函数的位移性质知

$$F[e^{i\omega_0 t}] = F[e^{i\omega_0 t} \cdot 1] = 2\pi\delta(\omega - \omega_0).$$

(4) 相似性质

设 $F[f(t)] = F(\omega)$,则 $F[f(at)] = \dfrac{1}{|a|} F\left(\dfrac{\omega}{a}\right)$.

证明　设 $a > 0$,则

$$F[f(at)] = \int_{-\infty}^{+\infty} f(at) e^{-i\omega t} dt \overset{u=at}{=} \frac{1}{a} \int_{-\infty}^{+\infty} f(u) e^{-i\frac{\omega}{a}u} du = \frac{1}{|a|} F\left(\frac{\omega}{a}\right)$$

当 $a < 0$ 时,则

$$F[f(at)] = \int_{-\infty}^{+\infty} f(at) e^{-i\omega t} dt \overset{u=at}{=} \frac{1}{a} \int_{+\infty}^{-\infty} f(u) e^{-i\frac{\omega}{a}u} du$$

$$= -\frac{1}{a} \int_{-\infty}^{+\infty} f(u) e^{-i\frac{\omega}{a}u} du = \frac{1}{|a|} F\left(\frac{\omega}{a}\right)$$

例如,因为 $F[\delta(t)] = 1$,则由相似性质知,$F[\delta(2t)] = \dfrac{1}{2}$.

(5)原函数的微分性质

$F[f'(t)] = \mathrm{i}\omega F[f(t)]$,一般地,

$$F[f^{(n)}(t)] = (\mathrm{i}\omega)^n F[f(t)]$$

它表明一个函数的 k 阶导数的 Fourier 变换等于这个函数的 Fourier 变换乘以因子 $(\mathrm{i}\omega)^k$.

证 首先,由高等数学知识可知,对任何 $k \in \mathbb{N} \cup \{0\}$,满足 Fourier 积分定理条件的函数 $f^{(k)}(t)$,必有 $\lim\limits_{|t| \to \infty} f^{(k)}(t) = 0$ 成立. 于是由 Fourier 变换定义,利用分部积分可得

$$F[f'(t)] = \int_{-\infty}^{+\infty} f'(t)\mathrm{e}^{-\mathrm{i}\omega t}\mathrm{d}t = f(t)\mathrm{e}^{-\mathrm{i}\omega t}\Big|_{-\infty}^{+\infty} + \mathrm{i}\omega\int_{-\infty}^{+\infty} f(t)\mathrm{e}^{-\mathrm{i}\omega t}\mathrm{d}t = \mathrm{i}\omega F[f(t)].$$

类似可证 $k > 1$ 时的情形.

(6)象函数的微分性质

设 $F[f(t)] = F(\omega)$,则 $\dfrac{\mathrm{d}}{\mathrm{d}\omega}F(\omega) = -\mathrm{i}F[tf(t)]$,进一步有

$$\frac{\mathrm{d}^n}{\mathrm{d}\omega^n}F(\omega) = (-\mathrm{i})^n F[t^n f(t)].$$

它表明一个函数的 Fourier 变换后的 k 阶导数等于函数乘 t^k 后的 Fourier 变换,再乘因子 $(-\mathrm{i})^k$. 证明略.

(7)积分性质

若 $\lim\limits_{t \to +\infty}\displaystyle\int_{-\infty}^{t} f(t)\mathrm{d}t = 0$ 则 $F\left[\displaystyle\int_{-\infty}^{t} f(t)\mathrm{d}t\right] = \dfrac{1}{\mathrm{i}\omega}F[f(t)]$

它表明一个函数积分后的 Fourier 变换等于这个函数的 Fourier 变换除以因子 $\mathrm{i}\omega$.

证 因为 $\dfrac{\mathrm{d}}{\mathrm{d}t}\displaystyle\int_{-\infty}^{t} f(t)\mathrm{d}t = f(t)$,所以 $F\left[\dfrac{\mathrm{d}}{\mathrm{d}t}\displaystyle\int_{-\infty}^{t} f(t)\mathrm{d}t\right] = F[f(t)]$;再根据原函数的微分性质,可得

$$F\left[\frac{\mathrm{d}}{\mathrm{d}t}\int_{-\infty}^{t} f(t)\mathrm{d}t\right] = \mathrm{i}\omega F\left[\int_{-\infty}^{t} f(t)\mathrm{d}t\right],\ \text{故}\ F\left[\int_{-\infty}^{t} f(t)\mathrm{d}t\right] = \frac{1}{\mathrm{i}\omega}F[f(t)].$$

例 7.8 设 $F[f(t)] = F(\omega)$,求 $F[f(t)\cos\omega_0 t]$ 和 $F[f(t)\sin\omega_0 t]$

解 由 $\cos\omega_0 t = \dfrac{1}{2}(\mathrm{e}^{\mathrm{i}\omega_0 t} + \mathrm{e}^{-\mathrm{i}\omega_0 t})$ 和位移性质可知

$$F[f(t)\cos\omega_0 t] = \frac{1}{2}F[(\mathrm{e}^{\mathrm{i}\omega_0 t} + \mathrm{e}^{-\mathrm{i}\omega_0 t})f(t)] = \frac{1}{2}[F(\omega - \omega_0) + F(\omega + \omega_0)]$$

同理,$F[f(t)\sin\omega_0 t] = \dfrac{\mathrm{i}}{2}[F(\omega + \omega_0) - F(\omega - \omega_0)]$

例 7.9 利用 Fourier 变换的性质,求下列函数的 Fourier 变换.

(1)$tH(t)$; (2)$\cos\omega_0 t \cdot H(t)$; (3)$e^{\mathrm{i}\omega_0 t}H(t - t_0)$.

解 (1)因为 $F[H(t)] = \dfrac{1}{\mathrm{i}\omega} + \pi\delta(\omega)$,按象函数的微分性质可知

$$F[tH(t)] = \frac{1}{-\mathrm{i}}\frac{\mathrm{d}}{\mathrm{d}\omega}F[H(t)] = \mathrm{i}\left(-\frac{1}{\mathrm{i}\omega^2} + \pi\delta'(\omega)\right) = -\frac{1}{\omega^2} + \mathrm{i}\pi\delta'(\omega).$$

(2)由例 7.8 的结论可知

$$F[\cos \omega_0 t \cdot H(t)] = \frac{1}{2}\left[\frac{1}{i(\omega - \omega_0)} + \pi\delta(\omega - \omega_0) + \frac{1}{i(\omega + \omega_0)} + \pi\delta(\omega + \omega_0)\right]$$

$$= \frac{i\omega}{\omega_0^2 - \omega^2} + \frac{\pi}{2}\left[\delta(\omega - \omega_0) + \delta(\omega + \omega_0)\right].$$

（3）由 Fourier 变换的位移性质可知

$$F[H(t - t_0)] = e^{-i\omega t_0} F[H(t)] = e^{-i\omega t_0}\left[\frac{1}{i\omega} + \pi\delta(\omega)\right],$$

再由象函数的位移性质可知

$$F[e^{i\omega_0 t} H(t - t_0)] = e^{-(\omega - \omega_0)t_0}\left[\frac{1}{i(\omega - \omega_0)} + \pi\delta(\omega - \omega_0)\right].$$

（8）**乘积定理**

若 $F_1(\omega) = F[f_1(t)]$，$F_2(\omega) = F[f_2(t)]$，则

$$\int_{-\infty}^{+\infty} f_1(t)f_2(t)\,dt = \frac{1}{2\pi}\int_{-\infty}^{+\infty} \overline{F_1(\omega)} F_2(\omega)\,d\omega$$

$$= \frac{1}{2\pi}\int_{-\infty}^{+\infty} F_1(\omega) \overline{F_2(\omega)}\,d\omega$$

其中 $f_1(t)$，$f_2(t)$ 均为 t 的实值函数，而 $\overline{F_1(\omega)}$，$\overline{F_2(\omega)}$ 分别为 $F_1(\omega)$，$F_2(\omega)$ 的共轭函数.

证 $\displaystyle\int_{-\infty}^{+\infty} f_1(t)f_2(t)\,dt = \int_{-\infty}^{+\infty} f_1(t)\left[\frac{1}{2\pi}\int_{-\infty}^{+\infty} F_2(\omega) e^{i\omega t}\,d\omega\right]dt$

$$= \frac{1}{2\pi}\int_{-\infty}^{+\infty} F_2(\omega)\left[\int_{-\infty}^{+\infty} f_1(t) e^{i\omega t}\,dt\right]d\omega$$

因为 $e^{i\omega t} = \overline{e^{-i\omega t}}$，而 $f_1(t)$ 是 t 的实函数，所以 $f_1(t) e^{i\omega t} = f_1(t)\overline{e^{-i\omega t}} = \overline{f_1(t) e^{-i\omega t}}$，故

$$\int_{-\infty}^{+\infty} f_1(t)f_2(t)\,dt = \frac{1}{2\pi}\int_{-\infty}^{+\infty} F_2(\omega)\left[\int_{-\infty}^{+\infty} \overline{f_1(t) e^{-i\omega t}}\,dt\right]d\omega$$

$$= \frac{1}{2\pi}\int_{-\infty}^{+\infty} F_2(\omega)\left[\overline{\int_{-\infty}^{+\infty} f_1(t) e^{-i\omega t}\,dt}\right]d\omega$$

$$= \frac{1}{2\pi}\int_{-\infty}^{+\infty} \overline{F_1(\omega)} F_2(\omega)\,d\omega$$

同理可得另一式.

（9）**能量积分**

若 $F(\omega) = F[f(t)]$，则有

$$\int_{-\infty}^{+\infty} [f(t)]^2\,dt = \frac{1}{2\pi}\int_{-\infty}^{+\infty} |F(\omega)|^2\,d\omega,$$

这一等式又称为 Parseval 等式.

证 在乘积定理中，令 $f_1(t) = f_2(t) = f(t)$，则

$$\int_{-\infty}^{+\infty} [f(t)]^2\,dt = \frac{1}{2\pi}\int_{-\infty}^{+\infty} F(\omega) \overline{F(\omega)}\,d\omega = \frac{1}{2\pi}\int_{-\infty}^{+\infty} |F(\omega)|^2\,d\omega = \frac{1}{2\pi}\int_{-\infty}^{+\infty} S(\omega)\,d\omega,$$

其中 $S(\omega) = |F(\omega)|^2$ 称为**能量密度函数**或称为**能量谱密度**，具有性质 $S(-\omega) = S(\omega)$. 它可以决定函数 $f(t)$ 的能量分布规律，将它对所有频率积分就得到 $f(t)$ 的总能量 $\displaystyle\int_{-\infty}^{+\infty} [f(t)]^2\,dt$.

利用 Parseval 等式还可以计算某些积分的值.

例 7.10 求 $\int_{-\infty}^{+\infty} \dfrac{\sin^2 x}{x^2} \mathrm{d}x.$

解 令 $f(t) = \dfrac{\sin t}{t}$，则 $f(t)$ 的 Fourier 变换为

$$F(\omega) = \begin{cases} \pi, & |\omega| < 1 \\ 0, & \text{其他} \end{cases}$$

所以，$\int_{-\infty}^{+\infty} [f(t)]^2 \mathrm{d}t = \dfrac{1}{2\pi}\int_{-\infty}^{+\infty} |F(\omega)|^2 \mathrm{d}\omega = \dfrac{1}{2\pi}\int_{-1}^{1} \pi^2 \mathrm{d}\omega = \pi.$

7.4　卷　积

卷积与 Fourier 变换密切相关，它的运算性质使得 Fourier 变换得到更广泛的应用，本节将介绍卷积的概念及其性质。

7.4.1　卷积的概念

定义 7.7　若已知函数 $f_1(t), f_2(t)$，则积分

$$\int_{-\infty}^{+\infty} f_1(\tau) f_2(t - \tau) \mathrm{d}\tau$$

称为函数 $f_1(t)$ 与 $f_2(t)$ 的**卷积**，记为 $f_1(t) * f_2(t)$，即

$$\int_{-\infty}^{+\infty} f_1(\tau) f_2(t - \tau) \mathrm{d}\tau = f_1(t) * f_2(t).$$

由卷积的定义，容易验证卷积满足以下运算规律：

$f(t) * g(t) = g(t) * f(t)$（交换律）

$(f(t) * g(t)) * h(t) = f(t) * (g(t) * h(t))$（结合律）

$f(t) * (g(t) + h(t)) = f(t) * g(t) + f(t) * h(t)$（分配律）

$(f(t) * g(t))^{(n)} = (f(t))^{(n)} * g(t) = f(t) * (g(t))^{(n)}$

例 7.11　设 $f_1(t) = \begin{cases} 0, & t < 0 \\ \mathrm{e}^{-t}, & t \geqslant 0, \end{cases}$ $f_2(t) = \begin{cases} \sin t, & 0 \leqslant t \leqslant \dfrac{\pi}{2} \\ 0, & \text{其他} \end{cases}$，求 $f_1(t) * f_2(t)$.

解　因为 $f_1(t) * f_2(t) = \int_{-\infty}^{+\infty} f_2(\tau) f_1(t - \tau) \mathrm{d}\tau$，且

$$f_1(t - \tau) = \begin{cases} 0, & \tau > t \\ \mathrm{e}^{-(t - \tau)}, & \tau \leqslant t, \end{cases} \qquad f_2(\tau) = \begin{cases} \sin \tau, & 0 \leqslant \tau \leqslant \dfrac{\pi}{2} \\ 0, & \text{其他} \end{cases}$$

所以

(1) 当 $t \leqslant 0$ 时，$f_2(\tau) f_1(t - \tau) = 0$，$f_1(t) * f_2(t) = \int_{-\infty}^{+\infty} f_2(\tau) f_1(t - \tau) \mathrm{d}\tau = 0.$

(2) 当 $0 < t \leqslant \dfrac{\pi}{2}$ 时，$f_2(\tau) f_1(t - \tau) = \begin{cases} \sin \tau \cdot \mathrm{e}^{-(t - \tau)}, & 0 \leqslant \tau \leqslant t \\ 0, & \text{其他} \end{cases}$，此时

$$f_1(t) * f_2(t) = \int_{-\infty}^{+\infty} f_2(\tau) f_1(t-\tau) \mathrm{d}\tau = \int_0^t \mathrm{e}^{-(t-\tau)} \sin \tau \mathrm{d}\tau = \frac{1}{2}(\sin t - \cos t + \mathrm{e}^{-t}).$$

(3) 当 $t > \dfrac{\pi}{2}$ 时, $f_2(\tau) f_1(t-\tau) = \begin{cases} \sin \tau \cdot \mathrm{e}^{-(t-\tau)}, & 0 \leqslant \tau \leqslant \dfrac{\pi}{2} \\ 0, & \text{其他} \end{cases}$, 此时

$$f_1(t) * f_2(t) = \int_{-\infty}^{+\infty} f_2(\tau) f_1(t-\tau) \mathrm{d}\tau = \int_0^{\frac{\pi}{2}} \mathrm{e}^{-(t-\tau)} \sin \tau \mathrm{d}\tau = \frac{1}{2} \mathrm{e}^{-t}(1 + \mathrm{e}^{\frac{\pi}{2}}).$$

7.4.2 卷积定理

若 $F_1(\omega) = F[f_1(t)]$, $F_2(\omega) = F[f_2(t)]$, 则

$$F[f_1(t) * f_2(t)] = F_1(\omega) \cdot F_2(\omega), \text{或} F^{-1}[F_1(\omega) \cdot F_2(\omega)] = f_1(t) * f_2(t)$$

这个性质表明, 两个函数卷积的 Fourier 变换等于这两个函数 Fourier 变换的乘积.

证 按 Fourier 变换的定义, 有

$$F[f_1(t) * f_2(t)] = \int_{-\infty}^{+\infty} [f_1(t) * f_2(t)] \mathrm{e}^{-\mathrm{i}\omega t} \mathrm{d}t = \int_{-\infty}^{+\infty} \left[\int_{-\infty}^{+\infty} f_1(\tau) f_2(t-\tau) \mathrm{d}\tau \right] \mathrm{e}^{-\mathrm{i}\omega t} \mathrm{d}t$$

$$= \int_{-\infty}^{+\infty} \int_{-\infty}^{+\infty} f_1(\tau) \mathrm{e}^{-\mathrm{i}\omega\tau} f_2(t-\tau) \mathrm{e}^{-\mathrm{i}\omega(t-\tau)} \mathrm{d}\tau \mathrm{d}t$$

$$= \int_{-\infty}^{+\infty} f_1(\tau) \mathrm{e}^{-\mathrm{i}\omega\tau} \left[\int_{-\infty}^{+\infty} f_2(t-\tau) \mathrm{e}^{-\mathrm{i}\omega(t-\tau)} \mathrm{d}t \right] \mathrm{d}\tau = F_1(\omega) \cdot F_2(\omega)$$

同理可得

$$F[f_1(t) \cdot f_2(t)] = \frac{1}{2\pi} F_1(\omega) * F_2(\omega)$$

一般地有: 若 $F[f_k(t)] = F_k(\omega) (k = 1, 2, \cdots, n)$, 则

$$F[f_1(t) * f_2(t) * \cdots * f_n(t)] = F_1(\omega) \cdot F_2(\omega) \cdot \cdots \cdot F_n(\omega)$$

$$F[f_1(t) * f_2(t) * \cdots * f_n(t)] = \frac{1}{(2\pi)^{n-1}} F_1(\omega) * F_2(\omega) * \cdots * F_n(\omega).$$

例 7.12 设 $f(t)$ 定义于 $(-\infty, +\infty)$, 求 $f(t) * H(t)$, 并求 $F[f(t) * H(t)]$.

解 $f(t) * H(t) = \int_{-\infty}^{+\infty} f(\tau) H(t-\tau) \mathrm{d}\tau$, $H(t-\tau) = \begin{cases} 1, & \tau < t \\ 0, & \tau \geqslant t \end{cases}$

于是 $\qquad f(t) * H(t) = \int_{-\infty}^{+\infty} f(\tau) H(t-\tau) \mathrm{d}\tau = \int_{-\infty}^t f(\tau) \mathrm{d}\tau$

由卷积定理, 有 $\quad F[f(t) * H(t)] = F[f(t)] \cdot F[H(t)]$

其中 $F[H(t)] = \dfrac{1}{\mathrm{i}\omega} + \pi\delta(\omega)$, 设 $F[f(t)] = F(\omega)$, 则

$$F[f(t) * H(t)] = F(\omega) \cdot \left[\frac{1}{\mathrm{i}\omega} + \pi\delta(\omega) \right] = \frac{F(\omega)}{\mathrm{i}\omega} + \pi F(0)\delta(\omega)$$

后一等式利用了 δ 函数的性质.

7.5 Fourier 变换的应用

Fourier 变换在工程技术中有广泛的应用,下面举例说明 Fourier 变换在求解微分方程、微分积分方程等方面的应用.

例 7.13 解积分方程 $\int_0^{+\infty} y(x)\sin tx\mathrm{d}x = f(t)$,其中 $f(t) = \begin{cases} \dfrac{\pi}{2}\sin t, & 0 \leqslant t \leqslant \pi \\ 0, & t > \pi \end{cases}$.

解 由 Fourier 正弦变换及其逆变换的定义知,若

$$F_s[y(x)] = \int_0^{+\infty} y(x)\sin \omega x\mathrm{d}x = f(\omega)$$

则

$$y(x) = \frac{2}{\pi}\int_0^{+\infty} f(\omega)\sin \omega x\mathrm{d}\omega = \frac{2}{\pi}\int_0^{\pi} \frac{\pi}{2}\sin \omega \sin \omega x\mathrm{d}\omega$$

$$= \frac{1}{2}\int_0^{\pi}\cos \omega(x-1)\mathrm{d}\omega - \frac{1}{2}\int_0^{\pi}\cos \omega(x+1)\mathrm{d}\omega = \frac{\sin \pi x}{1-x^2}$$

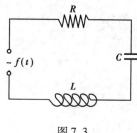

图 7.3

例 7.14 求具有电动势 $f(t)$ 的 LRC 电路(图 7.3)的电流,其中 L 是电感,R 是电阻,C 是电容.

解 设电路在 t 时刻的电流为 $I(t)$,由 Kirchhoff 定律得

$$L\frac{\mathrm{d}I}{\mathrm{d}t} + RI + \frac{1}{C}\int_{-\infty}^{t} I\mathrm{d}t = f(t)$$

上式两边对 t 求导得

$$L\frac{\mathrm{d}^2I}{\mathrm{d}t^2} + R\frac{\mathrm{d}I}{\mathrm{d}t} + \frac{1}{C}I = f'(t)$$

利用 Fourier 变换的性质,对方程两边同时取 Fourier 变换得

$$-L\omega^2 \tilde{I}(\omega) + Ri\omega \tilde{I}(\omega) + \frac{1}{C}\tilde{I}(\omega) = i\omega F(\omega)$$

其中 $F[I(t)] = \tilde{I}(\omega)$,$F[f(t)] = F(\omega)$,于是

$$\tilde{I}(\omega) = \frac{i\omega F(\omega)}{-L\omega^2 + Ri\omega + \dfrac{1}{C}}$$

再对 $\tilde{I}(\omega)$ 取 Fourier 逆变换得

$$I(t) = F^{-1}[\tilde{I}(\omega)] = \frac{1}{2\pi}\int_{-\infty}^{+\infty} \frac{i\omega F(\omega)\mathrm{e}^{it\omega}}{-L\omega^2 + Ri\omega + \dfrac{1}{C}}\mathrm{d}\omega$$

例 7.15 求常系数非齐次线性微分方程

$$\frac{\mathrm{d}^2y}{\mathrm{d}x^2} - y = -f(t)$$

的解,其中 $f(t)$ 为已知函数.

126

解 设 $F[y(t)] = Y(\omega)$，$F[f(t)] = F(\omega)$，对方程两边同时取 Fourier 变换得

$$(i\omega)^2 Y(\omega) - Y(\omega) = -F(\omega)$$

解得

$$Y(\omega) = \frac{1}{1+\omega^2}F(\omega)$$

于是

$$y(t) = \frac{1}{2\pi}\int_{-\wp}^{+\infty} Y(\omega)e^{it\omega}d\omega = \frac{1}{2\pi}\int_{-\wp}^{+\infty}\frac{1}{1+\omega^2}F(\omega)e^{it\omega}d\omega$$

因为 $\frac{1}{2}e^{-|t|}$ 的 Fourier 变换为 $F\left(\frac{1}{2}e^{-|t|}\right) = \frac{1}{1+\omega^2}$，由卷积定理得

$$y(t) = f(t) * \left(\frac{1}{2}e^{-|t|}\right) = \frac{1}{2}\int_{-\infty}^{+\infty}f(\tau)e^{-|t-\tau|}d\tau$$

例 7.16 用 Fourier 变换求下述无界弦振动方程的初值问题.

$$\begin{cases} \dfrac{\partial^2 u}{\partial t^2} = a^2\dfrac{\partial^2 u}{\partial x^2}, & -\infty < x < +\infty, t > 0 \\ u(x,0) = \varphi(x), & -\infty < x < +\infty \\ \dfrac{\partial u(x,0)}{\partial t} = \psi(x), & -\infty < x < +\infty \end{cases}$$

解 对 x 作 Fourier 变换，为方便起见，记

$$F[u(x,t)] = \bar{u}(\omega,t) = \bar{u}, F[\varphi(x)] = \bar{\varphi}(\omega) = \bar{\varphi}, F[\psi(x)] = \bar{\psi}(\omega) = \bar{\psi}$$

对式(7.22)的各式对 x 作 Fourier 变换，得

$$\begin{cases} \bar{u}_{tt} = a^2 \cdot (i\omega)^2\bar{u}, \\ \bar{u}(\omega,0) = \bar{\varphi}, \\ \bar{u}_t(\omega,0) = \bar{\psi}, \end{cases} \tag{7.21}$$

常微分方程式(7.21)的通解为

$$\bar{u}(\omega,t) = C_1 e^{i\omega at} + C_2 e^{-i\omega at}, \tag{7.22}$$

再由初始条件，可得式(7.21)的特解为

$$\bar{u}(\omega,t) = \frac{1}{2}\left[\bar{\varphi}e^{i\omega at} + \bar{\varphi}e^{-i\omega at}\right] + \frac{1}{2a}\left[\frac{\bar{\psi}}{i\omega}e^{i\omega at} - \frac{\bar{\psi}}{i\omega}e^{-i\omega at}\right]. \tag{7.23}$$

又

$$F^{-1}[\bar{\varphi}e^{i\omega at}] = \varphi(x+at), F^{-1}[\bar{\varphi}e^{-i\omega at}] = \varphi(x-at), \tag{7.24}$$

由位移性和积分性得

$$F^{-1}\left[\frac{\bar{\psi}}{i\omega}e^{i\omega at}\right] = F^{-1}\left[\frac{\bar{\psi}(x+at)}{i\omega}\right] = \int_{-\infty}^{x+at}\psi(x)dx, \tag{7.25}$$

同理可得

$$F^{-1}\left[\frac{\bar{\psi}}{i\omega}e^{-i\omega at}\right] = F^{-1}\left[\frac{\bar{\psi}(x-at)}{i\omega}\right] = \int_{-\infty}^{x-at}\psi(x)dx, \tag{7.26}$$

故由式(7.23)，式(7.24)，式(7.25)，式(7.26)得

$$u(x,t) = F^{-1}[\bar{u}(\omega,t)] = \frac{1}{2}[\varphi(x+at) + \varphi(x-at)] + \frac{1}{2a}\left[\int_{-\infty}^{x+at}\psi(x)dx - \int_{-\infty}^{x-at}\psi(x)dx\right]$$

$$= \frac{1}{2}\big[\varphi(x+at) + \varphi(x-at)\big] + \frac{1}{2a}\int_{x-at}^{x+at}\psi(x)\,\mathrm{d}x.$$

此例说明,运用 Fourier 变换,可以把偏微分方程转化为常微分方程,从而通过求常微分方程的解及 Fourier 逆变换,就可得到所考虑的偏微分方程的解.

例 7.17 解微积分方程

$$x'(t) - 4\int_{-\infty}^{t}x(t)\,\mathrm{d}t = \mathrm{e}^{-|t|}, \quad -\infty < t < +\infty.$$

其中 $\lim\limits_{t\to+\infty}\int_{-\infty}^{t}x(t)\,\mathrm{d}t = 0$

解 对方程两端取 Fourier 变换,得

$$\mathrm{i}\omega\overline{x}(\omega) - \frac{4}{\mathrm{i}\omega}\overline{x}(\omega) = F[\mathrm{e}^{-|t|}].$$

而 $\quad F[\mathrm{e}^{-|t|}] = \int_{-\infty}^{0}\mathrm{e}^{(1-\mathrm{i}\omega)t}\,\mathrm{d}t + \int_{0}^{+\infty}\mathrm{e}^{-(1+\mathrm{i}\omega)t}\,\mathrm{d}t = \frac{1}{1-\mathrm{i}\omega} + \frac{1}{1+\mathrm{i}\omega} = \frac{2}{1+\omega^2},$

所以 $\quad \mathrm{i}\omega\overline{x}(\omega) - \frac{4}{\mathrm{i}\omega}\overline{x}(\omega) = \frac{2}{1+\omega^2}$,解得 $\overline{x}(\omega) = -\dfrac{2\mathrm{i}\omega}{(\omega^2+1)(\omega^2+4)}$;

再取 Fourier 逆变换,得 $x(t) = -\dfrac{\mathrm{i}}{\pi}\int_{-\infty}^{+\infty}\dfrac{\omega\mathrm{e}^{\mathrm{i}\omega t}}{(\omega^2+1)(\omega^2+4)}\,\mathrm{d}\omega$,用留数来计算积分.

当 $t>0$ 时,有

$$x(t) = -\frac{\mathrm{i}}{\pi}\cdot 2\pi\mathrm{i}\left\{\mathrm{Res}\left[\frac{z\mathrm{e}^{\mathrm{i}zt}}{(z^2+1)(z^2+4)}, \mathrm{i}\right] + \mathrm{Res}\left[\frac{z\mathrm{e}^{\mathrm{i}zt}}{(z^2+1)(z^2+4)}, 2\mathrm{i}\right]\right\}$$

$$= \frac{1}{3}(\mathrm{e}^{-t} - \mathrm{e}^{-2t});$$

当 $t<0$ 时,令 $\omega = -\tau$,同理可得 $x(t) = \dfrac{1}{3}(\mathrm{e}^{2t} - \mathrm{e}^{t})$;

当 $t=0$ 时,同理可得 $x(t) = 0$.

故微分方程的解为 $\quad x(t) = \begin{cases} (\mathrm{e}^{2t} - \mathrm{e}^{t})/3, & t<0; \\ 0, & t=0; \\ (\mathrm{e}^{-t} - \mathrm{e}^{-2t})/3, & t>0. \end{cases}$

习题 7

1. 求下列函数的傅氏积分表达式.

$(1)f(t) = \begin{cases} 1-t^2, & |t|<1 \\ 0, & |t|>1 \end{cases}$

$(2)f(t) = \begin{cases} 0, & t<0 \\ \mathrm{e}^{-t}\sin 2t, & t\geq 0 \end{cases}$

$(3)f(t) = \begin{cases} -1, & -1<t<0 \\ 1, & 0<t<1 \\ 0, & 其他 \end{cases}$

2. 求证如果 $f(t)$ 满足傅氏积分定理条件, 当 $f(t)$ 为奇函数时, 则有

$$f(t) = \int_0^{+\infty} b(\omega) \sin(\omega t) \mathrm{d}\omega$$

其中

$$b(\omega) = \frac{2}{\pi} \int_0^{+\infty} f(t) \sin(\omega t) \mathrm{d}t$$

当 $f(t)$ 为偶函数时, 则有

$$f(t) = \int_0^{+\infty} a(\omega) \cos(\omega t) \mathrm{d}\omega$$

其中

$$a(\omega) = \frac{2}{\pi} \int_0^{+\infty} f(t) \cos(\omega t) \mathrm{d}t.$$

3. 利用习题 2 的结论, 设 $f(t) = \begin{cases} 1, & |t| < 1 \\ 0, & |t| > 1 \end{cases}$, 试算出 $a(\omega)$, 并推证

$$\int_0^{+\infty} \frac{\sin \omega \, \cos(\omega t)}{\omega} \mathrm{d}\omega = \begin{cases} \pi/2, & |t| < 1 \\ \pi/4, & |t| = 1 \\ 0, & |t| > 1 \end{cases}$$

4. 求下列函数的傅里叶变换.

(1)　$f(t) = \begin{cases} 1 - |t|, & |t| \leqslant 1 \\ 0, & |t| > 1 \end{cases}$

(2)　$f(t) = \begin{cases} E, & 0 \leqslant t \leqslant \tau \\ 0, & \text{其他} \end{cases} \quad (E, \tau > 0)$

(3)　$f(t) = \begin{cases} \mathrm{e}^{-|t|}, & |t| < 1/2 \\ 0, & |t| > 1/2 \end{cases}$

(4)　$f(t) = \dfrac{1}{\sqrt{2\pi}\sigma} \mathrm{e}^{-\frac{t^2}{2\sigma^2}}$ (此函数称为高斯(Gauss)分布函数)

5. 求下列函数的傅里叶变换, 并推证下列积分结果.

(1)　$f(t) = \mathrm{e}^{-|t|} \cos t$, 证明

$$\int_0^{+\infty} \frac{\omega^2 + 2}{\omega^4 + 4} \cos(\omega t) \mathrm{d}\omega = \frac{\pi}{2} \mathrm{e}^{-|t|} \cos t$$

(2)　$f(t) = \begin{cases} \sin t, & |t| \leqslant \pi, \\ 0, & |t| > \pi, \end{cases}$ 证明

$$\int_0^{+\infty} \frac{\sin(\omega \pi) \sin(\omega t)}{1 - \omega^2} \mathrm{d}\omega = \begin{cases} \dfrac{\pi}{2} \sin t, & |t| \leqslant \pi \\ 0, & |t| > \pi \end{cases}$$

6. 计算下列积分.

(1)　$\displaystyle\int_{-\infty}^{+\infty} \delta(t) \sin(\omega_0 t) f(t) \mathrm{d}t$　　　　(2)　$\displaystyle\int_{-\infty}^{+\infty} \delta(t) \cos(\omega_0 t) f(t) \mathrm{d}t$

(3)　$\displaystyle\int_{-\infty}^{+\infty} \delta(t - 3)(t^2 + 1) \mathrm{d}t$　　　　(4)　$\displaystyle\int_{-\infty}^{+\infty} \delta''\left(t - \frac{\pi}{4}\right) \sin t \mathrm{d}t.$

7. 求下列函数的傅氏变换,其中 $H(t)$ 为 Heaviside 函数.

（1）　$f(t) = H(t)\sin(\omega_0 t)$

（2）　$f(t) = H(t)\cos(\omega_0 t)$

（3）　$f(t) = H(t - i)$

（4）　$f(t) = \dfrac{1}{2}\left[\delta(t + t_0) + \delta(t - t_0) + \delta\left(t + \dfrac{t_0}{2}\right) + \delta\left(t - \dfrac{t_0}{2}\right)\right]$

（5）　$f(t) = \cos t \sin t$

（6）　$f(t) = \begin{cases} e^{-at}, & t > 0 \\ e^{at}, & t < 0 \end{cases} \quad (a > 0)$

8. 试利用傅氏变换的性质求下列函数的傅氏变换.

（1）　$f_1(t) = \begin{cases} E, & |t| < 2 \\ 0, & |t| \geqslant 2 \end{cases}$　$f_2(t) = \begin{cases} -E, & |t| < 1 \\ 0, & |t| \geqslant 1 \end{cases}$　$E > 0$

　　　$f(t) = 3f_1(t) + 4f_2(t)$

（2）　$f(t) = \dfrac{\alpha^2}{\alpha^2 + 4(\pi t)^2}$

（3）　$f(t) = e^{-\frac{(\pi t)^2}{\alpha}}$

（4）　$f(t) = E\delta(t - t_0)$

（5）　$(t - 2)f(-2t)$

（6）　$f(2t - 5)$

9. 利用能量积分公式,求下列积分的值.

（1）$\displaystyle\int_{-\infty}^{+\infty} \dfrac{1 - \cos t}{t^2}\mathrm{d}t$　　（2）$\displaystyle\int_{-\infty}^{+\infty}\left(\dfrac{1 - \cos t}{t}\right)^2\mathrm{d}t$　　（3）$\displaystyle\int_{-\infty}^{+\infty}\dfrac{t^2}{(1 + t^2)^2}\mathrm{d}t$　　（4）$\displaystyle\int_{-\infty}^{+\infty}\dfrac{\sin^4 t}{t^2}\mathrm{d}t$

10. 求下列函数的傅氏变换.

（1）　$f(t) = e^{-\alpha t}H(t) \cdot \sin \omega_0 t, (\alpha > 0)$

（2）　$f(t) = e^{-\alpha t}H(t)\cos \omega_0 t, (\alpha > 0)$

（3）　$f(t) = e^{i\omega_0 t}H(t - t_0)$

11. 求下列函数 $f_1(t)$ 与 $f_2(t)$ 的卷积.

（1）　$f_1(t) = H(t), f_2(t) = e^{-at}H(t)$

（2）　$f_1(t) = e^{-at}H(t), f_2(t) = \sin t \cdot u(t)$

（3）　$f_1(t) = e^{-t}H(t), f_2(t) = \begin{cases} \sin t & 0 < t < \dfrac{\pi}{2} \\ 0 & \text{其他} \end{cases}$

12. 设 $\varphi_\lambda(t) = \dfrac{1}{\pi}\dfrac{\lambda}{t^2 + \lambda^2}(\lambda > 0)$,证明

$$\lim_{\lambda \to 0}\varphi_\lambda(t) \overset{\text{弱}}{=} \delta(t) \quad (-\infty < t < \infty)$$

13. 设

$$\varphi_\lambda(t) = \begin{cases} (\lambda r)^{-1}\exp\left(\dfrac{-t^2}{\lambda^2 - t^2}\right) & |t| < \lambda \\ 0 & |t| \geqslant \lambda \end{cases}$$

其中

$$r = \int_{-1}^{1} \exp\left(\frac{-t^2}{1-t^2}\right) \mathrm{d}t$$

证明

$$\lim_{\lambda \to 0} \varphi_\lambda(t) \overset{弱}{=} \delta(t) \quad (-\infty < t < \infty).$$

14. 设 $f(t)$ 在 $(-\infty, \infty)$ 上连续可微,求证

$$f(t)\delta'(t-t_0) = f(t_0)\delta'(t-t_0) - f'(t_0)\delta'(t-t_0) \quad (-\infty < t < \infty)$$

15. 对于实常数 $a(\neq 0)$,求证

$$\delta^{(n)}(at) = a^{-n} \mid a \mid^{-1} \delta^{(n)}(t).$$

16. 求证

$$\int_{-\infty}^{+\infty} \delta^{(n)}(t)\mathrm{d}t = 0, (n = 1,2,3,\cdots).$$

17. 已知某函数 $f(t)$ 的傅氏变换为

$$F(\omega) = \mathrm{F}[f(t)] = \frac{\sin \omega}{\omega}$$

求该函数 $f(t)$.

18. 证明:如果 $F[\mathrm{e}^{i\varphi(t)}] = F(\omega)$,其中 $\varphi(t)$ 为一实函数,则

$$\mathrm{F}[\cos \varphi(t)] = \frac{1}{2}[F(\omega) + \overline{F(-\omega)}]$$

$$\mathrm{F}[\sin \varphi(t)] = \frac{1}{2i}[F(\omega) - \overline{F(-\omega)}]$$

其中 $\overline{F(-\omega)}$ 为 $F(\omega)$ 的共轭函数.

19. 已知 $F(\omega) = \mathrm{F}[f(t)]$,证明(翻转性质)

$$F(-\omega) = \mathrm{F}[f(-t)].$$

20. 利用对称性求下列函数所对应的 $f(t)$.

$(1) F(\omega) = u(\omega + \omega_0) - u(\omega - \omega_0)$

$(2) F(\omega) = \begin{cases} \omega_0/\pi, & \mid \omega \mid < \omega_0 \\ 0, & 其他 \end{cases}$

21. 证明下列各式.

$(1) \mathrm{e}^{\alpha t}[f_1(t) * f_2(t)] = [\mathrm{e}^{\alpha t} f_1(t)] * [\mathrm{e}^{\alpha t} f_2(t)]$

$(2) \dfrac{\mathrm{d}}{\mathrm{d}t}[f_1(t) * f_2(t)] = \left(\dfrac{\mathrm{d}f_1(t)}{\mathrm{d}t}\right) * f_2(t) = f_1(t) * \left(\dfrac{\mathrm{d}f_2(t)}{\mathrm{d}t}\right)$

22. 求下列函数的傅氏变换.

$(1) f(t) = \mathrm{e}^{-\alpha t}\cos(\omega_0 t) \cdot u(t), (\alpha > 0)$

$(2) f(t) = \mathrm{e}^{i\omega_0 t} \cdot u(t-t_0).$

$(3) f(t) = \mathrm{e}^{i\omega_0 t} t \cdot u(t)$

23. 已知某波形的相关函数 $R(\tau) = \dfrac{1}{2}\cos(\omega_0\tau) (\omega_0$ 为常数),求这个波形的能量谱密度.

24. 证明周期为 T 的非正弦函数 $f_T(t)$ 的频谱函数为

$$F(\omega) = 2\pi \sum_{n=-\infty}^{\infty} C_n \delta(\omega - n\omega_0)$$

其中,C_n 为 $f_T(t)$ 的傅氏级数展开式中的系数.

25. 求出 $f(t) = E\dfrac{\sin \omega_0 t}{t}$ 的频谱函数,并画出它的频谱图.

26. 求如图所示的锯齿形波的频谱函数,并画出它的频谱图.

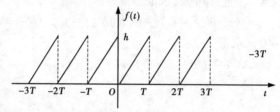

27. 利用傅氏变换,证明弦振动方程问题

$$\begin{cases} \dfrac{\partial^2 u}{\partial t^2} = a^2 \dfrac{\partial^2 u}{\partial x^2}, & -\infty < x < +\infty,\, t > 0 \\[2mm] u(x,0) = \varphi(x),\, \dfrac{\partial u}{\partial t}\Big|_{(x,o)} = \psi(x), & -\infty < x < +\infty \end{cases}$$

的解,由达郎贝尔(D'alembert)公式给出

$$u(x,t) = \frac{1}{2}\big[\varphi(x+at) + \varphi(x-at)\big] + \frac{1}{2a}\int_{x-at}^{x+at} \psi(\tau)\mathrm{d}\tau.$$

第 **8** 章
Laplace 变换

Laplace 变换是另一种积分变换,它在理论上及各种数学物理问题中都有重要应用. 例如, 用 Laplace 变换求解一类微分方程,可将解表示为较紧凑的形式,并在某些情况下减少计算量. 本章先介绍 Laplace 变换及逆变换的基本概念、性质及求解方法,然后再举例说明它的一些应用.

8.1 Laplace 变换的概念

在第 7 章中,讨论了一个函数当它满足 Dirichlet 条件并且在 $(-\infty, +\infty)$ 上绝对可积时, 就一定存在古典意义下的 Fourier 变换. 但绝对可积的条件是比较强的,很多简单的函数都不满足这一条件;其次,可进行 Fourier 变换的函数必须在 $(-\infty, +\infty)$ 上有定义,但在许多物理现象中,很多以时间 t 作为自变量的函数往往在 $t<0$ 时是无意义的或者是不需要考虑的,像这样的函数也不能取 Fourier 变换,使 Fourier 变换的应用范围受到相当大的限制.

下面我们对某些函数 $\varphi(t)$ 进行适当的改造使其进行 Fourier 变换时克服上述两个缺点. 首先,根据 Heaviside 函数 $H(t)$ 的特点,乘积 $\varphi(t)H(t)$ 可使积分区间由 $(-\infty, +\infty)$ 换成 $(0, +\infty)$;其次是指数衰减函数 $e^{-\beta t}(\beta>0)$ 所具有的特点,一般地,乘积 $\varphi(t)e^{-\beta t}$ 可使其变得绝对可积. 从而,对于乘积 $\varphi(t)H(t)e^{-\beta t}$,只要 β 选得适当,一般说来,这个函数的 Fourier 变换存在,得

$$\int_{-\infty}^{+\infty} \varphi(t)H(t)e^{-\beta t}e^{-i\omega t}dt = \int_0^{+\infty} f(t)e^{-(\beta+i\omega)t}dt = \int_0^{+\infty} f(t)e^{-st}dt$$

其中, $f(t) = \varphi(t)H(t)$, $s = \beta + i\omega$,这就导出了一种新的积分变换——Laplace 变换.

定义 8.1 如果在实变数 $t \geq 0$ 上有定义的函数 $f(t)$ 使积分

$$\int_0^{+\infty} f(t)e^{-st}dt (s 为一复参量).$$

在 s 的某一区域内收敛,则此积分所确定的函数

$$F(s) = \int_0^{+\infty} f(t)e^{-st}dt$$

为函数 $f(t)$ 的 Laplace **变换**(或称为象函数),记为 $F(s) = L[f(t)]$. 若 $F(s)$ 是 $f(t)$ 的 Laplace

变换,则称 $f(t)$ 为 $F(s)$ 的 Laplace **逆变换**(或称为**象原函数**),记为 $f(t) = L^{-1}[F(s)]$.

例 8.1　求单位阶跃函数 $H(t) = \begin{cases} 0, & t < 0 \\ 1, & t > 0 \end{cases}$ 的 Laplace 变换.

解　$L[H(t)] = \int_0^{+\infty} \mathrm{e}^{-st}\mathrm{d}t = \dfrac{1}{s}, \mathrm{Re}\, s > 0.$

例 8.2　求函数 $f(t) = t$ 的 Laplace 变换.

解　首先注意:当 $a > 0$ 时,有 $\lim\limits_{t \to +\infty} \mathrm{e}^{-at} = 0$ 及 $\lim\limits_{t \to +\infty} t\mathrm{e}^{-at} = 0$(洛必达法则).

所以,当 $s = a + ib$, $\mathrm{Re}\, s = a > 0$ 时, $\lim\limits_{t \to +\infty} \mathrm{e}^{-st} = \lim\limits_{t \to +\infty} \mathrm{e}^{-at}(\cos bt - \mathrm{i} \sin bt) = 0$(无穷小乘有界变量),也有 $\lim\limits_{t \to +\infty} t\mathrm{e}^{-st} = 0$。由 Laplace 变换的定义和分部积分法,并注意上面的结果,得

$$L[t] = \int_0^{+\infty} t\mathrm{e}^{-st}\mathrm{d}t = \left[-\frac{t\mathrm{e}^{-st}}{s}\right]_0^{+\infty} + \frac{1}{s}\int_0^{+\infty} \mathrm{e}^{-st}\mathrm{d}t = -\frac{1}{s^2}[\mathrm{e}^{-st}]_0^{+\infty} = \frac{1}{s^2}(\mathrm{Re}\, s > 0)$$

递推可得:$L[t^n] = \dfrac{n!}{s^{n+1}}$($\mathrm{Re}\, s > 0, n$ 自然数).

例 8.3　求指数函数 $f(t) = \mathrm{e}^{kt}$(k 为实数或复数)的 Laplace 变换.

解　由 Laplace 变换的定义知

$$L[f(t)] = \int_0^{+\infty} f(t)\mathrm{e}^{-st}\mathrm{d}t = \int_0^{+\infty} \mathrm{e}^{kt} \cdot \mathrm{e}^{-st}\mathrm{d}t = \int_0^{+\infty} \mathrm{e}^{-(s-k)t}\mathrm{d}t$$

这个积分在 $\mathrm{Re}\, s > \mathrm{Re}\, k$ 时收敛,而且有

$$\int_0^{+\infty} \mathrm{e}^{-(s-k)t}\mathrm{d}t = \frac{1}{s - k}, \text{即 } L[f(t)] = \frac{1}{s - k}(\mathrm{Re}\, s > \mathrm{Re}\, k).$$

从上面例子可以看出,Laplace 变换存在的条件要比 Fourier 变换存在的条件弱得多,但也并非所有的函数都存在 Laplace 变换,究竟函数 $f(t)$ 满足哪些条件其 Laplace 变换才存在呢?当 $f(t)$ 确定后,s 又该取哪些值呢? 下面讨论 Laplace 变换的存在问题.

定义 8.2　设函数 $f(t)$ 在实变数 $t \geqslant 0$ 上有定义,若存在两个常数 $M > 0$ 及 $\sigma > 0$,对于一切 t 都有

$$|f(t)| \leqslant M\mathrm{e}^{\sigma t}$$

成立,即 $f(t)$ 的增长速度不超过指数函数,则称 $f(t)$ 为**指数级函数**,σ 为其增长指数.

例如:$|H(t)| \leqslant 1 \cdot \mathrm{e}^{0t}$,此处 $M = 1$, $\sigma = 0$;$|t^n| \leqslant n!\mathrm{e}^t$,此处 $M = n!$, $\sigma = 1$ 等都是指数级函数,但 e^{t^3}, $t\mathrm{e}^{t^2}$ 等不是指数级函数.

定理 8.1　(Laplace 变换存在定理)　若函数 $f(t)$ 满足下列条件:

① $t \geqslant 0$ 的任一有限区间上分段连续;

② $f(t)$ 是指数级函数.

则 $f(t)$ 的 Laplace 变换在半平面 $\mathrm{Re}\, s \geqslant \sigma_1 > \sigma$ 上一定存在,在此区域上积分

$$F(s) = \int_0^{+\infty} f(t)\mathrm{e}^{-st}\mathrm{d}t$$

绝对收敛而且一致收敛,同时 $F(s)$ 为解析函数.

在证明过程中,要用到含参积分一致收敛的一个充分条件,先叙述如下:

若存在函数 $\varphi(t)$ 使 $|g(t, s)| < \varphi(t)$,而积分 $\int_a^b \varphi(t)\mathrm{d}t$ 收敛(a, b 可为无限),则积分

$\int_a^b g(t,s)\mathrm{d}t$ 在某一闭区域内一定是绝对收敛,并且一致收敛的.

证　由条件(2)知,对任意 $t \geq 0$ 有

$$|f(t)\mathrm{e}^{-st}| = |f(t)|\,\mathrm{e}^{-\beta t} \leq M\mathrm{e}^{\sigma t}\cdot\mathrm{e}^{-\beta t} = M\mathrm{e}^{-(\beta-\sigma)t},\text{其中}\,\beta = \mathrm{Re}\,s,$$

所以,$\int_0^{+\infty}|f(t)\mathrm{e}^{-st}|\mathrm{d}t \leq \int_0^{+\infty}M\mathrm{e}^{-(\beta-\sigma)t}\mathrm{d}t = \dfrac{M}{\beta-\sigma}$,当 $\mathrm{Re}\,s = \beta > \sigma$ 时.

故 $f(t)$ 的 Laplace 变换 $F(s) = \int_0^{+\infty}f(t)\mathrm{e}^{-st}\mathrm{d}t$ 在半平面 $\mathrm{Re}\,s \geq \sigma_1 > \sigma$ 上存在,其积分不仅绝对收敛而且一致收敛.

又当 $\mathrm{Re}\,s > \sigma$ 时,有

$$\int_0^{+\infty}\left|\frac{\mathrm{d}}{\mathrm{d}s}f(t)\mathrm{e}^{-st}\right|\mathrm{d}t = \int_0^{+\infty}|-tf(t)\mathrm{e}^{-st}|\mathrm{d}t \leq \int_0^{+\infty}Mt\mathrm{e}^{-(\beta-\sigma)t}\mathrm{d}t = \frac{M}{(\beta-\sigma)^2},$$

即 $\int_0^{+\infty}\dfrac{\mathrm{d}}{\mathrm{d}s}[f(t)\mathrm{e}^{-st}]\mathrm{d}t$ 在 $\mathrm{Re}\,s = \beta > \sigma$ 上绝对收敛且一致收敛,从而微分与积分可交换次序,即有

$$\frac{\mathrm{d}}{\mathrm{d}s}F(s) = \frac{\mathrm{d}}{\mathrm{d}s}\int_0^{+\infty}f(t)\mathrm{e}^{-st}\mathrm{d}t = \int_0^{+\infty}\frac{\mathrm{d}}{\mathrm{d}s}[f(t)\mathrm{e}^{-st}]\mathrm{d}t = \int_0^{+\infty}-tf(t)\mathrm{e}^{-st}\mathrm{d}t = L[-tf(t)]$$

这表明 $F(s)$ 在 $\mathrm{Re}\,s > \sigma$ 内是可微的,所以 $F(s)$ 在 $\mathrm{Re}\,s > \sigma$ 内是解析的.

需要指出的是,这个定理的条件是充分的,而不是必要的. 我们碰到的许多函数大都能满足定理的条件,一个函数是指数级的函数比函数绝对可积的条件要弱得多,$H(t)$,$\cos t$,t^n 等函数都不满足 Fourier 积分定理中的绝对可积条件,但它们都满足 Laplace 变换存在定理中的条件②.

还要指出,满足 Laplace 变换存在定理条件的函数 $f(t)$ 在 $t = 0$ 处为有界时,积分

$$F(s) = \int_0^{+\infty}f(t)\mathrm{e}^{-st}\mathrm{d}t$$

中的下限取 0^+ 或 0^- 不会影响其结果. 但当 $f(t)$ 在 $t = 0$ 处包含了 δ 函数时就需要区分积分区间是否包含了 $t = 0$ 这一点,若包含了 $t = 0$ 这一点,常将积分下限记为 0^-,否则记为 0^+,相应的 Laplace 变换分别记为

$$L_+[f(t)] = \int_{0^+}^{+\infty}f(t)\mathrm{e}^{-st}\mathrm{d}t,$$

$$L_-[f(t)] = \int_{0^-}^{+\infty}f(t)\mathrm{e}^{-st}\mathrm{d}t = \int_{0^-}^{0^+}f(t)\mathrm{e}^{-st}\mathrm{d}t + L_+[f(t)]$$

可以发现,当 $f(t)$ 在 $t = 0$ 附近有界时,$\int_{0^-}^{0^+}f(t)\mathrm{e}^{-st}\mathrm{d}t = 0$,此时 $L_-[f(t)] = L_+[f(t)]$;当 $f(t)$ 在 $t = 0$ 处包含了 δ 函数时,则 $\int_{0^-}^{0^+}f(t)\mathrm{e}^{-st}\mathrm{d}t \neq 0$,此时 $L_-[f(t)] \neq L_+[f(t)]$,为了考虑这一情况,Laplace 变换应定义为 $L[f(t)] = \int_{0^-}^{+\infty}f(t)\mathrm{e}^{-st}\mathrm{d}t$.

例 8.4　求 δ 函数 $\delta(t)$ 的 Laplace 变换.

解　$L[\delta(t)] = \int_{0^-}^{+\infty}\delta(t)\mathrm{e}^{-st}\mathrm{d}t = \int_{-\infty}^{+\infty}\delta(t)\mathrm{e}^{-st}\mathrm{d}t = \mathrm{e}^{-st}\big|_{t=0} = 1$.

例 8.5　求 $f(t) = \mathrm{e}^{-\beta t}\delta(t) - \beta\mathrm{e}^{-\beta t}H(t)$,$\beta > 0$ 的拉普拉斯变换.

解 $L[f(t)] = \int_{0^-}^{+\infty} e^{-\beta t}\delta(t) e^{-st}dt - \beta\int_0^{+\infty} H(t) e^{-\beta t} e^{-st}dt = \dfrac{s}{s+\beta}, \text{Re } s > -\beta.$

下面再看一些例子.

例 8.6 求正弦函数 $f(t) = \sin kt$（k 为实数）的 Laplace 变换.

解 利用 Laplace 变换定义, 得

$$L[\sin kt] = \int_0^{+\infty} \sin kt \cdot e^{-st}dt = \frac{1}{2i}\left[\int_0^{+\infty} \left(e^{-(s-ki)t} - e^{-(s+ki)t}\right)dt\right]$$

$$= \frac{1}{2i}\left(\frac{1}{s-ki} - \frac{1}{s+ki}\right) = \frac{k}{s^2+k^2} \quad (\text{Re } s > 0)$$

另解 $L[\sin kt] = \int_0^{+\infty} \sin kt \cdot e^{-st}dt = \dfrac{1}{s^2+k^2}e^{-st}\left[-s\sin kt - k\cos kt\right]_0^{+\infty}$

$$= \frac{k}{s^2+k^2} \quad (\text{Re } s > 0)$$

同理可得

$$L[\cos kt] = \frac{s}{s^2+k^2} \quad (\text{Re } s > 0).$$

例 8.7 求周期性三角波 $f(t) = \begin{cases} t, & 0 \le t < b \\ 2b-t, & b \le t < 2b \end{cases}$ 且 $f(t+2b) = f(t)$ 的 Laplace 变换.

解 由 Laplace 变换的定义, 有

$$L[f(t)] = \int_0^{+\infty} f(t)e^{-st}dt = \int_0^{2b} f(t)e^{-st}dt + \int_{2b}^{4b} f(t)e^{-st}dt + \cdots + \int_{2kb}^{2(k+1)b} f(t)e^{-st}dt + \cdots$$

$$= \sum_{k=0}^{+\infty} \int_{2kb}^{2(k+1)b} f(t)e^{-st}dt = \sum_{k=0}^{+\infty} \int_0^{2b} f(\tau+2kb)e^{-s(\tau+2kb)}d\tau \quad (\diamondsuit\, t = \tau + 2kb)$$

$$= \sum_{k=0}^{+\infty} e^{-2kbs}\int_0^{2b} f(\tau)e^{-s\tau}d\tau = \int_0^{2b} f(\tau)e^{-s\tau}d\tau \cdot \sum_{k=0}^{+\infty} (e^{-2bs})^k$$

当 $\text{Re } s = \beta > 0$ 时, 有 $|e^{-2bs}| = e^{-2\beta b} < 1$, $\sum\limits_{k=0}^{+\infty} (e^{-2bs})^k$ 为收敛的等比级数, 所以

$$L[f(t)] = \int_0^{2b} f(\tau)e^{-s\tau}d\tau \cdot \sum_{k=0}^{+\infty} (e^{-2bs})^k = \left[\int_0^b \tau e^{-s\tau}d\tau + \int_b^{2b} (2b-\tau)e^{-s\tau}d\tau\right] \cdot \frac{1}{1-e^{-2bs}}$$

$$= (1-e^{-bs})^2 \cdot \frac{1}{s^2} \cdot \frac{1}{1-e^{-2bs}} = \frac{1}{s^2} \cdot \frac{1-e^{-bs}}{1+e^{-bs}} = \frac{1}{s^2}\tan\frac{bs}{2}$$

从上面例子可以得到求周期函数的 Laplace 变换的公式:

$$L[f(t)] = \frac{1}{1-e^{-sT}}\int_0^T f(t)e^{-st}dt \quad (\text{Re } s > 0)$$

其中, $f(t)$ 是以 T 为周期的且在一个周期上是分段连续的周期函数.

例 8.8 求如图 8.1 所示的半波正弦函数 $f_T(t)$ 拉氏变换.

解 由已知, 函数在一个周期内的表达式为

$$f(t) = \begin{cases} E\sin\omega t & 0 < t < \dfrac{T}{2} \\[2mm] 0 & \dfrac{T}{2} < t < T \end{cases} \qquad \omega = \frac{2\pi}{T}$$

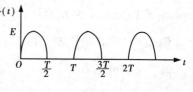

图 8.1

所以
$$L[f_T(t)] = \frac{1}{1 - e^{-sT}} \int_0^T f(t) e^{-st} dt = \frac{1}{1 - e^{-sT}} \cdot \frac{E\omega}{s^2 + \omega^2}$$

8.2　Laplace 变换的性质

利用 Laplace 变换的定义及查 Laplace 变换表可以求一些常见函数的 Laplace 变换。本节将介绍 Laplace 变换的一些性质,它在实际应用中是很有用的. 为方便起见,凡求 Laplace 变换的函数都假设它满足 Laplace 变换存在定理中的条件,增长指数统一取 σ.

(1)线性性质

若 α,β 是常数,$L[f_1(t)] = F_1(s)$,$L[f_2(t)] = F_2(s)$,则
$$L[\alpha f_1(t) + \beta f_2(t)] = \alpha L[f_1(t)] + \beta L[f_2(t)] = \alpha F_1(s) + \beta F_2(s);$$
$$L^{-1}[\alpha F_1(s) + \beta F_2(s)] = \alpha L^{-1}[F_1(s)] + \beta L^{-1}[F_2(s)] = \alpha f_1(t) + \beta f_2(t).$$

这个性质表明函数线性组合的 Laplace 变换(或逆变换)等于各函数 Laplace 变换(或逆变换)的线性组合,它的证明只须根据定义及积分的性质即可推出.

(2)原函数的微分性质

若 $L[f(t)] = F(s)$,则
$$L[f'(t)] = sF(s) - f(0)$$

证　根据 Laplace 变换的定义及分部积分公式得
$$L[f'(t)] = \int_0^{+\infty} f'(t) e^{-st} dt = f(t) e^{-st} \big|_0^{+\infty} + s \int_0^{+\infty} f(t) e^{-st} dt$$
$$= -f(0) + sL[f(t)] = sF(s) - f(0)$$

一般地有 $L[f^{(n)}(t)] = s^n F(s) - s^{n-1}f(0) - s^{n-2}f'(0) - \cdots - f^{(n-1)}(0)$ 　(Re $s > \sigma$).

这个性质使 $f(t)$ 的微分方程转为 $F(s)$ 的代数方程,因此它对分析线性系统有着重要作用. 现在利用它推算一些函数的 Laplace 变换.

例 8.9　利用 Laplace 变换的性质求 $f(t) = \cos kt$ 的 Laplace 变换。

解　因为 $f'(t) = -k \sin kt$,$f''(t) = -k^2 \cos kt = -k^2 f(t)$,

后式两端取 Laplace 变换并利用性质,得
$$L[f''(t)] = -k^2 L[f(t)],即 s^2 L[f(t)] - sf(0) - f'(0) = -k^2 L[f(t)],$$

所以　$L[f(t)] = \dfrac{s}{s^2 + k^2}$.

例 8.10　求 $f(t) = t^m$ 的 Laplace 变换:(1)m 为正整数;(2)实数 $m > -1$.

解　(1)因为 $f(0) = f'(0) = \cdots = f^{(m-1)}(0) = 0$,$f^{(m)}(t) = m!$,所以
$$L[m!] = L[f^{(m)}(t)] = s^m L[f(t)] - s^{m-1}f(0) - s^{m-2}f'(0) - \cdots - f^{(m-1)}(0)$$

即 $m! \, L[1] = s^m L[f(t)]$,从而 $L[f(t)] = \dfrac{m!}{s^{m+1}}$.

在讨论(2)之前,首先介绍一下 Gamma 函数,由含参变量积分 $\displaystyle\int_0^{+\infty} e^{-t} t^{m-1} dt$ 所定义的函

数称为 Gamma 函数,记为 $\Gamma(m)$,即 $\Gamma(m) = \int_0^{+\infty} \mathrm{e}^{-t} t^{m-1} \mathrm{d}t$,其中 $m > 0$. Γ 函数具有递推公式 $\Gamma(m+1) = m\Gamma(m)$,由此可知,当 m 为正整数时,$\Gamma(m+1) = m!$. 由定义可知 $\Gamma(1) = 1$,由定义及概率积分 $\int_{-\infty}^{+\infty} \mathrm{e}^{-\xi^2} \mathrm{d}\xi = \sqrt{\pi}$ 可得 $\Gamma\left(\dfrac{1}{2}\right) = \sqrt{\pi}$.

(2)由定义 $L[t^m] = \int_0^{+\infty} t^m \mathrm{e}^{-st} \mathrm{d}t$.

①当 $m > 0$ 时,令 $st = z$,有 $L[t^m] = \int_0^{+\infty} t^m \mathrm{e}^{-st} \mathrm{d}t = \dfrac{1}{s^{m+1}} \int_0^{+\infty} z^m \mathrm{e}^{-z} \mathrm{d}z$,

右端的积分除 m 为非负整数外,被积函数 $z^m \mathrm{e}^{-z} = g(z)$ 在 $z = 0$ 处不解析. 现对 $\varepsilon > 0$,考虑积分 $\int_{\varepsilon}^{\infty} z^m \mathrm{e}^{-z} \mathrm{d}z$(当 $m > 0$ 不为整数时,取 z^m 的主值分支).

因为 $g(z)$ 在 $\mathrm{Re}\, z > 0$ 内解析,故对 $\varepsilon > 0$ 积分与路径无关,沿正实轴路径积分,于是有 $\int_{\varepsilon}^{\infty} z^m \mathrm{e}^{-z} \mathrm{d}z = \int_{\varepsilon}^{+\infty} x^m \mathrm{e}^{-x} \mathrm{d}x$.

让 $\varepsilon \to 0^+$,从而 $\int_{\varepsilon}^{+\infty} x^m \mathrm{e}^{-x} \mathrm{d}x \to \int_0^{+\infty} x^m \mathrm{e}^{-x} \mathrm{d}x = \Gamma(m+1)$

即 $\int_0^{\infty} z^m \mathrm{e}^{-z} \mathrm{d}z = \lim_{\varepsilon \to 0+} \int_{\varepsilon}^{\infty} z^m \mathrm{e}^{-z} \mathrm{d}z = \lim_{\varepsilon \to 0+} \int_{\varepsilon}^{+\infty} x^m \mathrm{e}^{-x} \mathrm{d}x = \int_0^{+\infty} x^m \mathrm{e}^{-x} \mathrm{d}x = \Gamma(m+1)$,所以 $L[t^m] = \dfrac{\Gamma(m+1)}{s^{m+1}}$ $(m > 0)$ $(\mathrm{Re}\, s > 0)$.

②当 $m = 0$ 时,$L[t^m] = L[1] = \dfrac{1}{s} = \dfrac{\Gamma(0+1)}{s^{0+1}}$;

③当 $-1 < m < 0$ 时,因为 $m+1 > 0$,由①得 $L[t^{m+1}] = \dfrac{\Gamma(m+2)}{s^{m+2}} = \dfrac{(m+1)\Gamma(m+1)}{s^{m+2}}$

而 $t^m = \dfrac{1}{m+1}(t^{m+1})'$,$t^{m+1}\big|_{t=0} = 0$,于是由 Laplace 变换性质得

$$L\left[\dfrac{1}{m+1}(t^{m+1})'\right] = \dfrac{1}{m+1} \cdot sL[t^{m+1}] = \dfrac{s}{m+1} \cdot \dfrac{(m+1)\Gamma(m+1)}{s^{m+2}} = \dfrac{\Gamma(m+1)}{s^{m+1}} \quad (\mathrm{Re}\, s > 0)$$

综合①,②,③得,当 $m > -1$ 时有 $L[t^m] = \dfrac{\Gamma(m+1)}{s^{m+1}}$ $(\mathrm{Re}\, s > 0)$.

(3)象函数的微分性质

若 $L[f(t)] = F(s)$,则 $F'(s) = L[-tf(t)]$ $(\mathrm{Re}\, s > \sigma)$,更一般地 $F^{(n)}(s) = L[(-t)^n f(t)]$ $(\mathrm{Re}\, s > \sigma)$.

证 利用积分与微分交换次序,得

$$F^{(n)}(s) = \dfrac{\mathrm{d}^n}{\mathrm{d}s^n} \int_0^{+\infty} f(t) \mathrm{e}^{-st} \mathrm{d}t = \int_0^{+\infty} \dfrac{\mathrm{d}^n}{\mathrm{d}s^n} (f(t)\mathrm{e}^{-st}) \mathrm{d}t$$

$$= \int_0^{+\infty} (-t)^n f(t) \mathrm{e}^{-st} \mathrm{d}t = L[(-t)^n f(t)]$$

例 8.11 求函数 $f(t) = t\mathrm{e}^{kt}$ 的 Laplace 变换.

解 $L[t\mathrm{e}^{kt}] = -\dfrac{\mathrm{d}}{\mathrm{d}s} L[\mathrm{e}^{kt}] = -\dfrac{\mathrm{d}}{\mathrm{d}s} \dfrac{1}{s-k} = \dfrac{1}{(s-k)^2}$,$(\mathrm{Re}\, s > \mathrm{Re}\, k)$,

同理可得 $L[t^n e^{kt}] = \dfrac{n!}{(s-k)^{n+1}}$ （$\mathrm{Re}\, s > \mathrm{Re}\, k$）.

又如 $L[tH(t)] = -\dfrac{\mathrm{d}}{\mathrm{d}s}L[H(t)] = \dfrac{1}{s^2}$，$L[t^m H(t)] = (-1)^m \dfrac{\mathrm{d}^m}{\mathrm{d}s^m}L[H(t)] = \dfrac{m!}{s^{m+1}}$.

(4) 原函数的积分性质

$$L\Big[\int_0^t f(t)\,\mathrm{d}t\Big] = \frac{1}{s}L[f(t)]$$

更一般地有

$$L\Big[\underbrace{\int_0^t \mathrm{d}t \int_0^t \mathrm{d}t \cdots \int_0^t f(t)\,\mathrm{d}t}_{n次}\Big] = \frac{1}{s^n}L[f(t)]$$

证 设 $h(t) = \int_0^t f(t)\,\mathrm{d}t$，则有 $h'(t) = f(t)$，且 $h(0) = 0$，由微分性质知

$$L[f(t)] = L[h'(t)] = sL[h(t)] - h(0) = sL[h(t)]，即 L[h(t)] = \frac{1}{s}L[f(t)]$$

亦即 $L\Big[\int_0^t f(t)\,\mathrm{d}t\Big] = \dfrac{1}{s}L[f(t)]$.

(5) 象函数的积分性质

若 $L[f(t)] = F(s)$，则

$$L\Big[\frac{f(t)}{t}\Big] = \int_s^\infty L[f(t)]\,\mathrm{d}s = \int_s^\infty F(s)\,\mathrm{d}s，或 f(t) = tL^{-1}\Big[\int_s^\infty F(s)\,\mathrm{d}s\Big],$$

更一般地有

$$L\Big[\frac{f(t)}{t^n}\Big] = \underbrace{\int_s^\infty \mathrm{d}s \int_s^\infty \mathrm{d}s \cdots \int_s^\infty F(s)\,\mathrm{d}s}_{n次}.$$

例 8.12 求函数 $f(t) = \int_0^t \dfrac{\sin u}{u}\,\mathrm{d}u$ 的 Laplace 变换.

解 $L[f(t)] = L\Big[\int_0^t \dfrac{\sin u}{u}\,\mathrm{d}u\Big] = \dfrac{1}{s}L\Big[\dfrac{\sin u}{u}\Big]$（原函数的积分性质）

$$= \frac{1}{s}\int_s^\infty L[\sin u]\,\mathrm{d}s \text{（象函数的积分性质）}$$

$$= \frac{1}{s}\int_s^\infty \frac{1}{1+s^2}\,\mathrm{d}s = \frac{1}{s}\int_s^{+\infty} \frac{1}{1+x^2}\,\mathrm{d}x = \frac{1}{s}\Big(\frac{\pi}{2} - \arctan s\Big)$$

象函数的积分性质常常用于求广义积分，因为

$$L\Big[\frac{f(t)}{t}\Big] = \int_s^\infty L[f(t)]\,\mathrm{d}s，所以 \int_0^{+\infty} \frac{f(t)}{t}\mathrm{e}^{-st}\,\mathrm{d}t = \int_s^\infty L[f(t)]\,\mathrm{d}s$$

例 8.13 计算积分 $\int_0^{+\infty} \dfrac{\sin t}{t}\,\mathrm{d}t$.

解 利用象函数的积分性质，并注意解析函数的积分与路径无关，得

$$\int_0^{+\infty} \frac{\sin t}{t}\,\mathrm{d}t = \int_0^{+\infty} L[\sin t]\,\mathrm{d}s = \int_0^{+\infty} \frac{1}{s^2+1}\,\mathrm{d}s = \int_0^{+\infty} \frac{1}{x^2+1}\,\mathrm{d}x = \arctan x \Big|_0^{+\infty} = \frac{\pi}{2}$$

例 8.14 计算积分 $\int_0^{+\infty} \dfrac{1-\cos t}{t}\mathrm{e}^{-t}\,\mathrm{d}t$.

解 由象函数的积分性质，并注意解析函数的积分与路径无关，得

$$\int_0^{+\infty} \frac{1-\cos t}{t} e^{-t} dt = \int_1^{\infty} L[1-\cos t] ds = \int_1^{\infty} \left(\frac{1}{s} - \frac{s}{s^2+1} \right) ds$$

$$= \int_1^{+\infty} \left(\frac{1}{x} - \frac{x}{x^2+1} \right) dx = \left[\frac{1}{2} \ln \frac{x^2}{x^2+1} \right]_1^{+\infty} = \frac{1}{2} \ln 2$$

(6) 位移性质

若 $L[f(t)] = F(s)$,则有 $L[e^{at} f(t)] = F(s-a)$ $\mathrm{Re}(s-a) > \sigma$.

证 根据 Laplace 变换的定义得

$$L[e^{at} f(t)] = \int_0^{+\infty} e^{at} f(t) e^{-st} dt = \int_0^{+\infty} f(t) e^{-(s-a)t} dt$$

$$= F(s-a)$$

这个性质表明了一个原函数乘以指数函数 e^{at} 的 Laplace 变换等于其象函数作位移 a.

例 8.15 求 $f(t) = e^{at} t^m$ 的 Laplace 变换.

解 因为 $L[t^m] = \dfrac{\Gamma(m+1)}{s^{m+1}}$,利用位移性得 $L[e^{at} t^m] = \dfrac{\Gamma(m+1)}{(s-a)^{m+1}}$.

(7) 延迟性质

若 $L[f(t)] = F(s)$,又 $t < 0$ 时,$f(t) = 0$,则对任一非负实数 τ,有

$$L[f(t-\tau)] = e^{-s\tau} F(s) \text{ 或 } L^{-1}[e^{-s\tau} F(s)] = f(t-\tau).$$

证 $L[f(t-\tau)] = \int_0^{+\infty} f(t-\tau) e^{-st} dt = \int_{-\tau}^{+\infty} f(u) e^{-s(\tau+u)} du$ （令 $t-\tau = u$）

$$= e^{-s\tau} \int_{-\tau}^0 f(u) e^{-su} du + e^{-s\tau} \int_0^{+\infty} f(u) e^{-su} du \quad （当 u < 0 时 f(u) = 0）$$

$$= e^{-s\tau} \int_0^{+\infty} f(u) e^{-su} du = e^{-s\tau} F(s) \quad \mathrm{Re}\, s > \sigma$$

这个性质表明时间函数 $f(t)$ 推迟 τ 个单位的 Laplace 变换等于它的象函数乘以指数因子 $e^{-s\tau}$,这个性质在工程技术中也称为时移性.

例 8.16 求如图 8.2 所示的阶梯函数 $f(t)$ 拉氏变换.

解 $f(t) = A[u(t) + u(t-\tau) + u(t-2\tau) + \cdots] = A \sum_{k=0}^{+\infty} u(t-k\tau)$

$L[f(t)] = A \sum_{k=0}^{+\infty} L[u(t-k\tau)] = A \sum_{k=0}^{+\infty} e^{-k\tau s} L[u(t)] = \frac{A}{s} \sum_{k=0}^{+\infty} (e^{-s\tau})^k$

$$= \frac{A}{s} \cdot \frac{1}{1-e^{-s\tau}}$$

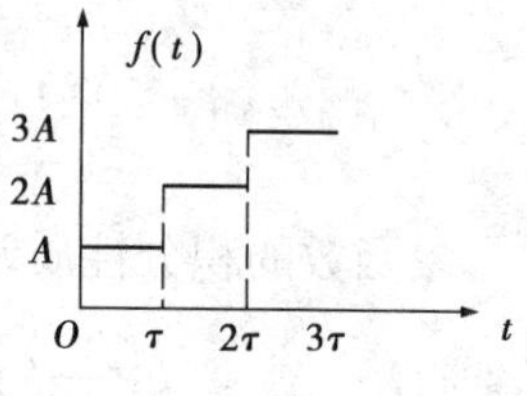

图 8.2

(8) 相似性质

若 $L[f(t)] = F(s)$,则当 $a > 0$ 时,有 $L[f(at)] = \dfrac{1}{a} F\left(\dfrac{s}{a} \right)$.

证 根据 Laplace 变换的定义,当 $a > 0$ 时

$$L[f(at)] = \int_0^{+\infty} f(at) e^{-st} dt = \frac{1}{a} \int_0^{+\infty} f(u) e^{-\frac{s}{a}u} du = \frac{1}{a} F\left(\frac{s}{a} \right)$$

因为函数 $f(at)$ 的图形可由 $f(t)$ 的图形沿 t 轴正向经相似变换而得,所以这个性质称为相

似性质. 在工程技术中,常希望改变时间的比例尺,或将一个给定的时间函数标准化后,再求其 Laplace 变换,这时就会用到这个性质. 这个性质在工程技术中也称为尺度变换性.

例 8.17　设 $L[f(t)] = F(s)$,求 $L[f(at-b)]$,其中 $a > 0, b \geqslant 0$.

解　**方法 1**:令 $g(t) = f(t-b)$,则由延迟性质

$$F_1(s) = L[g(t)] = L[f(t-b)] = e^{-bs}F(s)$$

于是由相似性质

$$L[f(at-b)] = L[g(at)] = \frac{1}{a}F_1\left(\frac{s}{a}\right) = \frac{1}{a}e^{-\frac{b}{a}s}F\left(\frac{s}{a}\right)$$

方法 2:令 $h(t) = f(at)$,由相似性质

$$F_2(s) = L[h(t)] = L[f(at)] = \frac{1}{a}F\left(\frac{s}{a}\right)$$

再由延迟性质

$$L[f(at-b)] = L\left[h\left(t-\frac{b}{a}\right)\right] = e^{-\frac{b}{a}s}F_2(s) = \frac{1}{a}e^{-\frac{b}{a}s}F\left(\frac{s}{a}\right)$$

例 8.18　求 $f(t) = \sin\left(t - \frac{\pi}{3}\right)$ 的 Laplace 变换.

解　因

$$f'(t) = \cos\left(t - \frac{\pi}{3}\right), f''(t) = -\sin\left(t - \frac{\pi}{3}\right)$$

故

$$L[f''(t)] = L\left[-\sin\left(t - \frac{\pi}{3}\right)\right] = -L\left[\sin\left(t - \frac{\pi}{3}\right)\right] = -L[f(t)]$$

另一方面,由微分性质得

$$L[f''(t)] = s^2 L[f(t)] - sf(0) - f'(0) = s^2 L[f(t)] + \frac{\sqrt{3}}{2}s - \frac{1}{2}$$

于是

$$s^2 L[f(t)] + \frac{\sqrt{3}}{2}s - \frac{1}{2} = -L[f(t)]$$

故

$$L[f(t)] = \frac{1 - \sqrt{3}s}{2(s^2 + 1)}$$

(9) 卷积性质

在 Fourier 变换的卷积性质中,已给出了两个函数卷积的定义:

$$f_1(t) * f_2(t) = \int_{-\infty}^{+\infty} f_1(\tau)f_2(t-\tau)\mathrm{d}\tau$$

但在 Laplace 变换中,只要求 $f(t)$ 在 $[0, +\infty)$ 有定义即可. 因此,在把卷积应用于 Laplace 变换时,我们总假定当 $t < 0$ 时 $f_1(t) = f_2(t) = 0$,这时,卷积的定义可改变成为下面的形式:

$$f_1(t) * f_2(t) = \int_0^t f_1(\tau)f_2(t-\tau)\mathrm{d}\tau$$

事实上　$f_1(t) * f_2(t) = \displaystyle\int_{-\infty}^{+\infty} f_1(\tau)f_2(t-\tau)\mathrm{d}\tau$

$$= \int_{-\infty}^{0} f_1(\tau) f_2(t-\tau) d\tau + \int_{0}^{t} f_1(\tau) f_2(t-\tau) d\tau + \int_{t}^{+\infty} f_1(\tau) f_2(t-\tau) d\tau$$

$$= \int_{0}^{t} f_1(\tau) f_2(t-\tau) d\tau$$

定理 8.2（卷积定理） 设 $L[f_1(t)] = F_1(s), L[f_2(t)] = F_2(s)$, 则

$$L[f_1(t) * f_2(t)] = F_1(s) \cdot F_2(s) \text{ 或 } L^{-1}[F_1(s) \cdot F_2(s)] = f_1(t) * f_2(t)$$

证 $L[f_1(t) * f_2(t)] = \int_{0}^{+\infty} [f_1(t) * f_2(t)] e^{-st} dt = \int_{0}^{+\infty} [\int_{0}^{t} f_1(\tau) f_2(t-\tau) d\tau] e^{-st} dt$

由于二重积分绝对可积, 交换积分次序, 得

$$L[f_1(t) * f_2(t)] = \int_{0}^{+\infty} f_1(\tau) [\int_{\tau}^{+\infty} f_2(t-\tau) e^{-st} dt] d\tau$$

上式第二个积分作代换, 令 $t - \tau = u$, 则

$$\int_{\tau}^{+\infty} f_2(t-\tau) e^{-st} dt = \int_{0}^{+\infty} f_2(u) e^{-s(u+\tau)} du = e^{-s\tau} F_2(s)$$

所以 $L[f_1(t) * f_2(t)] = \int_{0}^{+\infty} f_1(\tau) e^{-s\tau} F_2(s) d\tau = F_2(s) \int_{0}^{+\infty} f_1(\tau) e^{-s\tau} d\tau = F_1(s) \cdot F_2(s)$

8.3 Laplace 变换的逆变换

前面我们主要讨论了由已知的象原函数 $f(t)$ 求它的 Laplace 变换后的象函数 $F(s)$. 但在许多实际应用中常会碰到与此相反的的问题, 即已知象函数 $F(s)$ 求它的象原函数 $f(t)$, 本节就解决这个问题.

定理 8.3 若函数 $f(t)$ 满足 Laplace 变换存在定理的条件, $L[f(t)] = F(s)$, 则 $L^{-1}[F(s)]$ 由下式给出

$$\frac{1}{2\pi i} \int_{c-i\infty}^{c+i\infty} F(s) e^{st} ds = \begin{cases} f(t), & t \text{ 为连续点}; \\ \dfrac{f(t+0) + f(t-0)}{2}, & t \text{ 为间断点}. \end{cases}$$

这就得到了从象函数 $F(s)$ 求它的象原函数 $f(t)$ 的一般公式:

$$f(t) = \frac{1}{2\pi i} \int_{c-i\infty}^{c+i\infty} F(s) e^{st} ds$$

该公式也称为 Laplace **反演公式**, 右端的积分称为 Laplace **反演积分**, 这里的积分路径是平行虚轴的任一直线 $\text{Re } s = c$. 计算复变函数的积分通常是比较困难的, 一方面, 可以通过查 Laplace 变换表来求象原函数; 另一方面, 当 $F(s)$ 满足一定条件时, 可以用留数方法来计算这个反演积分.

定理 8.4 若 $F(s) = L[f(t)]$ 在有限复平面内只有有限个奇点 $s_1, s_2, \cdots, s_n$, 且 $\lim\limits_{s \to \infty} F(s) = 0$, 则

$$\frac{1}{2\pi i} \int_{c-i\infty}^{c+i\infty} F(s) e^{st} ds = \sum_{k=1}^{n} \operatorname{Re}_{s=s_k} s[F(s) e^{st}]$$

例 8.19 求 $F(s) = \dfrac{1}{s^2(s+1)}$ 的 Laplace 逆变换.

解法 1　将 $F(s)$ 化成部分分式 $F(s) = \dfrac{-1}{s} + \dfrac{1}{s^2} + \dfrac{1}{s+1}$

查附表 II 知 $f(t) = L^{-1}\left[\dfrac{1}{s^2(s+1)}\right] = -1 + t + e^{-t}$.

解法 2　$F(s)$ 有两个孤立奇点 $s = 0, s = -1$, 且分别为 2 级、1 级极点, 所以

$$f(t) = L^{-1}\left[\frac{1}{s^2(s+1)}\right] = \operatorname*{Re}_{s=0} s \frac{e^{st}}{s^2(s+1)} + \operatorname*{Re}_{s=-1} s \frac{e^{st}}{s^2(s+1)}$$

$$= \left(\frac{e^{st}}{s+1}\right)'\Bigg|_{s=0} + \frac{e^{st}}{s^2}\Bigg|_{s=-1} = -1 + t + e^{-t}$$

例 8.20　求 $\dfrac{s^2}{(s^2+1)^2}$ 的象原函数.

解　$F(s) = \dfrac{s^2}{(s^2+1)^2} = \dfrac{s}{s^2+1} \cdot \dfrac{s}{s^2+1} = L[\cos t] \cdot L[\cos t]$

由卷积定理得

$$L^{-1}[F(s)] = \cos t * \cos t = \int_0^t \cos\tau\cos(t-\tau)\mathrm{d}\tau = \frac{1}{2}(t\cos t + \sin t)$$

此题也可用留数理论来做.

例 8.21　求函数 $F(s) = \dfrac{1}{(s+1)^4}$ 的 Laplace 逆变换.

解　首先注意 $L[t^3] = \dfrac{\Gamma(4)}{s^4} = \dfrac{3!}{s^4}$, 由位移性质知 $L[t^3 e^{-t}] = \dfrac{3!}{(s+1)^4}$

所以函数 $F(s) = \dfrac{1}{(s+1)^4}$ 的 Laplace 逆变换为 $f(t) = L^{-1}[F(s)] = \dfrac{1}{6}t^3 e^{-t}$.

函数 $F(s)$ 的 Laplace 逆变换也可用留数的方法来做. 因 $s = -1$ 是 $F(s) = \dfrac{1}{(s+1)^4}$ 的 4 级

极点, 所以 $L^{-1}[F(s)] = \dfrac{1}{3!}\dfrac{\mathrm{d}^3}{\mathrm{d}s^3}e^{st}\Bigg|_{s=-1} = \dfrac{1}{6}t^3 e^{-t}$.

例 8.22　$L[f(t)] = F(s)$, 证明 $L^{-1}\left[\dfrac{F(s)}{s^2}\right] = \int_0^t\left[\int_0^x f(y)\,\mathrm{d}y\right]\mathrm{d}x$.

证　设 $h(t) = \int_0^t\left[\int_0^x f(y)\,\mathrm{d}y\right]\mathrm{d}x$, 则

$$h'(t) = \int_0^t f(y)\,\mathrm{d}y, \quad h''(t) = f(t), \quad 且\ h(0) = h'(0) = 0$$

故　　　　$L[f(t)] = L[h''(t)] = s^2 L[h(t)] - sh(0) - h'(0) = s^2 L[h(t)]$

即有　　　　　　　　$L[h(t)] = \dfrac{1}{s^2}L[f(t)] = \dfrac{F(s)}{s^2}$

对等式求逆变换得 $L^{-1}\left[\dfrac{F(s)}{s^2}\right] = h(t) = \int_0^t\left[\int_0^x f(y)\,\mathrm{d}y\right]\mathrm{d}x$.

8.4 Laplace 变换的应用

Laplace 变换的重要应用之一是解微分方程和积分方程,其解题步骤为

①对所给方程施行 Laplace 变换得到一象函数的代数方程;

②求解该代数方程得象函数;

③对求出的象函数施行 Laplace 逆变换得象原函数,即为原方程的解.

例 8.23 求方程 $y'' + 2y' - 3y = e^{-t}$ 满足初始条件 $y|_{t=0} = 0, y'|_{t=0} = 1$ 的解.

解 为了方便记 $L[y(t)] = \bar{y}(s)$,方程两边施行 Laplace 变换,得

$$s^2\bar{y} - sy(0) - y'(0) + 2(s\bar{y} - y(0)) - 3\bar{y} = \frac{1}{s+1}$$

代入初始条件并解出 $\bar{y}$,得 $\bar{y} = \dfrac{s+2}{(s+1)(s-1)(s+3)}$. 因孤立奇点 $s_1 = -1, s_2 = 1, s_3 = -3$ 均为 $\bar{y}$ 的 1 级极点,所以

$$y(t) = \sum_{k=1}^{3} \operatorname*{Re}_{s=s_k} s[\bar{y}e^{st}] = \left.\frac{(s+2)e^{st}}{(s-1)(s+3)}\right|_{s=-1} + \left.\frac{(s+2)e^{st}}{(s+1)(s+3)}\right|_{s=1} + \left.\frac{(s+2)e^{st}}{(s+1)(s-1)}\right|_{s=-3}$$

$$= -\frac{1}{4}e^{-t} + \frac{3}{8}e^t - \frac{1}{8}e^{-3t}.$$

例 8.24 求解微分方程 $y'' + 2y' + y = e^{-t}, y(1) = y'(1) = 0$.

解 先作代换,令 $u = t - 1$,将问题化为

$$y'' + 2y' + y = e^{-(u+1)}, y(0) = y'(0) = 0.$$

再对新方程两边作 Laplace 变换,并考虑初值,得

$$s^2\bar{y} + 2s\bar{y} + \bar{y} = \frac{1}{s+1} \cdot \frac{1}{e},$$

解出 $\bar{y} = \dfrac{1}{(s+1)^3} \cdot \dfrac{1}{e}$,用留数的方法或查 Laplace 变换表,求反演积分,可得 $y(u) = \dfrac{1}{2}u^2 e^{-u-1}$,从而 $y(t) = \dfrac{1}{2}(t-1)^2 e^{-t}$,这就是所求的解.

例 8.25 求方程组

$$\begin{cases} y'' - x'' + x' - y = e^t - 2 \\ 2y'' - x'' - 2y' + x = -t \end{cases}$$

满足初始条件 $y(0) = y'(0) = 0, x(0) = x'(0) = 0$ 的解.

解 在方程组中两个方程的两边取 Laplace 变换,记 $L[y] = \bar{y}, L[x] = \bar{x}$,并考虑初始条件,则有

$$\begin{cases} s^2\bar{y} - s^2\bar{x} + s\bar{x} - \bar{y} = \dfrac{1}{s-1} - \dfrac{2}{s} \\ 2s^2\bar{y} - s^2\bar{x} - 2s\bar{y} + \bar{x} = -\dfrac{1}{s^2} \end{cases}$$

解此方程组得 $\bar{y} = \dfrac{1}{s(s-1)^2}$，$\bar{x} = \dfrac{2s-1}{s^2(s-1)^2}$．易知 $s=0$，$s=1$ 分别是 $\bar{y}$ 的 1 级、2 级极点，$s=0$，$s=1$ 均是 $\bar{x}$ 的 2 级极点，用留数的方法计算反演积分得

$$y(t) = \lim_{s\to 0} \frac{e^{st}}{(s-1)^2} + \lim_{s\to 1} \frac{d}{ds} \frac{e^{st}}{s} = 1 + te^t - e^t$$

$$x(t) = \lim_{s\to 0} \frac{d}{ds} \frac{(2s-1)e^{st}}{(s-1)^2} + \lim_{s\to 1} \frac{d}{ds} \frac{(2s-1)e^{st}}{s^2} = -t + te^t$$

故，原方程的解为 $y(t) = 1 + te^t - e^t$，$x(t) = -t + te^t$．

例 8.26　求积分方程 $\varphi(x) = \sin x + 2\displaystyle\int_0^x \cos(x-t) \cdot \varphi(t) dt$ 的解．

解　所给方程即是 $\varphi(x) = \sin x + 2\cos x * \varphi(x)$，在方程的两边施行 Laplace 变换得

$$\bar{\varphi}(s) = \frac{1}{1+s^2} + \frac{2s}{1+s^2}\bar{\varphi}(s)，即 \bar{\varphi}(s) = \frac{1}{(s-1)^2}$$

作反演，得积分方程的解为 $\varphi(x) = xe^x$．

例 8.27　解变系数微分方程：

$$ty'' + (1-n-t)y' + ny = t-1，y(0)=0 (n=2,3,4,\cdots)．$$

解　对方程两边进行 Laplace 变换，并代入初值，得

$$-\frac{d}{ds}L[y''] + (1-n)L[y'] + \frac{d}{ds}L[y'] + nL[y] = L[t-1]$$

即

$$-2s\bar{y}(s) - s^2\bar{y}'(s) + (1-n)s\bar{y}(s) + \bar{y}(s) + s\bar{y}'(s) + n\bar{y}(s) = \frac{1}{s^2} - \frac{1}{s}$$

亦即

$$\bar{y}'(s) + \frac{n+1}{s}\bar{y}(s) = \frac{1}{s^3}$$

由一阶线性微分方程的求解公式，得 $\bar{y}(s) = \dfrac{1}{n-1} \cdot \dfrac{1}{s^2} + \dfrac{c}{s^{n+1}}$

故 $y(t) = L^{-1}[\bar{y}(s)] = \dfrac{1}{n-1}t + \dfrac{c}{n!}t^n$．

例 8.28　解差分方程

$$y(t) - ay(t-h) = g(t)，y(t) = 0 (t<0)$$

其中常数 a,h 及函数 $g(t)$ 为已知，当 $t<0$ 时，$g(t)=0$．

解　对方程两边取 Laplace 变换，得 $\bar{y}(s) - ae^{-hs}\bar{y}(s) = \bar{g}(s)$

解得

$$\bar{y}(s) = \frac{\bar{g}(s)}{1-ae^{-hs}} = \bar{g}(s)\sum_{k=0}^{\infty} a^k e^{-khs}$$

从而

$$y(t) = L^{-1}[\bar{y}(s)] = \sum_{k=0}^{\infty} a^k L^{-1}[e^{-khs}\bar{g}(s)] = \sum_{k=0}^{\infty} a^k g(t-kh)$$

当 k 足够大时，$t-kh<0$，从而 $g(t-kh)=0$，对确定的 t，级数只有有限项，而不是无限项．

Laplace 变换在力学、电学等方面的应用例子很多，在此列举一部分供读者参考．解题的关键是建立正确的微分方程和确定的初始条件，然后用 Laplace 变换化为代数方程求解，将结果再进行 Laplace 逆变换，就可得出原问题的解．

例 8.29　在原点处一质量为 m 的质点当 $t=0$ 时，在 x 方向上受到冲击力 $k\delta(t)$ 的作用，

其中 k 为常数. 假定该质点的初速度为零,求其运动规律.

解 据牛顿第二定律,得微分方程

$$mx'' = k\delta(t), x(0) = x'(0) = 0$$

两边取 Laplace 变换,得 $ms^2\bar{x} = k$,解得 $\bar{x} = \dfrac{k}{m} \cdot \dfrac{1}{s^2}$,取 Laplace 逆变换,得 $x(t) = \dfrac{kt}{m}$.

例 8.30 一质量为 m 的质点,受吸引力 $F_1 = kx(k > 0)$ 的作用沿 x 轴接近原点,同时受阻尼力 $F_2 = \beta\dfrac{\mathrm{d}x}{\mathrm{d}t}(\beta > 0)$ 的作用,求质点的运动位移,假设 $x(0) = x_0, x'(0) = v_0$.

解 建立质点的运动方程为

$$\frac{\mathrm{d}^2 x}{\mathrm{d}t^2} + 2a\frac{\mathrm{d}x}{\mathrm{d}t} + \omega^2 x = 0$$

其中 $a = \dfrac{\beta}{2m}, \omega^2 = \dfrac{k}{m}$. 对方程施行 Laplace 变换,并代入初始条件,得

$$s^2\bar{x} - sx_0 - v_0 + 2a(s\bar{x} - x_0) + \omega^2\bar{x} = 0$$

解得 $\bar{x} = \dfrac{(s+a)x_0}{(s+a)^2 + \omega^2 - a^2} + \dfrac{v_0 + ax_0}{(s+a)^2 + \omega^2 - a^2}$.

(1)当 $\omega^2 - a^2 > 0$ 时,取 Laplace 逆变换,得

$$x(t) = x_0\mathrm{e}^{-at}\cos\sqrt{\omega^2 - a^2}\,t + \frac{v_0 + ax_0}{\omega^2 - a^2}\mathrm{e}^{-at}\sin\sqrt{\omega^2 - a^2}\,t$$

是阻力振荡.

(2)当 $\omega^2 - a^2 = 0$ 时,得

$$x(t) = x_0\mathrm{e}^{-at} + (v_0 + ax_0)t\mathrm{e}^{-at}$$

因为 $\lim\limits_{t \to +\infty} t\mathrm{e}^{-at} = 0$,所以 $\lim\limits_{t \to +\infty} x(t) = 0$.

(3)当 $\omega^2 - a^2 < 0$ 时,有

$$x(t) = \mathrm{e}^{-at}\left[x_0\mathrm{ch}\sqrt{a^2 - \omega^2}\,t + \frac{v_0 + ax_0}{\sqrt{a^2 - \omega^2}}\mathrm{sh}\sqrt{a^2 - \omega^2}\,t\right],$$

是非振荡的过阻力运动.

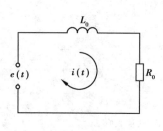

图 8.3

例 8.31 设 RL 电路中激励信号 $e(t)$ 为 Heaviside 函数 $H(t)$(图 8.3),求电流 $i(t)$.

解 设 $e(t)$ 和 $i(t)$ 的 Laplace 变换分别为 $L[e(t)] = E(s)$,$L[i(t)] = I(s)$,则

$$E(s) = L[H(t)] = \frac{1}{s}, I(s) = \frac{1}{R + sL}E(s)$$

因为 $\dfrac{1}{L_0}\mathrm{e}^{-\frac{R_0}{L_0}t}$ 的 Laplace 变换为 $L\left[\dfrac{1}{L_0}\mathrm{e}^{-\frac{R_0}{L_0}t}\right] = \dfrac{1}{R_0 + sL_0}$,故由卷积定理得

$$i(t) = L^{-1}[I(s)] = L^{-1}\left[\frac{1}{R_0 + sL_0}E(s)\right]$$

$$= \frac{1}{L_0} e^{-\frac{R_0}{L_0}t} * H(t) = \int_0^t H(\tau) \frac{1}{L_0} e^{-\frac{R_0}{L_0}(t-\tau)} \mathrm{d}\tau$$

$$= \frac{1}{R_0} e^{\frac{R_0}{L_0}(t-\tau)} \bigg|_0^t = \frac{1}{R_0} (1 - e^{\frac{R_0}{L_0}t})$$

习 题 8

1. 用定义求下列函数的拉氏变换,并用查表的方法来验证结果.

(1)$f(t) = \sin \dfrac{t}{3}$ (2)$f(t) = \mathrm{e}^{-2t}$ (3)$f(t) = t^2$

(4)$f(t) = \sin t \cos t$ (5)$f(t) = \mathrm{sh}\, kt$ (6)$f(t) = \cos^2 t$

2. 求下列函数的拉氏变换.

(1)$f(t) = \begin{cases} 3, & 0 \leqslant t < 2 \\ -1, & 2 \leqslant t < 4 \\ 0, & t \geqslant 4 \end{cases}$ (2)$f(t) = \begin{cases} t+1, & 0 < t < 3 \\ 0, & t \geqslant 3 \end{cases}$

(3)$f(t) = \begin{cases} 3, & t < \dfrac{\pi}{2} \\ \cos t, & t > \dfrac{\pi}{2} \end{cases}$ (4)$f(t) = \mathrm{e}^{2t} + 5\delta(t)$

(5)$f(t) = \delta(t)\cos t - u(t)\sin t$

3. 设 $f(t)$ 是以 2π 为周期的函数,且在一个周期内的表达式为

$$f(t) = \begin{cases} \sin t, & 0 < t \leqslant \pi \\ 0, & \pi < t < 2\pi \end{cases}$$

求 $\mathrm{L}[f(t)]$.

4. 求下列函数的拉氏变换式.

(1)$f(t) = 3t^4 - 2t^{3/2} + 6$ (2)$f(t) = 1 - t\mathrm{e}^t$

(3)$f(t) = 3\sqrt[3]{t} + 4\mathrm{e}^{2t}$ (4)$f(t) = \dfrac{t}{2\alpha}\sin at$

(5)$f(t) = \dfrac{\sin at}{t}$ (6)$f(t) = 5\sin 2t - 3\cos 2t$

(7)$f(t) = \mathrm{e}^{-3t}\cos 4t$ (8)$f(t) = \mathrm{e}^{-2t}\sin 6t$

(9)$f(t) = t^n \mathrm{e}^{\alpha t}$($n$ 为整数)   (10)$f(t) = u(3t - 5)$

(11)$f(t) = \dfrac{\mathrm{e}^{3t}}{\sqrt{t}}$ (12)$f(t) = u(1 - \mathrm{e}^{-t})$

5. 利用象函数的导数公式计算下列各式.

(1)$f(t) = t\mathrm{e}^{-3t}\sin 2t$,求 $F(s)$;

(2)$f(t) = t\displaystyle\int_0^t \mathrm{e}^{-3\tau}\sin 2\tau\,\mathrm{d}\tau$,求 $F(s)$;

$(3) f(t) = \int_0^t \tau e^{-3\tau} \sin 2\tau d\tau$，求 $F(s)$.

6. 利用象函数的积分公式计算下列各式.

$(1) \dfrac{1 - e^{-t}}{t}$，求 $F(s)$；

$(2) \dfrac{e^{-3t} \sin 2t}{t}$，求 $F(s)$；

$(3) \int_0^t \dfrac{e^{-3\tau} \sin 2\tau}{\tau} d\tau$，求 $F(s)$；

$(4) \dfrac{s}{(s^2 - 1)^2}$，求 $f(t)$.

7. 利用拉氏变换的性质求下列函数的拉氏变换.

$(1) f(t) = \dfrac{e^{bt} - e^{at}}{t}$ 　　　　　$(2) f(t) = t^2 \sin 2t$

$(3) f(t) = \sin \omega t - \omega t \cos \omega t$ 　　$(4) f(t) = t \, \text{sh} \, \omega t$

8. 求下列函数的拉氏逆变换.

$(1) F(s) = \dfrac{1}{s^2 + 4}$ 　　　　　$(2) F(s) = \dfrac{1}{s^4}$

$(3) F(s) = \dfrac{1}{(s + 1)^4}$ 　　　　$(4) F(s) = \dfrac{1}{s + 3}$

$(5) F(s) = \dfrac{2s + 3}{s^2 + 9}$ 　　　　$(6) F(s) = \dfrac{s + 3}{(s + 1)(s - 3)}$

$(7) F(s) = \dfrac{s + 1}{s^2 + s - 6}$ 　　　$(8) F(s) = \dfrac{2s + 5}{s^2 + 4s + 13}$

9. 设 $f_1(t), f_2(t)$ 均满足拉氏变换存在定理的条件(若它们的增长指数均为 c_0) 且 $L[f_1(t)] = F_1(s), L[f_2(t)] = F_2(s),$，则乘积 $f_1(t) f_2(t)$ 的拉氏变换一定存在，且

$$L[f_1(t) f_2(t)] = \frac{1}{2\pi i} \int_{\beta - i\infty}^{\beta + i\infty} F_1(q) F_2(s - q) dq$$

其中 $\beta > 0, \text{Re} \, s > \beta + c_0$.

10. 求下列函数的拉氏逆变换(象原函数)，并用另一种方法加以验证.

$(1) F(s) = \dfrac{1}{s^2 + a^2}$ 　　　　$(2) F(s) = \dfrac{s}{(s - a)(s - b)}$

$(3) F(s) = \dfrac{s + c}{(s + a)(s + b)^2}$ 　　$(4) F(s) = \dfrac{s^2 + 2a^2}{(s^2 + a^2)^2}$

$(5) F(s) = \dfrac{1}{(s^2 + a^2) s^3}$ 　　$(6) F(s) = \dfrac{1}{s(s + a)(s + b)}$

$(7) F(s) = \dfrac{1}{s^4 - a^4}$ 　　　　$(8) F(s) = \dfrac{s^2 + 2s - 1}{s(s - 1)^2}$

$(9) F(s) = \dfrac{1}{s^2(s^2 - 1)}$ 　　　$(10) F(s) = \dfrac{s}{(s^2 + 1)(s^2 + 4)}$

11. 求下列函数的拉氏逆变换.

$(1) F(s) = \dfrac{1}{(s^2+4)^2}$　　　　$(2) F(s) = \dfrac{s}{s+2}$

$(3) F(s) = \dfrac{2s+1}{s(s+1)(s+2)}$　　　$(4) F(s) = \dfrac{1}{s^4+5s^2+4}$

$(5) F(s) = \dfrac{s+1}{9s^2+6s+5}$　　　$(6) F(s) = \ln \dfrac{s^2-1}{s^2}$

$(7) F(s) = \dfrac{s+2}{(s^2+4s+5)^2}$　　　$(8) F(s) = \dfrac{1}{(s^2+2s+2)^2}$

$(9) F(s) = \dfrac{s^2+4s+4}{(s^2+4s+13)^2}$　　　$(10) F(s) = \dfrac{2s^2+s+5}{s^3+6s^2+11s+6}$

$(11) F(s) = \dfrac{s+3}{s^3+3s^2+6s+4}$　　　$(12) F(s) = \dfrac{2s^2+3s+3}{(s+1)(s+3)^3}$

$(13) F(s) = \dfrac{1+\mathrm{e}^{-2s}}{s^2}$　　　$(14) F(s) = \dfrac{2s^3+10s^2+8s+40}{s^2(s^2+9)}$

$(15) F(s) = \dfrac{s^2-3}{(s+2)(s-3)(s^2+2s+5)}$　　$(16) F(s) = \dfrac{2s^3-s^2-1}{(s+1)^2(s^2+1)^2}$

12. 试求下列微分方程或微分方程组初值问题的解.

$(1) x'' + k^2 x = 0, \quad x(0) = A, \quad x'(0) = B$

$(2) x'' + 4x' + 3x = \mathrm{e}^{-t}, \quad x(0) = x'(0) = 1$

$(3) x'' + k^2 x = a[u(t) - u(t-b)], \quad x(0) = x'(0) = 0$

$(4) x'' - x = 4 \sin t + 5 \cos 2t, \quad x(0) = -1, \quad x'(0) = -2$

$(5) x^{(4)} + 2x''' - 2x' - x = \delta(t), \quad x(0) = x'(0) = x''(0) = x'''(0) = 0$

$(6) x^{(4)} + 2x'' + x = \sin t, \quad x(0) = 1, x'(0) = -2, x''(0) = 3, x'''(0) = 0$

$(7) x'' + 4x' + 5x = f(t), \quad x(0) = c_1, x'(0) = c_2$

$(8) x''' + x' = \mathrm{e}^{-2t} + \delta(t) + \delta(t-1), \quad x(0) = x'(0) = x''(0) = 0$

$(9) x'' + 4x' + 5x = \delta(t) + \delta'(t), \quad x(0) = 0, x'(0) = 2$

$(10) x^{(4)} + x''' = 3\delta(t) + u(t-1) + \cos t, \quad x(0) = x'(0) = x'''(0) = 0, x''(0) = c(常数)$

$(11) \begin{cases} x' + y' = 1 + \delta(t), \\ x' - y' = t + \delta(t-1), \end{cases} \quad x(0) = a, y(0) = b$

$(12) \begin{cases} x' + x - y = \mathrm{e}^t, \\ 3x + y' - 2y = 2\mathrm{e}^t, \end{cases} \quad x(0) = y(0) = 1$

$(13) \begin{cases} y' - 2z' = f(t), \\ y'' - z'' + z = 0, \end{cases} \quad y(0) = y'(0) = z(0) = z'(0) = 0$

$(14) \begin{cases} (2x'' - x' + 9x) - (y'' + y' + 3y) = 0, \quad x(0) = x'(0) = 1 \\ (2x'' + x' + 7x) - (y'' - y' + 5y) = 0, \quad y(0) = y'(0) = 0 \end{cases}$

$(15) \begin{cases} x'' - x + y + z = 0, \\ x + y' - y + z = 0, \quad x(0) = 1, y(0) = z(0) = x'(0) = y'(0) = z'(0) = 0 \\ x + y + z'' - z = 0, \end{cases}$

13. 求下列各图所示周期函数的拉氏变换.

(1) 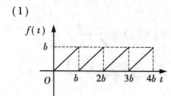　　(2)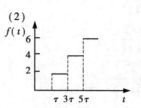

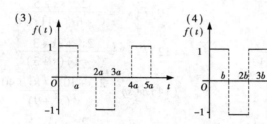

14. 计算下列积分.

(1) $\displaystyle\int_0^{+\infty}\frac{\mathrm{e}^{-t}-\mathrm{e}^{-2t}}{t}\mathrm{d}t$

(2) $\displaystyle\int_0^{+\infty}\frac{1-\cos t}{t}\mathrm{e}^{-t}\mathrm{d}t$

(3) $\displaystyle\int_0^{+\infty}\frac{\mathrm{e}^{-at}\cos bt-\mathrm{e}^{-mt}\cos nt}{t}\mathrm{d}t$

(4) $\displaystyle\int_0^{+\infty}\mathrm{e}^{-3t}\cos 2t\mathrm{d}t$

(5) $\displaystyle\int_0^{+\infty}t\mathrm{e}^{-2t}\mathrm{d}t$

(6) $\displaystyle\int_0^{+\infty}t\mathrm{e}^{-3t}\sin 2t\mathrm{d}t$

(7) $\displaystyle\int_0^{+\infty}\frac{\mathrm{e}^{-\sqrt{2}t}\mathrm{sh}\ t\cdot\sin t}{t}\mathrm{d}t$

(8) $\displaystyle\int_0^{+\infty}\frac{\mathrm{e}^{-t}\sin^2 t}{t}\mathrm{d}t$

(9) $\displaystyle\int_0^{+\infty}t^3\mathrm{e}^{-t}\sin t\mathrm{d}t$

(10) $\displaystyle\int_0^{+\infty}\frac{\sin^2 t}{t^2}\mathrm{d}t$

15. 求下列卷积.

(1) $1*1$

(2) $t*t$

(3) t^m*t^n(m,n 为正整数)

(4) $t*\mathrm{e}^t$;

(5) $\sin t*\cos t$

(6) $\sin kt*\sin kt$

(7) $t*\mathrm{sh}\ t$

(8) $\mathrm{sh}\ at*\mathrm{sh}\ at$

(9) $u(t-a)*f(t)$

(10) $\delta(t-a)*f(t)$

16. 利用卷积定理证明

$$\mathrm{L}^{-1}\left[\frac{s}{(s^2+a^2)^2}\right]=\frac{t}{2a}\sin at$$

17. 利用卷积定理证明

$$\mathrm{L}^{-1}\left[\frac{1}{\sqrt{s}(s-1)}\right]=\frac{2}{\sqrt{\pi}}\mathrm{e}^t\int_0^t\mathrm{e}^{-\tau^2}\mathrm{d}\tau,$$

并求 $\mathrm{L}^{-1}\left[\dfrac{1}{s\sqrt{s+1}}\right]$.

18. 试求下列积分方程的解.

（1）$y(t) = at + \int_0^t y(\tau)\sin(t - \tau)\mathrm{d}\tau$

（2）$y(t) = a\sin bt + \int_0^t y(\tau)\sin b(t - \tau)\mathrm{d}\tau$，其中 $b > c > 0$

19. 设在原处质量为 m 的一质点在 $t = 0$ 时，在 x 方向上受到冲击力 $k\delta(t)$ 的作用，其中 k 为常数，假定质点的初速度为零，求其运动规律.

20. 某系统的传递函数 $H(s) = \dfrac{k}{1 + Ts}$，求当激励 $x(t) = A\sin \omega t$ 时的系统响应 $y(t)$.

附录Ⅰ 傅氏变换简表

	函 数	图 像 $f(t)$	频 谱 $F(\omega)$	图 像 $F(\omega)$
1	矩形单脉冲 $f(t)=\begin{cases}E,\ \|t\|\leqslant\dfrac{\tau}{2}\\ 0,\ 其他\end{cases}$		$2E\dfrac{\sin\dfrac{\omega\tau}{2}}{\omega}$	
2	指数衰减函数 $f(t)=\begin{cases}0,\ t<0\\ e^{-\beta t},t\geqslant0,\beta>0\end{cases}$		$\dfrac{1}{\beta+i\omega}$	
3	三角形脉冲 $f(t)=\begin{cases}\dfrac{2A}{\tau}\left(\dfrac{\tau}{2}+t\right),\\ \quad -\dfrac{\tau}{2}\leqslant t<0\\ \dfrac{2A}{\tau}\left(\dfrac{\tau}{2}-t\right),\\ \quad 0\leqslant t<\dfrac{\tau}{2}\end{cases}$		$\dfrac{4A}{\tau\omega^2}\left(1-\cos\dfrac{\omega\tau}{2}\right)$	

4	钟形脉冲 $f(t) = Ae^{-\beta t^2} (\beta > 0)$		$\sqrt{\dfrac{\pi}{\beta}} Ae^{-\frac{\omega^2}{4\beta}}$	
5	傅里叶核 $f(t) = \dfrac{\sin \omega_0 t}{\pi t}$		$F(\omega) = \begin{cases} 1, & |\omega| \leqslant \omega_0 \\ 0, & \text{其他} \end{cases}$	
6	高斯分布函数 $f(t) = \dfrac{1}{\sqrt{2\pi}\sigma} e^{-\frac{t^2}{2\sigma^2}}$		$e^{-\frac{\sigma^2 \omega^2}{2}}$	

续表

	函　数	图　像 $f(t)$	频　谱 $F(\omega)$	图　像 $F(\omega)$
7	矩形射频脉冲 $f(t)=\begin{cases}E\cos\omega_0 t, & \lvert t\rvert\leqslant\dfrac{\tau}{2}\\ 0, & \text{其他}\end{cases}$		$\dfrac{E\tau}{2}\left[\dfrac{\sin\dfrac{(\omega-\omega_0)\tau}{2}}{\dfrac{(\omega-\omega_0)\tau}{2}}+\dfrac{\sin\dfrac{(\omega+\omega_0)\tau}{2}}{\dfrac{(\omega+\omega_0)\tau}{2}}\right]$	
8	单位脉冲函数 $f(t)=\delta(t)$		1	
9	周期性脉冲函数 $f(t)=\displaystyle\sum_{n=-\infty}^{n=+\infty}\delta(t-nT)$ （T 为脉冲函数的周期）		$\dfrac{2\pi}{T}\displaystyle\sum_{n=-\infty}^{n=+\infty}\delta\left(\omega-\dfrac{2n\pi}{T}\right)$	

10	$f(t) = \cos \omega_0 t$	$\pi\left[\delta(\omega + \omega_0) + \delta(\omega - \omega_0)\right]$	
11	$f(t) = \sin \omega_0 t$	$\mathrm{i}\pi\left[\delta(\omega + \omega_0) - \delta(\omega - \omega_0)\right]$	
12	单位函数 $f(t) = u(t)$	$\dfrac{1}{\mathrm{i}\omega} + \pi\delta(\omega)$	

续表

	$f(t)$	$F(\omega)$
13	$u(t-c)$	$\dfrac{1}{\mathrm{i}\omega}\mathrm{e}^{-\mathrm{i}\omega c}+\pi\delta(\omega)$
14	$u(t)\cdot t$	$-\dfrac{1}{\omega^2}+\pi\mathrm{i}\delta'(\omega)$
15	$u(t)\cdot t^n$	$\dfrac{n!}{(\mathrm{i}\omega)^{n+1}}+\pi\mathrm{i}^n\delta^{(n)}(\omega)$
16	$u(t)\sin at$	$\dfrac{a}{a^2-\omega^2}+\dfrac{\pi}{2\mathrm{i}}\big[\delta(\omega-\omega_0)-\delta(\omega+\omega_0)\big]$
17	$u(t)\cos at$	$\dfrac{\mathrm{i}\omega}{a^2-\omega^2}+\dfrac{\pi}{2}\big[\delta(\omega-\omega_0)+\delta(\omega+\omega_0)\big]$
18	$u(t)\mathrm{e}^{\mathrm{i}at}$	$\dfrac{1}{\mathrm{i}(\omega-a)}+\pi\delta(\omega-a)$
19	$u(t-c)\mathrm{e}^{\mathrm{i}at}$	$\dfrac{1}{\mathrm{i}(\omega-a)}\mathrm{e}^{-\mathrm{i}(\omega-a)c}+\pi\delta(\omega-a)$
20	$u(t)\mathrm{e}^{\mathrm{i}at}t^n$	$\dfrac{n!}{[\mathrm{i}(\omega-a)]^{n+1}}+\pi\mathrm{i}^n\delta^{(n)}(\omega-a)$
21	$\mathrm{e}^{a\mid t\mid},\ \mathrm{Re}(a)<0$	$\dfrac{-2a}{\omega^2+a^2}$
22	$\delta(t-c)$	$\mathrm{e}^{-\mathrm{i}\omega c}$
23	$\delta'(t)$	$\mathrm{i}\omega$
24	$\delta^{(n)}(t)$	$(\mathrm{i}\omega)^n$

序号	$f(t)$	变换
25	$\delta^{(n)}(t-c)$	$(i\omega)^n e^{-i\omega c}$
26	1	$2\pi\delta(\omega)$
27	t	$2\pi i\delta'(\omega)$
28	t^n	$2\pi i^n\delta^{(n)}(\omega)$
29	e^{iat}	$2\pi\delta(\omega-a)$
30	$t^n e^{iat}$	$2\pi i^n\delta^{(n)}(\omega-a)$
31	$\dfrac{1}{a^2+t^2},\ \mathrm{Re}(a)<0$	$-\dfrac{\pi}{a}e^{a|\omega|}$
32	$\dfrac{1}{(a^2+t^2)^2},\ \mathrm{Re}(a)<0$	$\dfrac{i\omega\pi}{2a}e^{a|\omega|}$
33	$\dfrac{ibt}{a^2+t^2},\ \mathrm{Re}(a)<0,b\ 为实数$	$-\dfrac{\pi}{a}e^{a|\omega-b|}$
34	$\dfrac{\cos bt}{a^2+t^2},\ \mathrm{Re}(a)<0,b\ 为实数$	$-\dfrac{\pi}{2a}\left[e^{a|\omega-b|}+e^{a|\omega+b|}\right]$
35	$\dfrac{\sin bt}{a^2+t^2},\ \mathrm{Re}(a)<0,b\ 为实数$	$-\dfrac{\pi}{2ai}\left[e^{a|\omega-b|}-e^{a|\omega+b|}\right]$
36	$\dfrac{\sin hat}{\sin h\pi t},\ -\pi<a<\pi$	$\dfrac{\sin a}{\cos h\omega+\cos a}$
37	$\dfrac{\sin hat}{\cos h\pi t},\ -\pi<a<\pi$	$-2i\dfrac{\sin\dfrac{a}{2}\sin h\dfrac{\omega}{2}}{\cos h\omega+\cos a}$

续表

	$f(t)$	$F(\omega)$
38	$\dfrac{\cos hat}{\cos h\pi t}, -\pi < a < \pi$	$\dfrac{a}{2}\cdot\dfrac{\cos\dfrac{a}{2}\cos h\dfrac{\omega}{2}}{\cos h\omega + \cos a}$
39	$\dfrac{1}{\cos hat}$	$\dfrac{\pi}{a}\cdot\dfrac{1}{\cos h\dfrac{\pi\omega}{2a}}$
40	$\sin at^2$	$\sqrt{\dfrac{\pi}{a}}\cos\left(\dfrac{\omega^2}{4a}+\dfrac{\pi}{4}\right)$
41	$\cos at^2$	$\sqrt{\dfrac{\pi}{a}}\cos\left(\dfrac{\omega^2}{4a}-\dfrac{\pi}{4}\right)$
42	$\dfrac{1}{t}\sin at$	$\begin{cases}\pi, & \lvert\omega\rvert\leq a\\ 0, & \lvert\omega\rvert>a\end{cases}$
43	$\dfrac{1}{t^2}\sin^2 at$	$\begin{cases}\pi\left(a-\dfrac{\lvert\omega\rvert}{2}\right), & \lvert\omega\rvert\leq 2a\\ 0, & \lvert\omega\rvert>2a\end{cases}$
44	$\dfrac{\sin at}{\sqrt{t}}$	$i\sqrt{\dfrac{\pi}{2}}\left(\dfrac{1}{\sqrt{\lvert\omega+a\rvert}}-\dfrac{1}{\sqrt{\lvert\omega-a\rvert}}\right)$
45	$\dfrac{\cos at}{\sqrt{t}}$	$\sqrt{\dfrac{\pi}{2}}\left(\dfrac{1}{\sqrt{\lvert\omega+a\rvert}}+\dfrac{1}{\sqrt{\lvert\omega-a\rvert}}\right)$
46	$\dfrac{1}{\sqrt{t}}$	$\sqrt{\dfrac{2\pi}{\lvert\omega\rvert}}$

47	$\mathrm{sgn}\, t$	$\dfrac{2}{\mathrm{i}\omega}$	
48	$\mathrm{e}^{-at^2}, \mathrm{Re}(a) > 0$	$\sqrt{\dfrac{\pi}{2}}\,\mathrm{e}^{-\frac{\omega^2}{4a}}$	
49	$|t|$	$-\dfrac{2}{\omega^2}$	
50	$\dfrac{1}{|t|}$	$\sqrt{2\pi}\,\dfrac{1}{|\omega|}$	

附录 Ⅱ 拉氏变换简表

	$f(t)$	$F(s)$
1	1	$\dfrac{1}{s}$
2	e^{at}	$\dfrac{1}{s-a}$
3	$t^m\,(m>-1)$	$\dfrac{\Gamma(m+1)}{s^{m+1}}$
4	$t^m e^{at}\,(m>-1)$	$\dfrac{\Gamma(m+1)}{(s-a)^{m+1}}$
5	$\sin at$	$\dfrac{a}{s^2+a^2}$
6	$\cos at$	$\dfrac{s}{s^2+a^2}$
7	$\sinh at$	$\dfrac{a}{s^2-a^2}$
8	$\cosh at$	$\dfrac{s}{s^2-a^2}$
9	$t\sin at$	$\dfrac{2as}{(s^2+a^2)^2}$
10	$t\cos at$	$\dfrac{s^2-a^2}{(s^2+a^2)^2}$
11	$t\sinh at$	$\dfrac{2as}{(s^2-a^2)^2}$
12	$t\cosh at$	$\dfrac{s^2+a^2}{(s^2-a^2)^2}$
13	$t^m\sin at\,(m>-1)$	$\dfrac{\Gamma(m+1)}{2i(s^2+a^2)^{m+1}}\cdot\left[(s+ia)^{m+1}-(s-ia)^{m+1}\right]$
14	$t^m\cos at\,(m>-1)$	$\dfrac{\Gamma(m+1)}{2(s^2+a^2)^{m+1}}\cdot\left[(s+ia)^{m+1}+(s-ia)^{m+1}\right]$
15	$e^{-bt}\sin at$	$\dfrac{a}{(s+b)^2+a^2}$

	$f(t)$	$F(s)$
16	$e^{-bt}\cos at$	$\dfrac{s+b}{(s+b)^2+a^2}$
17	$e^{-bt}\sin(at+c)$	$\dfrac{(s+b)\sin c+a\cos c}{(s+b)^2+a^2}$
18	$\sin^2 t$	$\dfrac{1}{2}\left(\dfrac{1}{s}-\dfrac{s}{s^2+4}\right)$
19	$\cos^2 t$	$\dfrac{1}{2}\left(\dfrac{1}{s}+\dfrac{s}{s^2+4}\right)$
20	$\sin at \sin bt$	$\dfrac{2abs}{\left[s^2+(a+b)^2\right]\left[s^2+(a-b)^2\right]}$
21	$e^{at}-e^{bt}$	$\dfrac{a-b}{(s-a)(s-b)}$
22	$ae^{at}-be^{bt}$	$\dfrac{(a-b)s}{(s-a)(s-b)}$
23	$\dfrac{1}{a}\sin at-\dfrac{1}{b}\sin bt$	$\dfrac{b^2-a^2}{(s^2+a^2)(s^2+b^2)}$
24	$\cos at-\cos bt$	$\dfrac{(b^2-a^2)s}{(s^2+a^2)(s^2+b^2)}$
25	$\dfrac{1}{a^2}(1-\cos at)$	$\dfrac{1}{s(s^2+a^2)}$
26	$\dfrac{1}{a^3}(at-\sin at)$	$\dfrac{1}{s^2(s^2+a^2)}$
27	$\dfrac{1}{a^4}(\cos at-1)+\dfrac{1}{2a^2}t^2$	$\dfrac{1}{s^3(s^2+a^2)}$
28	$\dfrac{1}{a^4}(\cosh at-1)-\dfrac{1}{2a^2}t^2$	$\dfrac{1}{s^3(s^2-a^2)}$
29	$\dfrac{1}{2a^3}(\sin at-at\cos at)$	$\dfrac{1}{(s^2+a^2)^2}$

续表

	$f(t)$	$F(s)$
30	$\dfrac{1}{2a^3}(\sin at + at \cos at)$	$\dfrac{s^2}{(s^2+a^2)^2}$
31	$\dfrac{1}{a^4}(1-\cos at) - \dfrac{1}{2a^3}t \sin at$	$\dfrac{1}{s(s^2+a^2)^2}$
32	$(1-at)\mathrm{e}^{-at}$	$\dfrac{s}{(s+a)^2}$
33	$t\left(1-\dfrac{a}{2}t\right)\mathrm{e}^{-at}$	$\dfrac{s}{(s+a)^3}$
34	$\dfrac{1}{a}(1-\mathrm{e}^{-at})$	$\dfrac{1}{s(s+a)}$
35	$\dfrac{1}{ab}+\dfrac{1}{b-a}\left(\dfrac{\mathrm{e}^{-bt}}{b}-\dfrac{\mathrm{e}^{-at}}{a}\right)$	$\dfrac{1}{s(s+a)(s+b)}$
36	$\dfrac{\mathrm{e}^{-at}}{(b-a)(c-a)}+\dfrac{\mathrm{e}^{-bt}}{(a-b)(c-b)}+\dfrac{\mathrm{e}^{-ct}}{(a-c)(b-c)}$	$\dfrac{1}{(s+a)(s+b)(s+c)}$
37	$\dfrac{a\mathrm{e}^{-at}}{(c-a)(a-b)}+\dfrac{b\mathrm{e}^{-bt}}{(a-b)(b-c)}+\dfrac{c\mathrm{e}^{-ct}}{(b-c)(c-a)}$	$\dfrac{s}{(s+a)(s+b)(s+c)}$
38	$\dfrac{a^2\mathrm{e}^{-at}}{(c-a)(b-a)}+\dfrac{b^2\mathrm{e}^{-bt}}{(a-b)(c-b)}+\dfrac{c^2\mathrm{e}^{-ct}}{(b-c)(a-c)}$	$\dfrac{s^2}{(s+a)(s+b)(s+c)}$
39	$\dfrac{\mathrm{e}^{-at}-\mathrm{e}^{-bt}[1-(a-b)t]}{(a-b)^2}$	$\dfrac{1}{(s+a)(s+b)^2}$
40	$\dfrac{[a-b(a-b)t]\mathrm{e}^{-bt}-a\mathrm{e}^{-at}}{(a-b)^2}$	$\dfrac{s}{(s+a)(s+b)^2}$
41	$\mathrm{e}^{-at}-\mathrm{e}^{\frac{a}{2}t}\left(\cos\dfrac{\sqrt{3}at}{2}-\sqrt{3}\sin\dfrac{\sqrt{3}at}{2}\right)$	$\dfrac{3a^2}{s^3+a^3}$
42	$\sin at \cosh at - \cos at \sinh at$	$\dfrac{4a^3}{s^4+4a^4}$
43	$\dfrac{1}{2a^2}\sin at \sinh at$	$\dfrac{s}{s^4+4a^4}$

续表

	$f(t)$	$F(s)$
44	$\dfrac{1}{2a^3}(\sinh at - \sin at)$	$\dfrac{1}{s^4 - a^4}$
45	$\dfrac{1}{2a^2}(\cosh at - \cos at)$	$\dfrac{s}{s^4 - a^4}$
46	$\dfrac{1}{\sqrt{\pi t}}$	$\dfrac{1}{\sqrt{s}}$
47	$2\sqrt{\dfrac{t}{\pi}}$	$\dfrac{1}{s\sqrt{s}}$
48	$\dfrac{1}{\sqrt{\pi t}}\mathrm{e}^{at}(1+2at)$	$\dfrac{s}{(s-a)\sqrt{s-a}}$
49	$\dfrac{1}{2\sqrt{\pi t^3}}(\mathrm{e}^{bt}-\mathrm{e}^{at})$	$\sqrt{s-a}-\sqrt{s-b}$
50	$\dfrac{1}{\sqrt{\pi t}}\cos 2\sqrt{at}$	$\dfrac{1}{\sqrt{s}}\mathrm{e}^{-\frac{a}{s}}$
51	$\dfrac{1}{\sqrt{\pi t}}\cosh 2\sqrt{at}$	$\dfrac{1}{\sqrt{s}}\mathrm{e}^{\frac{a}{s}}$
52	$\dfrac{1}{\sqrt{\pi t}}\sin 2\sqrt{at}$	$\dfrac{1}{s\sqrt{s}}\mathrm{e}^{-\frac{a}{s}}$
53	$\dfrac{1}{\sqrt{\pi t}}\sinh 2\sqrt{at}$	$\dfrac{1}{s\sqrt{s}}\mathrm{e}^{\frac{a}{s}}$
54	$\dfrac{1}{t}(\mathrm{e}^{bt}-\mathrm{e}^{at})$	$\ln\dfrac{s-a}{s-b}$
55	$\dfrac{2}{t}\sinh at$	$\ln\dfrac{s+a}{s-a}$
56	$\dfrac{2}{t}(1-\cos at)$	$\ln\dfrac{s^2+a^2}{s^2}$
57	$\dfrac{2}{t}(1-\cosh at)$	$\ln\dfrac{s^2-a^2}{s^2}$
58	$\dfrac{1}{t}\sin at$	$\arctan\dfrac{a}{s}$

续表

	$f(t)$	$F(s)$
59	$\dfrac{1}{t}(\cosh at - \cos bt)$	$\ln\sqrt{\dfrac{s^2 + b^2}{s^2 - a^2}}$
60	$\dfrac{1}{\pi t}\sin(2a\sqrt{t})$	$erf\left(\dfrac{a}{\sqrt{s}}\right)$
61	$\dfrac{1}{\sqrt{\pi t}}e^{-2a\sqrt{t}}$	$\dfrac{1}{\sqrt{s}}e^{\frac{a^2}{s}}erfc\left(\dfrac{a}{\sqrt{s}}\right)$
62	$erfc\left(\dfrac{a}{2\sqrt{t}}\right)$	$\dfrac{1}{s}e^{-a\sqrt{s}}$
63	$erf\left(\dfrac{t}{2a}\right)$	$\dfrac{1}{s}e^{a^2 s^2}erfc(as)$
64	$\dfrac{1}{\sqrt{\pi t}}e^{-2\sqrt{at}}$	$\dfrac{1}{\sqrt{s}}e^{\frac{a}{s}}erfc\left(\sqrt{\dfrac{a}{s}}\right)$
65	$\dfrac{1}{\sqrt{\pi(t+a)}}$	$\dfrac{1}{\sqrt{s}}e^{as}erfc(\sqrt{as})$
66	$\dfrac{1}{\sqrt{a}}erf(\sqrt{at})$	$\dfrac{1}{s\sqrt{s+a}}$
67	$\dfrac{1}{\sqrt{a}}e^{at}erf(\sqrt{at})$	$\dfrac{1}{\sqrt{s}(s-a)}$
68	$u(t)$	$\dfrac{1}{s}$
69	$tu(t)$	$\dfrac{1}{s^2}$
70	$t^m u(t)\,(m > -1)$	$\dfrac{1}{s^{m+1}}\Gamma(m+1)$
71	$\delta(t)$	1
72	$\delta^{(n)}(t)$	s^n
73	$\mathrm{sgn}\, t$	$\dfrac{1}{s}$

续表

	$f(t)$	$F(s)$
74	$J_0(at)$	$\dfrac{1}{\sqrt{s^2+a^2}}$
75	$I_0(at)$	$\dfrac{1}{\sqrt{s^2-a^2}}$
76	$J_0(2\sqrt{at})$	$\dfrac{1}{s}\mathrm{e}^{-\frac{a}{s}}$
77	$\mathrm{e}^{-bt}I_0(at)$	$\dfrac{1}{\sqrt{(s+b)^2-a^2}}$
78	$tJ_0(at)$	$\dfrac{s}{(s^2+a^2)^{\frac{3}{2}}}$
79	$tI_0(at)$	$\dfrac{s}{(s^2-a^2)^{\frac{3}{2}}}$
80	$J_0(a\sqrt{t(t+2b)})$	$\dfrac{1}{\sqrt{s^2+a^2}}\mathrm{e}^{b(s-\sqrt{s+a^2})}$

注:①$erf(x)=\dfrac{2}{\sqrt{\pi}}\displaystyle\int_0^x \mathrm{e}^{-t^2}\mathrm{d}t$,称为误差函数.

$erfc(x)=1-erf(x)=\dfrac{2}{\sqrt{\pi}}\displaystyle\int_x^{+\infty}\mathrm{e}^{-t^2}\mathrm{d}t$,称为余误差函数.

②$I_n(x)=\mathrm{i}^{-n}J_n(\mathrm{i}x)$,$J_n$称为第一类 n 阶贝塞尔(Bessel)函数.I_n 称为第一类 n 阶变形的贝塞尔函数,或称为虚宗量的贝塞尔函数.

习题答案

习题 1

1. (1) $\text{Re}\left\{\dfrac{1}{3+2i}\right\} = \dfrac{3}{13}$, $\quad \text{Im}\left\{\dfrac{1}{3+2i}\right\} = -\dfrac{2}{13}$, $\quad \overline{\left(\dfrac{1}{3+2i}\right)} = \dfrac{1}{13}(3+2i)$, $\quad \left|\dfrac{1}{3+2i}\right| = \dfrac{\sqrt{13}}{13}$

$\text{Arg}\left(\dfrac{1}{3+2i}\right) = -\arctan\dfrac{2}{3} + 2k\pi, k = 0, \pm 1, \pm 2, \cdots$

(2) $\text{Re}\left\{\dfrac{1}{i} - \dfrac{3i}{1-i}\right\} = \dfrac{3}{2}$, $\quad \text{Im}\left\{\dfrac{1}{i} - \dfrac{3i}{1-i}\right\} = -\dfrac{5}{2}$, $\quad \overline{\left(\dfrac{1}{i} - \dfrac{3i}{1-i}\right)} = \dfrac{3}{2} + i\dfrac{5}{2}$,

$\left|\dfrac{1}{i} - \dfrac{3i}{1-i}\right| = \dfrac{\sqrt{34}}{2}$, $\quad \text{Arg}\left(\dfrac{1}{i} - \dfrac{3i}{1-i}\right) = -\arctan\dfrac{5}{3} + 2k\pi, k = 0, \pm 1, \pm 2, \cdots$

(3) $\text{Re}\left\{\dfrac{(3+4i)(2-5i)}{2i}\right\} = -\dfrac{7}{2}$, $\quad \text{Im}\left\{\dfrac{(3+4i)(2-5i)}{2i}\right\} = -13$,

$\overline{\left[\dfrac{(3+4i)(2-5i)}{2i}\right]} = -\dfrac{7}{2} + 13i$, $\quad \left|\dfrac{(3+4i)(2-5i)}{2i}\right| = \dfrac{5\sqrt{29}}{2}$,

$\text{Arg}\left[\dfrac{(3+4i)(2-5i)}{2i}\right] = \arctan\dfrac{26}{7} + (2k-1)\pi, k = 0, \pm 1, \pm 2, \cdots$

(4) $\text{Re}\{i^8 - 4i^{21} + i\} = 1, \text{Im}\{i^8 - 4i^{21} + i\} = -3$

$\overline{(i^8 - 4i^{21} + i)} = 1 + 3i$, $|i^8 - 4i^{21} + i| = \sqrt{10}$

$\text{Arg}(i^8 - 4i^{21} + i) = -\arctan 3 + 2k\pi \qquad k = 0, \pm 1, \pm 2, \cdots$

2. $x = 1, y = 11$

4. $\dfrac{5\sqrt{2}}{2}$

6. (1) $i = \cos\dfrac{\pi}{2} + i\sin\dfrac{\pi}{2} = e^{i\frac{\pi}{2}}$

(2) $-1 = \cos\pi + i\sin\pi = e^{i\pi}$

(3) $1 + i\sqrt{3} = 2\left(\cos\dfrac{\pi}{3} + i\sin\dfrac{\pi}{3}\right) = 2e^{i\frac{\pi}{3}}$

(4) $1 - \cos\varphi + \sin\varphi$

$= 2\sin\dfrac{\varphi}{2}\left(\cos\dfrac{\pi-\varphi}{2} + i\sin\dfrac{\pi-\varphi}{2}\right) = 2\sin\dfrac{\varphi}{2}e^{i\frac{\pi-\varphi}{2}}(0 \leqslant \varphi \leqslant \pi)$

(5) $\dfrac{2i}{-1+i} = \sqrt{2}\left(\cos\dfrac{\pi}{4} - i\sin\dfrac{\pi}{4}\right) = \sqrt{2}e^{-i\frac{\pi}{4}}$

(6) $\dfrac{(\cos 5\varphi + i\sin 5\varphi)^2}{(\cos 3\varphi - i\sin 3\varphi)^3} = \cos 19\varphi + i\sin 19\varphi = e^{i19\varphi} = \cos 19\varphi + i\sin 19\varphi$

7. $1 + | a |$

8. 模不变,辐角减少 $\dfrac{\pi}{2}$

9. (1)真 (2)真 (3)假 (4)假 (5)假 (6)假 (7)真

11. $1 + i\sqrt{3}$, -2, $1 - i\sqrt{3}$

12. (1) $-16\sqrt{3} - 16i$ (2) $-8i$ (3) $\dfrac{\sqrt{3}}{2} + \dfrac{i}{2}, i; -\dfrac{\sqrt{3}}{2} + \dfrac{i}{2}; -\dfrac{\sqrt{3}}{2} - \dfrac{i}{2}; -i; \dfrac{\sqrt{3}}{2} - \dfrac{i}{2}$

(4) $\sqrt[6]{2}\left(\cos\dfrac{\pi}{12} - i\sin\dfrac{\pi}{12}\right)$ $\sqrt[6]{2}\left(\cos\dfrac{7\pi}{12} + i\sin\dfrac{7\pi}{12}\right)$ $\sqrt[6]{2}\left(\cos\dfrac{5\pi}{4} + i\sin\dfrac{5\pi}{4}\right)$

13. (1)以点 $z_0 = i$ 为心,半径为 6 的圆周(下图(a));

(2)以点 $z_0 = -2i$ 为心,半径为 1 的圆周及外部(下图(b));

(3)双曲线 $x^2 - y^2 = 1$ 及内部(下图(c));

(4)直线 $y = 3$(下图(d));

(5)实轴(下图(e));

(6)以 $(-3,0)$ 和 $(-1,0)$ 为焦点,长半轴为 2,短半轴为 $\sqrt{3}$ 的一椭圆(下图(f));

(7)原点为心, $\dfrac{1}{3}$ 为半径的圆的外部(下图(g));

(8)直线 $x = \dfrac{5}{2}$ 以及 $x = \dfrac{5}{2}$ 为边界的左半平面(下图(h));

(9)两条以原点为出发点的射线 $\arg z = \pm\dfrac{\pi}{3}$ 为边界所夹区域,不含边界(下图(i));

(10)是以 i 为起点的射线 $y = x + 1, x > 0$(下图(j)).

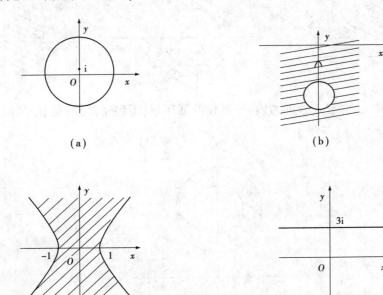

(a)　　　　　　　(b)

(c)　　　　　　　(d)

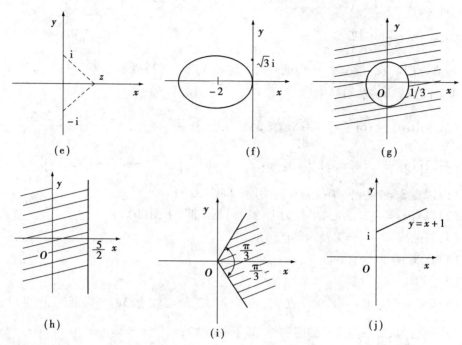

(e)　　　　　　　(f)　　　　　　　(g)

(h)　　　　　　　(i)　　　　　　　(j)

14. (1) 不包含实轴的上半平面,是无界的、开的单连通区域;

(2) 圆 $(z-1)^2 + y^2 = 16$ 的外部(不包括圆周),是无界的、开的多连通区域;

(3) 由直线 $x = 0$ 与 $x = 1$ 所围成的带形区域,不包括两直线在内,是无界的、开的单连通区域;

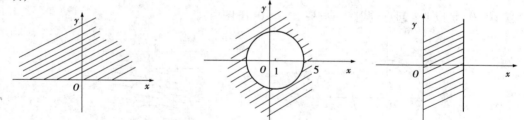

(4) 以 3i 为中心,1 与 2 分别为内、外半径的圆环域,不包括圆周,是有界的、开的多连通区域;

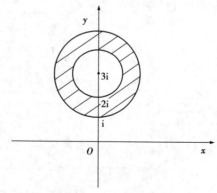

（5）直线 $x = -1$ 右边的平面区域,不包括直线在内,是无界的、开的单连通的区域;

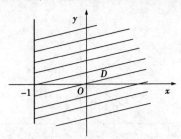

（6）由射线 $\theta = 1$ 及 $\theta = 1 + \pi$ 构成的角形域,不包括两射线在内,即为一半平面,是无界的、开的单连通区域;

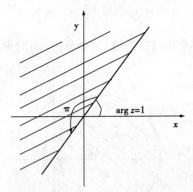

（7）中心在点 $z = -\dfrac{17}{15}$,半径为 $\dfrac{8}{15}$ 的圆周的外部区域（不包括圆周本身在内）,是无界的、开的多连通区域;

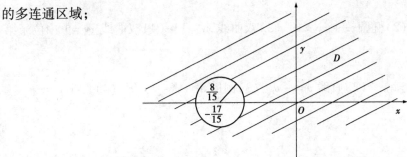

（8）是以点 $z = \dfrac{1}{2}$ 为中心,$\dfrac{1}{2}$ 与 $\dfrac{3}{2}$ 分别为内、外半径的圆环所围的区域,包括边界在内,是有界的、闭的多连通区域;

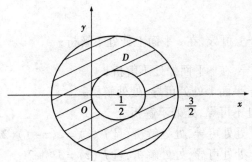

（9）是以抛物线 $y^2 = 1 - 2x$ 为边界的左方区域（不含边界），是无界的、开的单连通区域；

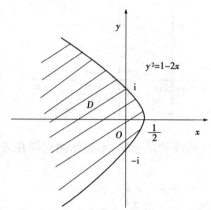

（10）是圆 $(x+6)^2 + y^2 = 40$ 及其内部区域，是有界的、闭的单连通区域.

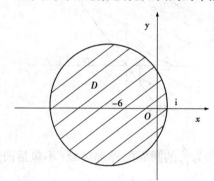

16.（1）直线 $y = x$ （2）椭圆 $\dfrac{x^2}{a^2} + \dfrac{y^2}{b^2} = 1$ （3）双曲线 $xy = 1$ （4）双曲线 $xy = 1$ 中位于第一象限中的一支

17.（1）圆周：$u^2 + v^2 = \dfrac{1}{6}$ （2）直线 $v = -u$ （3）圆周 $u^2 + v^2 + v = 0$ （4）直线 $u = \dfrac{1}{2}$

18.（1）$-i$ （2）$\dfrac{3}{2}$

习题 2

1. -1

2.（1）在直线 $x = -\dfrac{1}{2}$ 上可导，在 z 平面上处处不解析；

（2）在点 $z = 0$ 处可导，在 z 平面处处不解析；

（3）在除原点外的 z 平面上处处可导，处处解析；

（4）在 z 平面上处处不可导，处处不解析.

3.（1）$f(z)$ 在 z 平面上处处可导，处处解析，且 $f'(z) = 2(z-1)(2z^2 - z + 3)$；

（2）$f(z)$ 在 z 平面上处处可导，处处解析，且 $f'(z) = 3z^2 + 2i$；

(3)$f(z)$在除去点$z = \pm 1$外的z平面上处处可导,处处解析.$z = \pm 1$是$f(z)$的奇点.

$$f'(z) = -\frac{2z}{(z-1)^2(z+1)^2};$$

(4)$f(z)$在除去$z_1 = \frac{1}{2}(1 + \mathrm{i}\sqrt{3}), z_2 = -1, z_3 = \frac{1}{2}(1 - \mathrm{i}\sqrt{3})$外的多连通区域上处处可

导,处处解析,$z_1 = \frac{1}{2}(1 + \mathrm{i}\sqrt{3}), z_2 = -1, z_3 = \frac{1}{2}(1 - \mathrm{i}\sqrt{3})$是$f(z)$的奇点.

$$f'(z) = \frac{2 - 3z^2 - 4z^3}{(z^3 + 1)^2}$$

6. (1)命题假,如函数$f(z) = |z|^2$在点$z = 0$处可导,却在点$z = 0$处不解析;

(2)命题假,如函数$f(z) = |z|^2 = x^2 + y^2$在z平面上处处连续,除了点$z = 0$外处处不可导;

(3)命题假,如函数$f(z) = z\mathrm{Re}\, z = x^2 + \mathrm{i}xy$仅在点$z = 0$处满足 C-R 条件,故$f(z)$在点$z = 0$处不解析;

(4)命题假. 如$z = 0$是函数$f(z) = \frac{1}{z}$的和$g(z) = -\frac{1}{z}$的奇点,但$f(z)$不是$f(z) + g(z)$和$\frac{f(z)}{g(z)}$的奇点;

(5)命题假,如函数$f(z) = x^2 + \mathrm{i}xy$的实部和虚部的偏导数在任意一点$(x, y)$处都存在,但$f(z) = x^2 + \mathrm{i}xy$仅在$(0, 0)$处可导.

8. $m = 1, n = l = -3$

10. (1),(2),(3)正确;(4),(5),(6)不正确.

11. (1)$k\pi$　(2)$k\pi + \frac{\pi}{2}$　(3)$k\pi - \frac{\pi}{4}$　(4)$(2k+1)\pi\mathrm{i}$　(5)$2k\pi + \frac{\pi}{2} + 4\mathrm{i}$,其中$k$为整数

13. (1)$-\mathrm{sh}1$　(2)$\frac{\sqrt{2}}{2}$　(3)$\frac{13}{5}$

14. $|f'(1 - \mathrm{i})| = \frac{4}{17}\sqrt{34}, \arg f'(1 - \mathrm{i}) = \arctan \frac{3}{5}$

15. $\ln(-\mathrm{i}) = \mathrm{i}\pi\left(2k - \frac{1}{2}\right), k = 0, \pm 1, \pm 2, \cdots$

$\ln(-\mathrm{i}) = \ln|-\mathrm{i}| + \mathrm{i}\arg(-\mathrm{i}) = -\frac{\pi\mathrm{i}}{2}$

$\ln(-3 + 4\mathrm{i}) = \ln 5 - \mathrm{i}\left[\left(\arctan \frac{4}{3} - (2k+1)\pi\right)\right], k = 0, \pm 1, \pm 2, \cdots$

$\ln(-3 + 4\mathrm{i}) = \ln 5 + \mathrm{i}\left(\pi - \arctan \frac{4}{3}\right)$

16. $\mathrm{e}^{1 - \mathrm{i}\frac{\pi}{2}} = -\mathrm{i}\mathrm{e}; \exp\left(\frac{1 - \mathrm{i}\pi}{4}\right) = \frac{\sqrt{2}}{2}\mathrm{e}^{\frac{1}{4}}(1 - \mathrm{i});$

$3^{\mathrm{i}} = \mathrm{e}^{-2k\pi}(\cos \ln 3 + \mathrm{i}\sin \ln 3),\qquad k = 0, \pm 1, \pm 2, \cdots$

$(1 + \mathrm{i})^{\mathrm{i}} = \mathrm{e}^{-\pi\left(\frac{1}{4} + 2k\right)}\left(\cos \frac{\ln 2}{2} + \mathrm{i}\sin \frac{\ln 2}{2}\right),\qquad k = 0, \pm 1, \pm 2, \cdots$

17. (1)$z = \mathrm{e}^2\left(\frac{\sqrt{3}}{2} - \mathrm{i}\frac{1}{2}\right);$　(2)$z_k = (2k+1)\pi\mathrm{i}(k = 0, \pm 1, \pm 2, \cdots)$

习题 3

1. $(1)6 + \frac{26}{3}i$ $(2)6 + \frac{26}{3}i$ $(3)\ 6 + \frac{26}{3}i$

2. $-\frac{1}{6} + \frac{5}{6}i, -\frac{1}{6} + \frac{5}{6}i$

3. $\pi i.$

5. 未必成立. 令 $f(z) = z, C: |z| = 1,$ 则 $f(z)$ 在全平面上解析, 但是

$$\oint_C \text{Re}[f(z)]dz = \pi i \neq 0$$

$$\oint_C \text{Im}[f(z)]dz = -\pi \neq 0$$

6. 因在 C 上有 $\bar{z} = \frac{1}{z}$, 故

$$\oint_C \bar{z}dz = \oint_C \frac{1}{z}dz$$

又由柯西积分公式有

$$\oint_C \frac{1}{z}dz = 2\pi i$$

于是

$$\oint_C \bar{z}dz = 2\pi i$$

7. $(1)4\pi i$ $(2)8\pi i$

8. 0

9. $(1)2\pi e^2 i$ $(2) -\frac{\pi^5}{12}i$ $(3)0$ $(4)0$ $(5)0$ $(6)\frac{\pi}{a}i$

$(7)0$ $(8)\pi e^a i$(当$|a| < 1$ 时),0(当$|a| > 1$ 时) $(9)2\pi i$ $(10)(-1 + i)\pi$

10. (i)πi(当 a 与 $-a$ 有一个在 C 的内部时);

(ii)$2\pi i$(当 a 与 $-a$ 都在 C 的内部时);

(iii)0(当 a 与 $-a$ 都在 C 的外部时).

12. $(1)f(z) = \frac{1}{2}\ln(x^2 + y^2) + C + i \arctan \frac{y}{x}$

$= \ln|z| + i \arg z + C = \ln z + C$

$(2)f(z) = -ize^z + (1 - i)z + i$

$(3)(1 - i)z^3 + C$

$(4)f(z) = \frac{1}{2} - \frac{1}{z}$

13. $f(z) = \frac{\partial u}{\partial x} - i\frac{\partial u}{\partial y}$ 是区域 D 内的解析函数

14. $v = x + y$ 不是 $u = x + y$ 的共轭调和函数

19. 等于零

习题 4

1. (1)收敛,极限为 1 (2)收敛,极限为 0 (3)发散 (4)收敛,极限为 0

2. (1)收敛,但不绝对收敛 (2)收敛,但不绝对收敛 (3)绝对收敛 (4)发散

3. (1)2 (2) $+\infty$ (3)e

4. 下列结论是否正确? 为什么?

(1)不对,如 $\sum_{n=0}^{\infty} z^n$ 在收敛圆 $|z| < 1$ 内收敛,但在收敛圆周 $|z| = 1$ 上并不收敛;

(2)不对,如一个幂级数的收敛半径为零,则其和函数并非解析函数;

(3)不对,如 $f(z) = \bar{z}$ 在全平面上连续,但它在任何点的邻域内均不能展开成 Taylor 级数.

5. 不能,因如 $\sum_{n=0}^{\infty} a_n(z-2)^n$ 在 $z = 0$ 收敛,则由 Abel 定理其收敛半径 $R \geq |0-2| = 2$,而

$|3 - 2| = 1 < 2$ 即 $z = 3$ 在其收敛圆 $|z-2| < 2$ 内,故级数 $\sum_{n=0}^{\infty} a_n(z-2)^n$ 在 $z = 3$ 收敛,矛盾.

7. 幂级数的收敛半径为其和函数的各奇点到其中心的最短距离,而函数 $\dfrac{1}{1+z^2}$ 在 $|z| = 1$ 上

有奇点 $z = \pm i$,故 $\dfrac{1}{1+z^2} = 1 - z^2 + z^4 + \cdots$ 之右边幂级数的收敛半径为 $R = |i - 0| = 1$,又因为此

级数在 $z = \pm 1$ 处发散,故在实数范围内,$\dfrac{1}{1+z^2} = 1 - z^2 + z^4 + \cdots$ 只能在 $z \in (-1, 1)$ 时成立,即

$\dfrac{1}{1+x^2} = 1 - x^2 + x^4 + \cdots$ 只当 $|x| < 1$ 时成立.

8. (1) $\dfrac{1}{1+z^3} = 1 - z^3 + z^6 - z^9 + \cdots + (-1)^n z^{3n} + \cdots, |z| < 1$,收敛半径 $R = 1$

(2) $\dfrac{1}{(1+z^2)^2} = -\dfrac{1}{2z}\left(\dfrac{1}{1+z^2}\right)' = 1 - 2z^2 + 3z^4 - 4z^6 + \cdots, |z| < 1, R = 1$

(3) $\cos z^2 = 1 - \dfrac{z^4}{2!} + \dfrac{z^8}{4!} - \dfrac{z^{12}}{6!} + \cdots \qquad |z| < +\infty; R = +\infty$

(4) $\operatorname{sh} z = z + \dfrac{z^3}{3!} + \dfrac{z^3}{5!} + \cdots, |z| < +\infty, R = +\infty$

(5) $e^{z^2} \sin z^2 = z^2 + z^4 + \dfrac{z^6}{3} + \cdots, |z| < +\infty, R = +\infty$

(6) $\sin \dfrac{1}{1-z} = \sin 1 + (\cos 1)z + \left(\cos 1 - \dfrac{1}{2}\sin 1\right)z^2 + \left(\dfrac{5}{6}\cos 1 - \sin 1\right)z^3 + \cdots, |z| < 1,$

$R = 1$

9. (1) $\dfrac{z-1}{z+1} = \sum_{n=1}^{\infty} \dfrac{(-1)^{n-1}}{2^n}(z-1)^n \quad |z-1| < 2$;收敛半径 $R = 2$

(2) $\dfrac{z}{(z+1)(z+2)} = \sum_{n=0}^{\infty} (-1)^n \left(\dfrac{1}{2^{n+1}} - \dfrac{1}{3^{n+1}}\right)(z-2)^n, |z-2| < 3; R = 3$

$(3)\ \dfrac{1}{z^2}=\displaystyle\sum_{n=0}^{\infty}(n+1)(z+1)^n,|z+1|<1;R=1$

$(4)\ \dfrac{1}{4-3z}=\displaystyle\sum_{n=0}^{\infty}\dfrac{3^n}{(1-3\mathrm{i})^{n+1}}[z-(1+\mathrm{i})]^n,|z-(1+\mathrm{i})|<\left|\dfrac{1-3\mathrm{i}}{3}\right|=\dfrac{\sqrt{10}}{3};R=\dfrac{\sqrt{10}}{3}$

$(5)\ f(z)=\displaystyle\sum_{n=0}^{\infty}\dfrac{z^{2n+1}}{(2n+1)n!},|z|<+\infty$

$(6)\ \sin(2z-z^2)=\displaystyle\sum_{n=0}^{\infty}\sin\left(1+\dfrac{n\pi}{2}\right)\dfrac{(z-1)^{2n}}{n!},|z-1|<+\infty$

$(7)\ \mathrm{e}^{z\,\mathrm{Ln}(1+z)}=1+z^2-\dfrac{1}{2}z^3+\dfrac{5}{6}z^4-\dfrac{3}{4}z^5+\cdots,|z|<1$

$(8)\ [\mathrm{Ln}(1+z)]^2=z^2-z^3+\dfrac{11}{12}z^4-\cdots,|z|<1$

$(9)\ \mathrm{Ln}\,z=\mathrm{Ln}\,\mathrm{i}+\displaystyle\sum_{n=1}^{\infty}(-1)^{n-1}\dfrac{1}{n}\cdot\dfrac{1}{\mathrm{i}^n}(z-\mathrm{i})^n,|z-\mathrm{i}|<1$

$(10)\ \mathrm{e}^{\frac{1}{1-z}}=\mathrm{e}\left(1+z+\dfrac{3}{2!}z^2+\dfrac{13}{3!}z^3+\cdots\right),|z|<1$

10. $(1)\ \cdots+\dfrac{2}{5}\dfrac{1}{z^4}+\dfrac{1}{5}\dfrac{1}{z^3}-\dfrac{2}{5}\dfrac{1}{z^2}-\dfrac{1}{5}\dfrac{1}{z}-\dfrac{1}{10}-\dfrac{z}{20}-\dfrac{z^2}{40}-\dfrac{z^3}{80}-\cdots 1<|z|<2$

$(2)\ \displaystyle\sum_{n=-1}^{\infty}(n+2)z^n(0<|z|<1);\ \sum_{n=-2}^{\infty}(-1)^n(z-1)^n(0<|z-1|<1)$

$(3)\ -\displaystyle\sum_{n=-1}^{\infty}(z-1)^n(0<|z-1|<1);\ \sum_{n=2}^{\infty}(-1)^{n-1}\dfrac{1}{(z-2)^n}(1<|z-2|<+\infty)$

$(4)\ 1-\dfrac{1}{z}-\dfrac{1}{2!}\dfrac{1}{z^2}-\dfrac{1}{3!}\dfrac{1}{z^3}-\dfrac{1}{4!}\dfrac{1}{z^4}+\cdots(1<|z|<+\infty)$

$(5)\ -\displaystyle\sum_{n=0}^{\infty}(-1)^n\dfrac{1}{(2n+1)!}\dfrac{1}{(z-1)^{2n+1}}(0<|z-1|<+\infty)$

$(6)\ \dfrac{1}{z(\mathrm{i}-z)}=\displaystyle\sum_{n=0}^{\infty}(\mathrm{i})^{n+1}(z-\mathrm{i})^{n-1},0<|z-\mathrm{i}|<1$

(7) 在 $1<|z|<2$ 内,原式 $=\displaystyle\sum_{n=1}^{\infty}(-1)^n\dfrac{2}{z^{2n}}-\sum_{n=0}^{\infty}\dfrac{z^n}{2^{n+1}}$;

在 $2<|z|<+\infty$ 内,原式 $=\displaystyle\sum_{n=1}^{\infty}\dfrac{2^{n-1}}{z^n}+\sum_{n=1}^{\infty}(-1)^n\dfrac{2}{z^{2n}}=\sum_{m=1}^{\infty}\dfrac{a_{-m}}{z^m}$,

其中 $a_{-m}=\begin{cases}2^{2n}, & m=2n+1\\ 2^{2n-1}+(-1)^n2, & m=2n\end{cases}$

$(8)\ \dfrac{1}{z(z+2)^3}=-\displaystyle\sum_{n=0}^{\infty}\dfrac{(z+2)^{n-3}}{2^{n+1}},0<|z+2|<2;$

$(9)\ \dfrac{\mathrm{e}^z}{z(z^2+1)}=\dfrac{1}{z}+1-\dfrac{1}{2}z-\dfrac{5}{6}z^2+\dfrac{13}{24}z^3+\cdots,0<|z|<1;$

11. $(1)\ z=0$,三级极点;$z=\pm\mathrm{i}$,二级极点;

$(2)\ z=0$,一级极点;

(3) $z=1$,二级极点;$z=-1$,一级极点;

(4) $z=k\pi(k=0,\pm1,\pm2,\cdots)$,一级极点;

(5) $z=(2k+1)\pi i(k=0,\pm1,\pm2,\cdots)$,一级极点;$z=\pm i$,二级极点;

(6) $z=1$,本性奇点;

(7) $z=0$,本性奇点;

(8) $z=0$,本性奇点;

(9) $z=1$,本性奇点;

(10) $z=e^{\frac{(2k+1)\pi}{n}i}(k=0,1,2,\cdots,n-1)$,一级极点;

(11) $z=0$,可去奇点;

(12) $z=1$,本性奇点;$z=2k\pi i(k=0,\pm1,\pm2,\cdots)$,一级极点.

12. (1) $z=\infty$ 为其可去奇点;

(2) $z=\infty$ 为其可去奇点;

(3) $z=\infty$ 为其二级极点;

(4) 设 $f(z)=\dfrac{1}{e^z-1}-\dfrac{1}{z}$,则 $z_k=2k\pi i,(k=\pm1,\pm2\cdots)$,为 $\dfrac{1}{e^z-1}$ 的一级极点,同时为 $\dfrac{1}{z}$ 的解析点,故 $z_k=2k\pi i k=\pm1,\pm2,\cdots$ 为 $f(z)$ 的一级极点,但 $\lim\limits_{k\to\infty}z_k=\infty$,所以 ∞ 为极点 z_k 的极限点,为非孤立奇点;

(5) 设 $f(z)=\dfrac{e^z}{z(1-e^{-z})}$,由 $z(1-e^{-z})=0$,得 $z=0$,为 $f(z)$ 的二级极点,$z=2k\pi i(k=\pm1,\pm2,\cdots)$,为 $1-e^{-z}$ 的一级零点,故 $z_k=2k\pi i$ 为 $f(z)$ 的一级极点,所以 $z=\infty$ 为 $f(z)$ 的极点 z_k 的极限点.

(6) ∞ 为其本性奇点.

13. (1) 当 $m\neq n$ 时,点 z_0 是 $f(z)+g(z)$ 的 $\max\{m,n\}$ 级极点,当 $m=n$ 时,点 z_0 可能是 $f(z)+g(z)$ 的级不高于 m 的极点,也可能是 $f(z)+g(z)$ 的可去奇点(解析点);

(2) $z=z_0$ 是 $f(z)\cdot g(z)$ 的 $m+n$ 级极点;

(3) 对于 $f(z)/g(z)$,当 $m<n$ 时,z_0 是 $n-m$ 级零点;当 $m>n$ 时,z_0 是 $m-n$ 级极点;当 $m=n$ 时,z_0 是可去奇点.

14. $z=z_0$ 是(1)、(2)、(3)的本性奇点.

16. 不对,$z=2$ 不是 $f(z)$ 的本性奇点,这是因为函数的洛朗展开式是在 $|z-2|>1$ 内得到的,而不是在 $z=2$ 的圆环域内的洛朗展开式.

19. $\displaystyle\oint_C\dfrac{f(z)}{z^{n+1}}\mathrm{d}z=\begin{cases}-2\pi i,&n=0;\\(-1)^{n-1}\dfrac{4\pi i}{a^n},&n=1,2,\cdots.\end{cases}$

20. $F(z)$ 在 z_0 点有 $m+1$ 级零点

习题 5

1. （1）$\text{Res}[f(z),0]=1$；$\text{Res}[f(z),1]=-\dfrac{1}{2}$；$\text{Res}[f(z),-1]=-\dfrac{1}{2}$

（2）$\text{Res}[f(z),\mathrm{i}]=-\dfrac{\mathrm{i}}{4}$；$\text{Res}[f(z),-\mathrm{i}]=\dfrac{\mathrm{i}}{4}$

（3）设 $z_k=\mathrm{e}^{\frac{(2k+1)\pi}{n}\mathrm{i}}$，则 $\text{Res}[f(z),z_k]=-\dfrac{z_k}{n}$

（4）$\text{Res}[f(z),0]=-\dfrac{4}{3}$

（5）$\text{Res}[f(z),k\pi]=\dfrac{1}{\cos z\big|_{z=k\pi}}=\begin{cases}1,k=2m\\-1,k=2m+1\end{cases}=(-1)^k,k$ 为整数

（6）$\text{Res}\left[f(z),\left(k+\dfrac{1}{2}\right)\pi\right]=-1（k$ 为整数）

2. （1）$-2\pi\mathrm{i}$　（2）$-\dfrac{\pi\mathrm{i}}{\sqrt{2}}$　（3）0　（4）$6\pi\mathrm{i}$　（5）$4\pi\mathrm{e}^2\mathrm{i}$　（6）当 m 为大于或等于 3 的奇数

时，原积分为 $(-1)^{\frac{m-3}{2}}2\pi i/(m-1)!$，当 m 为其他整数时，原积分为 0.

3. （1）$\text{Res}[f(z),\infty]=-\text{sh}\,1$　（2）$\text{Res}[f(z),\infty]=0$　（3）$\text{Res}[f(z),\infty]=-2$

4. 由于 $z=\infty$ 为 $f(z)$ 的可去奇点，则在 $R<|z|<+\infty$ 内有 $f(z)=c_0+\dfrac{c_{-1}}{z}+\dfrac{c_{-2}}{z^2}+\cdots$，故

$$f^2(z)=\left(c_0+\dfrac{c_{-1}}{z}+\dfrac{c_{-2}}{z}+\cdots\right)^2=c_0+2c_0c_1\dfrac{1}{z}+\cdots$$

所以

$$\text{Res}[f(z),\infty]=-c_{-1}=-2c_0c_{-1}$$

5. （1）0　（2）$-\dfrac{2}{3}\pi\mathrm{i}$　（3）$\sin t$　（4）$-4n\mathrm{i}$

（5）$\begin{cases}0,n<-1\\\dfrac{2^{n+2}\pi\mathrm{i}}{(n+1)!},n\geqslant-1\end{cases}$　（6）$2\pi\mathrm{i}$

6. （1）$\dfrac{2\pi}{\sqrt{a^2-1}}$　（2）$\dfrac{\pi a^2}{1-a^2}$　（3）π　（4）$-\dfrac{\pi}{5}$　（5）$\dfrac{\pi}{2}\mathrm{e}^{-1}$

（6）$\dfrac{\pi}{\sqrt{3}}\mathrm{e}^{-\frac{\sqrt{3}u}{2}}\cos\dfrac{u}{2}$　（7）$\dfrac{\pi}{2}\left(1-\dfrac{1}{\mathrm{e}}\right)$　（8）$\dfrac{\pi}{a\sqrt{a^2+1}}$　（9）$\dfrac{\pi}{(a+b)ab}$

（10）$\dfrac{\pi}{2(a^2-b^2)}\left(\dfrac{\mathrm{e}^{-b}}{b}-\dfrac{\mathrm{e}^{-a}}{a}\right)$

（11）若 $b>0$ 时，原积分为 $\pi\left(\mathrm{e}^{-ab}-\dfrac{1}{2}\right)$；若 $b<0$，原积分为 $-\pi\left(\mathrm{e}^{ab}+\dfrac{1}{2}\right)$

7. $\text{Res}\left[\dfrac{f(z)}{z^k},0\right]=\alpha_{k-1}$

习题 6

1. 旋转角 $\arg w'(\mathrm{i}) = \arg(6\mathrm{i}) = \dfrac{\pi}{2}$；伸缩率 $|w'(\mathrm{i})| = |6\mathrm{i}| = 6$；$w$ 平面虚轴的正向.

2. （1）在 $w = \mathrm{i}z$ 下，$z_1 = \mathrm{i}, z_2 = -1, z_3 = 1$，被映成 $w_1 = -1, w_2 = -\mathrm{i}, w_3 = \mathrm{i}$，即将三角形映成三角形.

（2）在 $w = \mathrm{i}z$ 下，$z_1 = 0, z_2 = 1 + \mathrm{i}, z_3 = 2$，被映成 $w_1 = 0, w_2 = -1 + \mathrm{i}, w_3 = 2\mathrm{i}$，由保圆性知 $|z - 1| \leqslant 1$ 被映成 $|z - \mathrm{i}| \leqslant 1$.

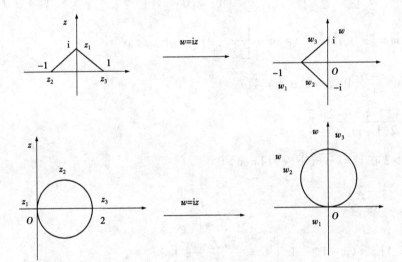

5. 因 $w' = 2z$，除原点外是保角映射，所以把 $|z| < R$，映射为 $|w| < R^2$；把 $0 < \arg z < \pi$ 映射为 $0 < \arg w < 2\pi$ 即映射成除正实轴外，以原点为圆心，R^2 为半径的圆.

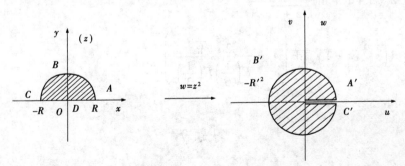

6. （1）$\operatorname{Im} w > 1$ 的上半平面　　（2）$\operatorname{Im}(w) > \operatorname{Re}(w)$　　（3）$|w + \mathrm{i}| > 1$，（$\operatorname{Im} w < 0$）

（4）$\left| w - \dfrac{1}{2} \right| < \dfrac{1}{2}$（$\operatorname{Im} w < 0$）.

7. （1）故 $w = -\mathrm{i}\,\dfrac{z - \mathrm{i}}{z + \mathrm{i}}$　　（2）$w = \mathrm{i}\,\dfrac{z - \mathrm{i}}{z + \mathrm{i}}$

8. （1）$w = \dfrac{2z - 1}{z - 2}$　　（2）$w = \mathrm{i}\,\dfrac{2z - 1}{2 - z}$

9. $w = \dfrac{(z-i)(1+i)}{(1+z)+3i(1-z)}$ 把 $|z| < 1$ 映射成 $\text{lm}\, w < 0$.

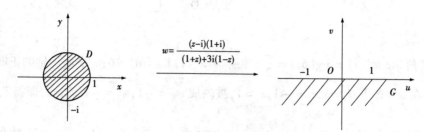

10. $(1)\, w = -\left[\dfrac{z^{\frac{2}{3}}+2^{\frac{2}{3}}}{z^{\frac{2}{3}}-2^{\frac{2}{3}}}\right]^2$ $(2)\, w = -\left[\dfrac{z+\sqrt{3}-i}{z-(\sqrt{3}+i)}\right]^3$ $(3)\, w = \left[1-\left(\dfrac{z-i}{z+i}\right)^2\right]^{\frac{1}{2}}$

$(4)\, w = (z^2+a^2)^{\frac{1}{2}}$ $(5)\, w = \left[\dfrac{z^{\frac{1}{2}}+1}{z^{\frac{1}{2}}-1}\right]^2$ $(6)\, w = e^{2\pi i \frac{z}{z-2}}$

12. $w = e^{i\theta}\dfrac{z-\bar{\alpha}}{z+\alpha}\,(\,\text{Re}\,\alpha > 0, \theta\ \text{为实数})$

13. $w = \dfrac{(1-4i)z-2+2i}{2(1-i)z+i-4}$

14. $|z| > 2$ 在 $w = i\dfrac{z+2}{z-2}$ 下映为 $\text{Im}\, w > 0$.

15. $w = -\dfrac{z^2+2}{3z^2}$

16. $w = A\displaystyle\int_0^z z^{-\frac{3}{4}}(z-1)^{-\frac{1}{2}}\mathrm{d}z \left(A = \dfrac{a\sqrt{2}\,\pi}{\left[\Gamma\left(\frac{1}{4}\right)\right]^2}\right)$

17. $w = 2\sqrt{z+1} + \ln\dfrac{\sqrt{z+1}-1}{\sqrt{z+1}+1}$

19. $w = A\displaystyle\int_0^z z^{-\frac{5}{6}}(z-1)^{-\frac{1}{2}}\mathrm{d}z \left(A = \dfrac{2a\sqrt{\pi}}{\Gamma\left(\frac{1}{6}\right)\Gamma\left(\frac{1}{3}\right)}\right)$

习题 7

1. $(1)\ \dfrac{4}{\pi}\displaystyle\int_0^{+\infty}\dfrac{\sin\omega-\omega\cos\omega}{\omega^3}\cos-\omega t\mathrm{d}\omega$

$(2)\ \dfrac{2}{\pi}\displaystyle\int_0^{+\infty}\dfrac{(5-\omega^2)\cos\omega t+2\omega\sin\omega t}{25-6\omega^2+\omega^4}\mathrm{d}\omega$

$(3)\ \dfrac{2}{\pi}\displaystyle\int_0^{+\infty}\dfrac{1-\cos\omega}{\omega}\sin\omega t\mathrm{d}\omega$ ，在 $f(t)$ 的间断点 $t_0 = -1,0,1$ 处以 $\dfrac{f(t_0+0)+f(t_0-0)}{2}$ 代替

3. $a(\omega) = \dfrac{2}{\pi} \dfrac{\sin \omega t}{\omega}$

4. (1) $F(\omega) = \dfrac{4}{\omega^2} \sin^2 \dfrac{\omega}{2}$　(2) $F(\omega) = E \dfrac{1 - \mathrm{e}^{-\mathrm{i}\omega t}}{\mathrm{i}\omega}$

(3) $F(\omega) = \dfrac{2}{1 + \omega^2} \left[1 - \mathrm{e}^{-\frac{1}{2}} \left(\cos \dfrac{\omega}{2} - \omega \sin \dfrac{\omega}{2} \right) \right]$　(4) $F(\omega) = \sigma \mathrm{e}^{-\frac{\omega^2 \sigma^2}{2}}$

5. (1) $F(\omega) = \dfrac{2\omega^2 + 4}{\omega^4 + 4}$　(2) $F(\omega) = -2\mathrm{i} \dfrac{\sin \omega \pi}{1 - \omega^2}$

6. (1) 0　(2) 0　(3) 10　(4) $-\dfrac{1}{\sqrt{2}}$

7. (1) $F(\omega) = \dfrac{\omega_0}{\omega_0^2 - \omega^2} + \dfrac{\pi \mathrm{i}}{2} [\delta(\omega + \omega_0) - \delta(\omega - \omega_0)]$

(2) $F(\omega) = \dfrac{\mathrm{i}\omega}{\omega_0^2 - \omega^2} + \dfrac{\pi}{2} [\delta(\omega + \omega_0) + \delta(\omega - \omega_0)]$

(3) $F(\omega) = \dfrac{\mathrm{e}^{-\mathrm{i}\omega\tau}}{\mathrm{i}\omega} + \pi\delta(\omega)$

(4) $F(\omega) = \cos \omega t_0 + \cos \dfrac{\omega t_0}{2}$

(5) $F(\omega) = \dfrac{\pi \mathrm{i}}{2} [\delta(\omega + 2) - \delta(\omega - 2)]$

(6) $F(\omega) = \dfrac{2a}{a^2 + \omega^2}$

8. (1) $F(\omega) = \dfrac{2E}{\omega} (3 \sin 2\omega - 4 \sin \omega)$　(2) $F(\omega) = \dfrac{\alpha}{2} \mathrm{e}^{\frac{\alpha\omega}{2\pi}} (\alpha > 0)$

(3) $F(\omega) = \sqrt{\dfrac{\alpha}{\pi}} \mathrm{e}^{-\frac{\alpha\omega^2}{4\pi^2}} (\alpha > 0)$　(4) $F(\omega) = E \mathrm{e}^{-\mathrm{i}\omega t_0}$

(5) 设 $F(\omega) = F[f(t)]$，则 $F[(t-2)f(t)] = \dfrac{\mathrm{i}}{2} \dfrac{\mathrm{d}F\left(-\dfrac{\omega}{2} \right)}{\mathrm{d}\omega} - F\left(-\dfrac{\omega}{2} \right)$

(6) 设 $F(\omega) = F[f(t)]$，则 $F[f(2t - 5)] = \dfrac{1}{2} F\left(\dfrac{\omega}{2} \right) \mathrm{e}^{-\mathrm{i}\frac{5}{2}\omega}$

9. 利用能量积分公式，求下列积分的值。

(1) π　(2) π　(3) $\dfrac{\pi}{2}$　(4) $\dfrac{\pi}{2}$

10. (1) $\dfrac{\omega_0}{(a + \mathrm{i}\omega)^2 + \omega_0^2}$　(2) $\dfrac{a + \mathrm{i}\omega}{(a + \mathrm{i}\omega)^2 + \omega_0^2}$　(3) $\dfrac{\mathrm{e}^{-\mathrm{i}(\omega - \omega_0)t_0}}{\mathrm{i}(\omega - \omega_0)} + \pi\delta(\omega - \omega_0)$

11. (1) $\dfrac{1}{a} (1 - \mathrm{e}^{-at})$　(2) $\dfrac{a \sin t - \cos t + \mathrm{e}^{-at}}{a^2 + 1}$

(3) $f_1(t) * f_2(t) = \begin{cases} 0, & \text{当 } t < 0 \text{ 时} \\ \dfrac{1}{2} (\sin t - \cos t + \mathrm{e}^{-t}) & \text{当 } 0 < t < \dfrac{\pi}{2} \text{时} \\ \dfrac{\mathrm{e}^{-t}}{2} (1 + \mathrm{e}^{\frac{\pi}{2}}) & \text{当 } t > \dfrac{\pi}{2} \text{时} \end{cases}$

$$\int_0^{+\infty} \frac{\cos \omega t}{\alpha^2 + \omega^2} d\omega = \frac{\pi}{2\alpha} e^{-\alpha |t|}$$

17. $f(t) = \begin{cases} \dfrac{1}{2}, & |t| < 1 \\[2mm] \dfrac{1}{4}, & |t| = 1 \\[2mm] 0, & |t| > 1 \end{cases}$

20. $(1) f(t) = \dfrac{\sin \omega_0 t}{\pi t}$ $(2) f(t) = \dfrac{\omega_0 \sin \omega_0 t}{\pi^2 \quad t}$

22. $(1) \dfrac{\alpha + i\omega}{(\alpha + i\omega)^2 + \omega_0^2}$ $(2) e^{-i(\omega - \omega_0)t_0} \left[\dfrac{1}{i(\omega - \omega_0)} + \pi\delta(\omega - \omega_0) \right]$

$(3) \dfrac{-1}{(\omega - \omega_0)^2} + \pi i \delta'(\omega - \omega_0)$

23. $\dfrac{\pi}{2} \left[\delta(\omega + \omega_0) + \delta(\omega - \omega_0) \right]$

25. $F(\omega) = = \begin{cases} E\pi, & |\omega| < \omega_0 \\ 0, & \text{其他} \end{cases}$,其频谱图如图所示.

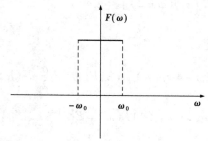

26. $A_0 = h, A_n = \dfrac{h}{n\pi} (n = 1, 2, \cdots)$,频谱图如图所示.

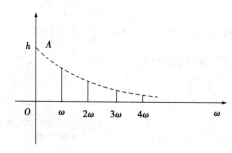

习题 8

1. $(1) \dfrac{3}{9s^2 + 1} (\mathrm{Res} > 0)$ $(2) \dfrac{1}{s + 2} (\mathrm{Res} > -2)$

(3) $\dfrac{2}{s^2}(\text{Res}>0)$　　(4) $\dfrac{1}{s^2+4}(\text{Res}>0)$

(5) $\dfrac{k}{s^2-k^2}(\text{Res}>\max\{k,-k\})$

(6) $\dfrac{s^2+2}{s(s^2+4)}(\text{Res}>0)$

2. (1) $\dfrac{1}{s}(3-4\mathrm{e}^{-2s}+\mathrm{e}^{-4s})$　　(2) $\dfrac{1}{s}-\dfrac{4\mathrm{e}^{-3s}}{s}-\dfrac{\mathrm{e}^{-3s}}{s^2}+\dfrac{1}{s^2}$

(3) $\dfrac{3}{s}-\dfrac{3}{s}\mathrm{e}^{-\frac{\pi s}{2}}-\dfrac{1}{s^2+1}\mathrm{e}^{-\frac{\pi s}{2}}$　　(4) $\dfrac{5s-9}{s-2}$　　(5) $\dfrac{s^2}{s^2+1}$

3. $\dfrac{1}{(1-\mathrm{e}^{-\pi s})(s^2+1)}$

4. (1) $\dfrac{72}{s^5}-\dfrac{3\sqrt{\pi}}{s^{\frac{5}{2}}}+\dfrac{6}{s}$　　(2) $\dfrac{1}{s}-\dfrac{1}{(s-1)^2}$　　(3) $\dfrac{\Gamma\left(\frac{1}{3}\right)}{s^{\frac{4}{3}}}+\dfrac{4}{s-2}$

(4) $\dfrac{s}{s^2+a^2}$　　(5) $\arctan\dfrac{a}{s}$　　(6) $\dfrac{10-3s}{s^2+4}$　　(7) $\dfrac{s+3}{(s+3)^2+16}$

(8) $\dfrac{6}{(s+2)^2+36}$　　(9) $\dfrac{n!}{(s-a)^{n+1}}$　　(10) $\dfrac{\mathrm{e}^{-\frac{5}{3}s}}{s}$

(11) $\sqrt{\dfrac{\pi}{s-3}}$　　(12) $\dfrac{1}{s}$

5. (1) $\dfrac{4(s+3)}{[((s+3)^2)+4]^2}$　　(2) $\dfrac{2(3s^2+12s+13)}{s^2[(s+3)^2+4]^2}$　　(3) $\dfrac{4(s+3)}{s[(s+3)^2+4]^2}$

6. (1) $F(s)=\ln\dfrac{s+1}{s}$　　(2) $F(s)=\operatorname{arc\,cot}\dfrac{s+3}{2}$

(3) $F(s)=\dfrac{1}{s}\operatorname{arc\,cot}\dfrac{s+3}{2}$　　(4) $f(t)=\dfrac{t}{2}\operatorname{sh}t$

7. (1) $\ln\dfrac{s-a}{s-b}$　　(2) $\dfrac{12s^2-16}{(s^2+4)^3}$　　(3) $\dfrac{2\omega^3}{(s^2+\omega^2)^2}$　　(4) $\dfrac{2\omega s}{(s^2-\omega^2)^2}$

8. (1) $f(t)=\dfrac{1}{2}\sin 2t$　　(2) $f(t)=\dfrac{1}{6}t^3$　　(3) $f(t)=\dfrac{1}{6}t^3\mathrm{e}^{-t}$

(4) $f(t)=\mathrm{e}^{-3t}$　　(5) $f(t)=2\cos 3t+\sin 3t$　　(6) $f(t)=\dfrac{3}{2}\mathrm{e}^{3t}-\dfrac{1}{2}\mathrm{e}^{-t}$

(7) $f(t)=\dfrac{3}{5}\mathrm{e}^{2t}+\dfrac{2}{5}\mathrm{e}^{-3t}$　　(8) $f(t)\dfrac{1}{3}\mathrm{e}^{-2t}(6\cos 3t+\sin 3t)$

10. (1) $\dfrac{\sin at}{a}$　　(2) $\dfrac{1}{a-b}(a\mathrm{e}^{at}-b\mathrm{e}^{bt})$

(3) $\dfrac{c-a}{(a-b)^2}\mathrm{e}^{-at}+\dfrac{c-b}{a-b}t\mathrm{e}^{-bt}+\dfrac{a-c}{(a-b)^2}\mathrm{e}^{-bt}$

(4) $\dfrac{3}{2a}\sin at-\dfrac{1}{2}t\cos at$　　(5) $\dfrac{1}{2a^2}t^3-\dfrac{1}{a^4}(1-\cos at)$

$(6)\dfrac{1}{ab}+\dfrac{1}{a(a-b)}\mathrm{e}^{-at}-\dfrac{1}{b(a-b)}\mathrm{e}^{-bt}$　$(7)\dfrac{1}{2a^3}(\operatorname{sh}at-\sin at)$

$(8)-1+2\mathrm{e}^t+2t\mathrm{e}^t$　$(9)\operatorname{sh}t-t$　$(10)\dfrac{1}{3}(\cos t-\cos 2t)$

11. $(1)\dfrac{1}{16}\sin 2t-\dfrac{1}{8}t\cos 2t$　$(2)\delta(t)-2\mathrm{e}^{-2t}$

$(3)\dfrac{1}{2}+\mathrm{e}^{-t}-\dfrac{3}{2}\mathrm{e}^{-2t}$　$(4)\dfrac{1}{3}\sin t-\dfrac{1}{6}\sin 2t$

$(5)\dfrac{1}{9}\left(\sin\dfrac{2}{3}t+\cos\dfrac{2}{3}t\right)\mathrm{e}^{-\frac{1}{3}t}$　$(6)\dfrac{2}{t}(1-\operatorname{ch}t)$

$(7)\dfrac{1}{2}t\mathrm{e}^{-2t}\sin t$　$(8)\dfrac{1}{2}\mathrm{e}^{-t}(\sin t-t\cos t)$

$(9)\dfrac{1}{6}\mathrm{e}^{-2t}(\sin 3t+3t\cos 3t)$　$(10)3\mathrm{e}^{-t}-11\mathrm{e}^{-2t}+10\mathrm{e}^{-3t}$

$(11)\dfrac{1}{3}\mathrm{e}^{-t}(2-2\cos\sqrt{3}t+\sqrt{3}\sin\sqrt{3}t)$

$(12)\dfrac{1}{4}\mathrm{e}^{-t}-\dfrac{1}{4}\mathrm{e}^{-3t}+\dfrac{3}{2}t\mathrm{e}^{-3t}-\dfrac{3}{2}t^2\mathrm{e}^{-3t}$

$(13)f(t)=\begin{cases}t,0\leqslant t<2\\2(t-1),t\geqslant 2\end{cases}$

$(14)\dfrac{1}{27}(24+120t+30\cos 3t+50\sin 3t)$

$(15)\dfrac{3}{50}\mathrm{e}^{3t}-\dfrac{1}{25}\mathrm{e}^{-2t}-\dfrac{1}{50}\mathrm{e}^{-t}\cos 2t+\dfrac{9}{25}\mathrm{e}^{-t}\sin 2t$

$(16)\dfrac{1}{2}\sin t+\dfrac{1}{2}t\cos t-t\mathrm{e}^{-t}$

12. $(1)A\cos kt+\dfrac{B}{k}\sin kt$　$(2)\dfrac{1}{4}\left[(2t+7)\mathrm{e}^{-t}-3\mathrm{e}^{-3t}\right]$

$(3)\dfrac{2a}{k^2}\sin^2\dfrac{kt}{2}-\dfrac{a}{k^2}[1-\cos k(t-b)]u(t-b)$

$(4)-2\sin t-\cos 2t$　$(5)\dfrac{1}{8}\mathrm{e}^t-\dfrac{1}{8}(2t^2+2t+1)\mathrm{e}^{-t}$

$(6)\left(1+\dfrac{5}{8}t\right)\cos t-\left(\dfrac{21}{8}-2t+\dfrac{1}{8}t^2\right)\sin t$

$(7)f(t)*\mathrm{e}^{-2t}\sin t+\mathrm{e}^{-2t}[c_1\cos t+(c_2+2c_1)\sin t]$

$(8)\dfrac{1}{2}+\dfrac{1}{10}\mathrm{e}^{2t}-\dfrac{3}{5}\cos t-\dfrac{1}{5}\sin t+u(t-1)(1-\cos t)$

$(9)\mathrm{e}^{-2t}(\cos t+\sin t)$

$(10)\dfrac{3+c}{2}t^2-\dfrac{5}{2}\mathrm{e}^{-t}+\dfrac{1}{2}(\cos t-\sin t)+u(t-1)\left(\dfrac{1}{6}t^3-\dfrac{1}{2}t^2+t-1+\mathrm{e}^{-t}\right)$

$(11)\begin{cases}x(t)=\dfrac{1}{4}t^2+\dfrac{1}{2}t+\dfrac{1}{2}+a+\dfrac{1}{2}u(t-1)\\[2mm]y(t)=-\dfrac{1}{4}t^2+\dfrac{1}{2}t+\dfrac{1}{2}+b-\dfrac{1}{2}u(t-1)\end{cases}$

$(12)\begin{cases}x(t)=\mathrm{e}^{t}\\ y(t)=\mathrm{e}^{t}\end{cases}$

$(13)\begin{cases}y(t)=(1-2\cos t)*f(t)\\ z(t)=-\cos t*f(t)\end{cases}$

$(14)\begin{cases}x(t)=\dfrac{1}{3}\mathrm{e}^{t}+\dfrac{2}{3}\cos 2t+\dfrac{1}{3}\sin 2t\\ y(t)=\dfrac{2}{3}\mathrm{e}^{t}-\dfrac{2}{3}\cos 2t-\dfrac{1}{3}\sin 2t\end{cases}$

$(15)\begin{cases}x(t)=\dfrac{2}{3}\mathrm{ch}\sqrt{2}t+\dfrac{1}{3}\cos t\\ y(t)=-\dfrac{1}{3}\mathrm{ch}\sqrt{2}t+\dfrac{1}{3}\cos t\end{cases}$

13. $(1)\dfrac{1+bs}{s^{2}}-\dfrac{b}{s(1-\mathrm{e}^{-bs})}$　　$(2)\dfrac{1}{s\cdot\mathrm{sh}\,s\tau}$

$(3)\dfrac{1}{s(1+\mathrm{e}^{-as})}\mathrm{th}\,as$　　$(4)\dfrac{1}{s}\mathrm{th}\dfrac{bs}{2}$

14. 计算下列积分.

$(1)\ln 2$　　$(2)\dfrac{1}{2}\ln 2$　　$(3)\dfrac{1}{2}\ln\dfrac{m^{2}+n^{2}}{a^{2}+b^{2}}$　　$(4)\dfrac{3}{13}$

$(5)\dfrac{1}{4}$　　$(6)\dfrac{12}{169}$　　$(7)\dfrac{\pi}{8}$　　$(8)\dfrac{1}{4}\ln 5$

$(9)0$　　$(10)\dfrac{\pi}{2}$

15. $(1)t$　　$(2)\dfrac{1}{6}t^{3}$　　$(3)\dfrac{m!\,n!}{(m+n+1)!}t^{m+n+1}$　　$(4)\mathrm{e}^{t}-t-1$　　$(5)\dfrac{1}{2}t\sin t$

$(6)\dfrac{1}{2k}\sin kt-\dfrac{1}{2}t\cos kt$　　$(7)\mathrm{sh}\,t-t$　　$(8)\dfrac{1}{2}t\,\mathrm{ch}\,at-\dfrac{1}{2a}\mathrm{sh}\,at$

$(9)\ u(t-a)*f(t)=\begin{cases}0,&t<a\\ \displaystyle\int_{a}^{t}f(t-\tau)\mathrm{d}\tau,&0\leqslant a\leqslant t\end{cases}$

$(10)\ \delta(t-a)*f(t)=\begin{cases}0,&t<a\\ f(t-a),&0\leqslant a\leqslant t\end{cases}$

18. $(1)y(t)=a\left(t+\dfrac{1}{6}t^{3}\right)$　　$(2)\ y(t)=\dfrac{ab}{\sqrt{b^{2}-bc}}\sin\sqrt{b^{2}-bc}$

19. $x(t)=\dfrac{k}{m}t$

20. $y(t)=\dfrac{Ak}{\sqrt{1+\omega^{2}T^{2}}}\sin(\omega t-\arctan\omega T)+\dfrac{AkT\omega}{1+\omega^{2}T^{2}}\mathrm{e}^{-\frac{t}{T}}$

参考文献

[1] 余家荣.复变函数:第 5 版[M].北京:高等教育出版社,2014.

[2] 钟玉泉.复变函数论:第 4 版[M].北京:高等教育出版社,2013.

[3] 西安交通大学高等数学教研室.复变函数:第 4 版[M].北京:高等教育出版社,2011.

[4] 南京工学院数学教研组.积分变换:第 3 版[M].北京:高等教育出版社,2000.

[5] 哈尔滨工业大学数学系组.复变函数与积分变换:第 3 版[M].北京:科学出版社,2017.

[6] 普里瓦洛夫.复变函数引论[M].北京:人民教育出版社,1978.

[7] L. V. Ahlfors. Complex Analysis[M]. The third edition. The McGraw-Hill Companies, Inc. ,1979.

[8] J. W. Brown, R. V. Churchill. Complex Variables and Applications[M]. The seventh edition. The McGraw-Hill Companies, Inc. , 2004.